声に出して学ぶ解析学

Iwanami Mathematics

声に出して学ぶ 解析学

How to Think about ANALYSIS

Lara Alcock ララ・オールコック

Shingo Saito 斎藤新悟 Bun Mizuhara 水原 文 訳

岩波書店

HOW TO THINK ABOUT ANALYSIS
by Lara Alcock

First published 2014 by Oxford University Press, Oxford.
This Japanese edition published 2020
by Iwanami Shoten, Publishers, Tokyo
by arrangement with Oxford University Press, Oxford.

まえがき

この「まえがき」は主に数学者向けに書かれたものですが，学生が読んでも面白いかもしれません．ここでは，この本と他の解析のテキストとの違いについて述べ，その理由を説明します．

この本は，他の解析の本とはちょっと変わっています．標準的な内容の教科書ではなく，大学に入る前，あるいは解析の授業を受け始める前に読むように書かれています．大事なことなのでもう一度言いますが，**読む**ための本なのです．もちろん小説を読むのとは勝手が違うでしょうが，かなりのスピードで読めるでしょう．学部生が自分で学べるようになってもらうための本には，それが大事だと思うのです．学生たちは読むことによって数学を学ぶことに慣れていない場合が多く，また多くの学生は有効な読み方ができていないという研究結果もあります．この本は，注意深く自信をもって読めるようになるための本です．学生たちを新しい定義と議論の深い森の中で置き去りにするようなことはありません．

しかしこの本は，厳密さを犠牲にしているわけではありません．解析の中心的な概念も真剣に議論しますが，それを始めるのは学生の準備ができてからです．まず学生たちの既存の理解を確認し，理解が限られていそうな分野を指摘し，よくある誤解を正し，それから定式的な定義や定理に直観的なアイディアが数学的に洗練された形でとらえられていることを説明します．このような話の進め方は，自然で親しみやすいスタイルを目指したものですが，同時に学部課程にふさわしい厳密な思考を促します．

このようなねらいのため，この本は他のテキストとは違った構造となっています．第I部に含まれるのは，解析の中身ではなく構造について述べた，4つの章です．首尾一貫した数学理論とはどういうものなのか，またそれを理解するには何が必要なのかを説明します．ここではいくつかの記法を導入しますが，「準備」の章は特に設けていません．その代わり，記法や定義は最初に必要となったところで導入されます．つまり，テキストのあちこちに散らばっているわけです(ただし，短い記号のリストを本文の前の xiii ページに掲載してあります)．そのため，この本を復習のために読む人は通常よりも多く索引を使う必要があるかもしれませんが，この話題に新しい読者をスムーズに引き込むためには十分に引き合う代償だと私は思っています．

最後の違いは，すべての内容が同じ深さでカバーされているわけではない，ということです．第 II 部の 6 つの章では，論理的に難しく学生たちが苦労することで知られている点を中心に，さまざまな形で中核的な定義を取り扱います．選びぬいた定理と証明について詳細な議論を行い，時にはそれを利用して授業の別の機会で役立ちそうな戦略やスキルを提示したり，直観に反する結果を引き出し，説明したりもするでしょう．章の最後では，さらに関連する定理を紹介します．これらについて詳細な議論は行いませんが，読者は実りある考え方をするよう促され，これらを組み合わせて首尾一貫した理論を組み立てる方法を理解するでしょう．

全体としてこの本は，学生が講義や本で解析を学ぶ際にどうすればそれを理解できるか，という点に注目しています．問題の解き方や証明を構築する方法ではなく，定義や定理や証明を理解するための戦略を重視しているのです．このようなアプローチをとると，気分を害する数学者もいることでしょう．多くの数学者は，アイディアや議論を自力で構築することに何よりも高い価値を認めているからです．しかし，私にとって明白なことが 3 つあります．1 つ目は，多くの学生が最小限の理解しかせずに，膨大な量のテキストを暗記して解析の授業を切り抜けていることです．これがひどい状況だという理由はいろいろとありますが，その 1 つとして，そのような学生の中には教師となる人もいるであろうことが挙げられます．高等数学なんて意味がないと数学の教師が考えているような世界で，生きていきたいとは思いません．私たちは数学教師に解析のような分野をゼロから作り上げることは求めませんが，主要なアイディアを理解し，巧妙な議論を楽しみ，自分の生徒たちにもっと高度な勉強を続けたいと思わせるような教師であってほしいのです．2 つ目は，大成する多くの学生も最初のうちは大変な苦労をしているということです．これは彼らにとって良いことだ，できる人間にとっては結果を出すのに苦労したほうが長い目で見れば報われる，という人もいます．私も基本的にはこの意見に賛成ですが，その対象範囲については現実的になるべきだと思うのです．大多数の人が意味のある結果を残せないほど大きな苦労をさせるのは，バランスが悪いと思います．最後は，大部分の数学の講義は，単なる講義でしかないということです．講義の細部まですべて理解できる学生は，ほんの少数です．教育の最終的な目的が何であれ，学生たちにとって大事なのは文字として書かれた数学を理解することです．平均的な学生でも少なくともある程度はこのタスクを行えますが，そのやり方についてはあまりよく知らないということが，研究によって示されています．その問題に正面から取り組んだのがこの本です．解析についてまだあまり知識はないが勉強しようという意欲のある学生たちに向けてこの本を執筆しました．

この本のような著作物は，数学教育と心理学の数多くの研究者による成果なしには存在しなかったことでしょう．特に，3 章の自己説明トレーニングは Mark Hodds および Matthew Inglis と協力して開発されたものであり([1] を参照してください)，[2]，[3]，[4] をはじめ，参考文献一覧に掲載された数多くの論文著者によるアカデミック・リーディングについての先行研究に基づいたものです．このトレーニングの PDF 版は，講師向けの手引きを含め，⟨http://setmath.lboro.ac.uk⟩ から(クリエイティブ・コモンズ・ライセンスに基づいて)無料で入手可能です．

友人の Heather Cowling，Ant Edwards，Sara Humphries，Matthew Inglis，Ian Jones，Chris Sangwin，David Sirl に心から感謝いたします．彼らはみな親切に，さまざまな章の草稿に意見を出してくれました．Chris Sangwin はコッホ雪片の図を作ってもくれました．またこの本の原案をじっくり読んで有益な提案をしてくださった方々，そして Keith Mansfield，Clare Charles，Richard Hutchinson，Viki Mortimer を始めとした Oxford University Press の皆様方にも感謝いたします．彼らの快い真面目な仕事ぶりは，本作りの中の実務的な作業を喜びに変えてくれました．最後になりましたが，この本を David Fowler 先生と Bob Burn 先生，そして Alan Robinson 先生に捧げます．David Fowler 先生は私を解析に導き，いつでも目を輝かせながら指導してくださいました．Bob Burn 先生の著書 [5] は，私の学びと教えの両方に大きな影響を与えています．そして Alan Robinson 先生は私の修士課程での指導教官であり，がんばれば教科書を書くというすばらしい未来が待っていると(さまざまな機会に)諭してくださいました．私は先生の言葉に従って，がんばりました．そして学部生向けに数学の本を書くことは，私にとってとても楽しいことだとわかったのです．

目　次

まえがき

記号一覧

はじめに

第Ⅰ部　解析の学び方

1　解析とはどんなものか …… 3

2　公理，定義，定理 …… 9
2.1　数学の構成要素 …… 9
2.2　公　理 …… 10
2.3　定　義 …… 11
2.4　定義を例と結びつける …… 13
2.5　定義をさらに多くの例と結びつける …… 15
2.6　定義を厳密に利用する …… 17
2.7　定　理 …… 19
2.8　定理の前提を精査する …… 22
2.9　図と一般性 …… 26
2.10　定理とその逆 …… 29

3　証　明 …… 33
3.1　証明と数学理論 …… 33
3.2　数学理論の構造 …… 34
3.3　解析の教えられ方 …… 37

3.4　証明の学び方 …… 39
3.5　数学における自己説明 …… 40
3.6　証明と，証明すること …… 45

4　解析の学び方 …… 47
4.1　解析の経験 …… 47
4.2　授業についていくために …… 48
4.3　時間を無駄にしないために …… 51
4.4　疑問への答えを得る …… 52
4.5　戦略の見直し …… 54

第II部　解析における各種の概念

5　数　列 …… 57
5.1　数列とは何か？ …… 57
5.2　数列の表記法 …… 58
5.3　数列の性質——単調性 …… 61
5.4　数列の性質——有界性と収束性 …… 65
5.5　収束——直観を先に …… 70
5.6　収束——定義を先に …… 73
5.7　収束に関して知っておくべきこと …… 77
5.8　数列が収束することを証明する …… 78
5.9　収束性とその他の性質 …… 82
5.10　収束数列の組み合わせ …… 85
5.11　無限大に近づく数列 …… 88
5.12　今後のために …… 93

6　級　数 …… 95
6.1　級数とは何か？ …… 95
6.2　級数の記法 …… 98
6.3　部分和と収束 …… 100
6.4　再び等比級数について …… 103
6.5　びっくりする例 …… 105

6.6　収束の判定法 …… 108
6.7　交代級数 …… 112
6.8　本当にびっくりする例 …… 114
6.9　べき級数と関数 …… 116
6.10　収束半径 …… 118
6.11　テイラー級数 …… 121
6.12　今後のために …… 122

7　連続性 …… 125
7.1　連続性とは何か？ …… 125
7.2　関数の例と規定 …… 127
7.3　より興味深い関数の例 …… 130
7.4　連続性——直観を先に …… 132
7.5　連続性——定義を先に …… 136
7.6　定義のバリエーション …… 139
7.7　関数が連続であることを証明する …… 141
7.8　連続な関数の組み合わせ …… 145
7.9　他の連続性に関する定理 …… 149
7.10　極限と不連続点 …… 151
7.11　今後のために …… 155

8　微分可能性 …… 159
8.1　微分可能性とは何か？ …… 159
8.2　よくある誤解 …… 161
8.3　微分可能性——定義 …… 166
8.4　定義を当てはめる …… 169
8.5　微分可能でないこと …… 174
8.6　微分可能な関数に関する定理 …… 178
8.7　テイラーの定理 …… 185
8.8　今後のために …… 190

9　積分可能性 …… 191
9.1　積分可能性とは何か？ …… 191

9.2　面積と不定積分 …… 193
9.3　面積を近似する …… 195
9.4　積分可能性の定義 …… 198
9.5　積分可能でない関数 …… 201
9.6　リーマンの条件 …… 203
9.7　積分可能な関数に関する定理 …… 205
9.8　微積分学の基本定理 …… 208
9.9　今後のために …… 212

10　実　数 …… 215
10.1　数に関するあなたの知らない話 …… 215
10.2　十進展開と有理数 …… 216
10.3　有理数と無理数 …… 220
10.4　実数の公理 …… 223
10.5　完備性 …… 225
10.6　今後のために …… 229

おわりに …… 231

参考文献 …… 239

訳者あとがき …… 241

索　引 …… 243

記号一覧

記号	意味	解説
$\mathbb{N}$	自然数全体の集合	1 章
$\forall$	すべての～について	1 章
$\exists$	～が存在する	1 章
max	最大値	1 章
$\{N_1, N_2\}$	数 N_1 および N_2 からなる集合	1 章
s.t.	～となるような…	2.2
$\mathbb{R}$	実数全体の集合	2.2
$\in$	～に属する，あるいは ～の要素である	2.2
$f: X \to \mathbb{R}$	X から $\mathbb{R}$ への関数 f	2.4
$\notin$	～に属さない，あるいは ～の要素でない	2.5
$\{x \in \mathbb{R} \mid x^2 < 3\}$	$x^2 < 3$ であるようなすべての実数 x からなる集合	2.6
$[a, b]$	閉区間	2.7
(a, b)	開区間	2.7
$\Rightarrow$	…ならば～	2.10
$\Leftrightarrow$	…は～と同値である，あるいは…であるための必要十分条件は～	2.10
$\subseteq$	…は～の部分集合	3.2
$X \cup Y$	X と Y の和集合	3.2
(a_n)	一般の数列	5.2
ε	イプシロン（ギリシャ文字）	5.5
$\to$	～に収束する	5.7
$\lim_{n\to\infty} a_n$	n が無限大に近づくときの a_n の極限	5.7

∞	無限大	5.7
Σ	シグマ(和を示すために使われるギリシャ文字)	6.2
$\mathbb{Z}$	整数全体の集合	7.3
δ	デルタ(ギリシャ文字)	7.4
$\lim_{x\to a} f(x)$	x が a に近づくときの $f(x)$ の極限	7.10
$x \to 0^+$	x が上からゼロに近づく	8.5
$T_n[f, a]$	a における f の n 次のテイラー多項式	8.7
$f^{(n)}(a)$	a における f の n 次導関数	8.7
$U(f; P)$	P に関する f の過剰和	9.4
$L(f; P)$	P に関する f の不足和	9.4
$\mathbb{Q}$	有理数全体の集合	10.2
$2\,\vert\,p$	2 は p を割り切る	10.3
$\mathbb{R}\backslash\{0\}$	0 でない実数全体の集合	10.4
sup	上限	10.5
inf	下限	10.5
$\mathbb{C}$	複素数全体の集合	10.6

はじめに

この短い導入部では，この本のねらいと構造を述べ，この本でカバーする範囲と，この本と典型的な学部生向けの解析の授業との関係を説明します．

解析は難しい科目です．エレガントであり，クレバーであり，学びがいもあるのですが，難しいのです．そのように言う人は，名高い数学者を含め，大勢います．あなたの講師*1に聞いてみれば，彼らの大部分も解析はすばらしいと今は思っていても最初はそれに苦労したことがわかるはずです．この本に書いてあるのは，それを簡単にする方法ではありません．そんなことは不可能でしょう．日常生活やこれまでの数学では出会ったこともないほど，基本的な定義が論理的に複雑だからです．ですから解析を学ぶすべての学生は，これまでよりもはるかに高度な論理的推論に対する要求に直面することになります．この本に書いてあるのは，これらの定義とそれに関連する定理や証明の詳細で綿密な説明です．典型的な解析のテキストと比べて，基本にかなり注意して書かれていますし，数学的概念だけでなくそれらについての考え方を学ぶ際の心理学的な問題についても説明しています．また，よくある間違いや誤解，混乱の原因も指摘します．これらの中には解析という科目の性質上おそらく避けられないものもありますし，学生たちがこれまでの数学的経験から過度に一般化することによって生じるものもあります．さらに，解析の定式的理論の一部の側面が学生たちの目には奇妙に見えても，正しい方向で考えれば理解できる理由を説明します．

*1　私の職場のある英国では，学部生に教える人はみな講師(lecturer)と呼ばれます．どの国でもそう呼ばれるわけではありません．例えば米国では，だれもが「教授」と呼ばれます．でもこの本では，「講師」と呼ぶことにします．

このようなことを深く掘り下げていくため，この本で提供する内容はあまり多くありません．この本の内容よりも多くのことを，あなたは初期の解析の授業できっと学ぶことになるでしょう．しかし基本を詳細に学ぶことによって獲得したスキルは授業を受ける際にも役立ちますし，より高度な内容に取り組むためのしっかりとした土台を提供してくれるはずです．

このことを念頭に置きながら，第 I 部ではもっぱら高等純粋数学を学ぶためのスキルと戦略に焦点を絞ります．その取り扱いは前著 [6] で行ったものと比べてより凝縮されたものになっているので，学部生向けの数学に不慣れな(あるいは米国スタイルの教育システムでは，上級レベルの数学に不慣れな)学生は，より広範囲で一般的な手引きとして，先に [6] を読むのが良いかもしれません．この本は，特に解析に焦点を絞っているからです．図版はすべて解析に関連したものですし，数学理論の構造に関する詳細な情報と，証明の学び方に関する研究に基づくアドバイスがこの本には含まれています．私としては，すべての読者に(学部生向けの数学に多少の経験がある人にも)第 I 部から読み始めることをお勧めします．そこに含まれるアドバイスは，この本全体にわたって触れることになるからです．

第 II 部では，数列，級数，連続性，微分可能性，積分可能性，実数という 6 つの分野の中身に焦点を絞ります．あなたにとってどの分野が重要かは，あなたの教育機関での解析の授業に応じて変わってくるでしょう．一部の教育機関では数列や級数から学び始め，その後 1 つ以上の授業で連続性，微分可能性，積分可能性を受講することになります．しかし，これらの話題から学び始め(例えばこれまでの微積分の授業に出てきたアイディアを復習しながら)，それらを解析の概念と関連づけていく教育機関もあります．実数に関する考察は数列や級数に含まれるかもしれませんし，基礎の授業や，数論もしくは抽象代数の授業のどこかで取り扱うことになるかもしれません．第 II 部の各章では，最初にその内容の概略を説明しますから，読者はそれを自分の授業のシラバスと見比べて，どの部分をいつ読めばよいか決めることができるでしょう．

しかし，解析を勉強し始める前，学部生向けの専門課程や上級レベルの授業が始まる前の夏休みに，この本全体を読み通しておくのも良いかもしれません．そんな場合にも役立つように，まだ解析の勉強を始めていない人に語りかけるようにこの本を書きました．しかしこの本は，もう解析の授業を受け始めていて，理解に困難を感じている学生にも役立つだろうと思います．試験の準備を始めてから読み始めても，間に合うかもしれません．

本題に入る前に，1つ大事なことを注意しておきましょう．この本全体を読み終わるには，それなりの時間がかかるはずです．だれでもこの本の一部は速く読むことができるでしょうが，この本は全体として読者に深く考えることを要求していますし，またそういう本を読み通すには，途中でときどき立ち止まることが必要になってくるからです．これに関する私のアドバイスは，戦略的な読み方をすることです．すべての節に目を通し，もしどこかでつまずいても気にせず，そこに付箋を貼りつけて次の節，あるいは次の章へ進むようにしてください．どの章にも，程度の差はありますが難しい内容は含まれますから，このようにすればまた先へ進めるはずですし，後で戻ってくることもできるからです．

第Ⅰ部

解析の学び方

この本の第Ⅰ部では，解析を学ぶ際に役立つ考え方と勉強法について述べます．非常に短い1章では，解析の講義資料がどんなものかを示し，このレベルの数学の記法と形式について初心者向けにコメントします．2章では公理と定義，定理について説明し，抽象的な文を例や図と結びつける方法を示します．3章では証明について述べます．数学理論がどのような構造になっているか説明し，論理的な主張の読み解き方について，研究に基づいた指針を提供します．4章では，解析を学ぶ際の心構え，授業についていくにはどうすれば良いか，時間を無駄にしない学び方，そしてリソース(講義資料や同級生，講師や指導教員からのサポートなど)の活用方法について説明します．

1 解析とはどんなものか

この章では，解析における定義，定理，証明とはどんなものなのかを見ていきます．いくつかの記法を示し，解析では記号や言葉がどのように使われ，それらをどのように読むべきか説明します．またこの種の数学とこれまで学んできた数学的手順との違いを指摘し，講義で数学理論を学ぶことに関して初心者向けにコメントします．

解析はこれまでの数学とは違うものです．そのため，解析を理解するには新しい知識とスキルを磨くことが必要になります．この章では，次ページに示す典型的な講義資料の抜粋を使ってこれを説明します．いまはこの資料を理解できなくてもかまいません．そのために必要となるスキルを身につけてもらうことがこの本の目的ですし，ここに出てくる数列の収束については 5 章で説明するからです．しかし，解析が生やさしいものではないということは，はっきり言っておきましょう．ページをめくり，読めるだけ読んでみて，それから次に進んでください．

定義 $(a_n)\to a$ であることの必要十分条件は，

$\forall\varepsilon>0\ \exists N\in\mathbb{N}$ s.t. $\forall n>N$，$|a_n-a|<\varepsilon$ である．

定理 $(a_n)\to a$ かつ $(b_n)\to b$ とする．このとき $(a_nb_n)\to ab$.

証明 $(a_n)\to a$ かつ $(b_n)\to b$ とする．

$\varepsilon>0$ を任意に取る．

このとき $\exists N_1\in\mathbb{N}$ s.t. $\forall n>N_1$，$|a_n-a|<\dfrac{\varepsilon}{2|b|+1}$.

また，すべての収束数列は有界であるので (a_n) も有界．

よって $\exists M>0$ s.t. $\forall n\in\mathbb{N}$，$|a_n|\leqq M$.

この M について，$\exists N_2\in\mathbb{N}$ s.t. $\forall n>N_2$，$|b_n-b|<\dfrac{\varepsilon}{2M}$.

$N=\max\{N_1,\ N_2\}$ とする．

このとき $\forall n>N$，

$$
\begin{aligned}
|a_nb_n-ab| &= |a_nb_n-a_nb+a_nb-ab| \\
&\leqq |a_n(b_n-b)|+|b(a_n-a)| \\
&\qquad\qquad\text{三角不等式による} \\
&= |a_n||b_n-b|+|b||a_n-a| \\
&< \frac{M\varepsilon}{2M}+\frac{|b|\varepsilon}{2|b|+1} \\
&< \frac{\varepsilon}{2}+\frac{\varepsilon}{2}=\varepsilon.
\end{aligned}
$$

したがって $(a_nb_n)\to ab$.

解析の講義資料は，どのページもこんな感じに見えることでしょう．見方によっては，これはわくわくすることです．高度な数学を学んでいるという実感がわいてきます．しかし別の見方をすると(たぶん想像できると思いますが)この資料をどう解釈すればよいかわからない学生にとっては，解析を理解することがまったく不可能だということにもなります．彼らにとっては，どのページも「ε」「$\mathbb{N}$」「$\forall$」「$\exists$」などの記号に埋めつくされた，まったく意味をなさないものに見えることでしょう．この本を最後まで読めば，このような資料を理解するための準備が整います．重要な構成要素を特定し，それらがどのように組み合わされて首尾一貫した理論を構成しているのかを把握し，そしてその理論を作り上げた数学者の知的業績を鑑賞できるようになるのです．ここでは，この文章の重要な注意点についていくつか触れておくにとどめたいと思います．

最初の注意点は，このような文章には大量の記号と略記法が含まれていることです．それらの意味を以下に示します．

(a_n)	一般の数列(普通は「エー・エヌ」と読みます)
$\to$	「～に近づく」または「～に収束する」
$\forall$	「すべての～について」または「任意の～について」
ε	イプシロン(ギリシャ文字で，本書では変数として使われます)
$\exists$	「～が存在する」
$\in$	「～に属する」または「～の要素である」
$\mathbb{N}$	自然数$(1, 2, 3, \ldots)$全体の集合
max	「(～の)最大値」
$\{N_1, N_2\}$	数 N_1 と N_2 からなる集合

このリストを見て，文章を理解することはできないかもしれませんが，少なくとも声に出して読むことはすぐにできるはずです．必要に応じてリストを参照しながら，試しに何行か声に出して読んでみてください．何回かやり直す必要があるかもしれませんが，かなり自然に読めるでしょう．そのわけは，数学者も文章を書いているからです．ですから，たとえガラクタのように見える記号や単語だらけのページであっても，普通の文章と同じように声に出して読むことができるのです．そのような資料を流暢(りゅうちょう)に読むのは最初は難しいかもしれませんが，流暢に読めるようになるまでがんばってください．記号の意味を思

い出すためにエネルギーをすべて費やしてしまうと，内容を理解することができなくなってしまうからです．ですから，機会を見つけて練習するようにしてください．最初は少したどたどしく，不自然に感じられても問題ありません．数学を「話す」ことを講師[*1]だけに任せておかずに，自分でもできるようになることを目指してください．

記号の話が出たので，この本での記号の使い方についても触れておきましょう．記号は，略記法として役立ちます．数学的なアイディアを，圧縮された形式で表現することができるようになります．ですから，私は記号が好きです．でも，どの講師も同じように考えているわけではありません．新しい記号を覚えることによって学生の精神的な余裕が奪われてしまい，そのために新しい概念の理解が進まなくなる，と心配する人もいます．そのような講師はなるべく記号を使わずに，すべて言葉で表現することを好みます．もちろん，彼らが間違っているわけではありません．新しい記号に慣れるには，多少の時間がかかるからです．しかし，それは記号を使い始める際にはいつでもあることで，それほど数が多いわけでもないし，早いうちにマスターしておく価値があると私は思うのです．ですから，私はすぐに記号を使い始めます．これが最善のアプローチだという証拠が示せればよいのですが，証拠はありません．単なる個人的な好みです．この本の中で使われる記号のリストは，xiii ページの「記号一覧」に示してあります．

先ほどの講義資料について注意してほしい点の 2 つ目は，定義や定理，そして証明が含まれていることです．ここでの定義は，数列が極限値へ収束する，ということの意味を述べています．この時点では，まったく理解できなかったかもしれません．でも，それについては 5 章で詳しく説明するので，心配しないでください．ここでの定理は，2 つの収束する数列の各項を掛け合わせて得られる新しい数列について述べた，一般的な主張です．多分このことは理解できるでしょうし，この定理はもっともなことを言っていると思えるかもしれません．証明とは，定理が真であることを示す議論[*2]です．この議論には，収束の定義が利用されます．定義に用いられたのと同じ記号列が証

*1 「はじめに」でも説明しましたが，英国では学部生に授業をする人はみな「講師」と呼ばれます．

*2 数学者が「議論」という言葉を使うとき，それは 2 人の間の口喧嘩を意味するのではなく，論理的に正しい一連の推論のことを意味します．日常生活の中でも，「それはあまり説得力のある議論じゃないね」などというときには，議論という言葉をその意味で使っています．

明の中でも再び使われていることに注意してください．この証明は，最初に2つの数列 (a_n) と (b_n) が定義を満たしていると仮定し，最後に結論として数列 (a_nb_n) もまた定義を満たすことを示しています．この議論の組み立て方を正確に理解するには多少の思考力が必要となりますが，この本ではそのレベルの構造を探し出す方法を学んでいきますし，5.10節でもう一度この証明について触れます．

この講義資料には，従うべき手順が含まれていません．これに気づくことは，非常に重要です．これまでの数学で，手順に従うことばかり学んできた学生は，なかなかこれに気づきません．そのような学生は，いつでも手順を探し求めます．手順があまり見つからないと当惑し，そこに書かれている意味をくみ取ることができなくなってしまうのです．解析は(その意味では大部分の学部生向け純粋数学も)理論，つまり証明と呼ばれる正当な論理的議論によって結びつけられた一般的な結論のネットワークとして，理解できます(3章，特に3.2節を参照してください)．証明は，対応する定理の前提を満たすすべての対象物について有効なので(2.7節を参照してください)，特定の対象物に繰り返し適用できます．しかし，解析では計算を何度も行うことは重視されません．解析で重視されるのは理論であり，定理と証明，そしてこれらについての考え方こそが理解すべきものなのです．

最後に知っておいてもらいたいことは，この理解を深めていく責任はあなた自身にある，ということです．もちろん，あなたには解析の講師がいるでしょうし，もしかすると少人数指導してくれるチューターやティーチング・アシスタントなどと呼ばれる大学院生がいるかもしれません．彼らは最善を尽くしてあなたの学習をサポートしてくれるでしょうが，あなたは一人一人に注意が行き届かない大人数の講義を少なくともある程度の時間は受けることになるでしょうし，新しい題材を部分的にしか理解できないまま多くの講義を終えることになるでしょう．ですから，あなたは自分が理解できるまで頭を絞って考え抜くことが必要になるのです．この本は，その助けになるようにデザインされています．次の章では，数学理論がどんなものから構成されているか見ていきましょう．

2 公理，定義，定理

この章では，公理，定義，定理という数学理論のビルディングブロック(構成要素)について説明します．これらの典型的な論理的構造について解説し，それらを実例や図と結びつけるための戦略を示します．ロルの定理と「上に有界」の定義を使ってこの戦略を説明し，図の有用性と限界について一般論を述べます．最後に反例について，および定理とその逆との違いを認識することの重要性について考えます．

2.1 数学の構成要素

解析のような数学理論の主な構成要素は，公理，定義，定理，証明です．この章では，このうち最初の3つを取り上げます．証明については別個に3章で取り上げますが，たとえあなたがすでに解析の講義を受け始めていて，主に証明に関して困難を感じていたとしても，この章から読み始めることをお勧めします．証明に関する困難の少なくとも一部は，関連する公理や定義や定理を完全には理解できていないか，あるいは証明をこれらと結びつける方法を完全には理解できていないことに起因するからです．

解析の公理や定義や定理の多くは図を用いて表現できますが，人によって図の使い方には差があります．私は，図が抽象的情報の理解に役立つと思っているので，図が好きです．ですから私はこの本でも図をたくさん使いますし，この章では図を利用して具体例や一般例を表現する方法について説明していきます．また図の限界についても注意を促しますし，最初に思いつく例を超えて考えることの大事さについても触れる予定です．私の前著 [6] を読んだ人なら，この章に書いてあることには見覚えがあるはずです．ここでの議論はより短く，解析に特化したものになっています．

2.2 公　理

公理とは，数学者たちが一致して真実とみなす文です．公理は，定理を作り出す土台となります．解析では，公理は数，数列，関数などに関する直観的な概念を捉えるためのものなので，たいていのものはあなたもこれまでの経験から真実として受け入れられるでしょう．公理の中には，例えば次のようなものがあります．

$$\forall a, b \in \mathbb{R}, \quad a+b=b+a;$$
$$\exists 0 \in \mathbb{R} \ \text{ s.t. } \forall a \in \mathbb{R}, \quad a+0=a=0+a.$$

声に出して読むことを，忘れずに練習してください．ここで使われている記号と略語を以下に示します．

$\forall$	「すべての～について」または「任意の～について」
$\in$	「～に属する」または「～の要素である」
$\mathbb{R}$	実数全体の集合(単に「アール」と読むことも多い)
$\exists$	「～が存在する」
s.t.	「～が成り立つような」(読まないことも多い)

ですから，例えば

$$\forall a, b \in \mathbb{R}, \quad a+b=b+a$$

は，次のように読みます．

「すべての実数 a, b について，a プラス b イコール b プラス a.」

名前のついた公理の場合，以下のようにその名前が前後にカッコ書きされていることもあります．

$$\forall a, b \in \mathbb{R}, \quad a+b=b+a \qquad \text{[加法の交換法則]}$$
$$\exists 0 \in \mathbb{R} \text{ s.t. } \forall a \in \mathbb{R}, \quad a+0=a=0+a \qquad \text{[加法の単位元の存在]}$$

これらの公理を見て，「交換法則」や「加法の単位元」の意味を推測できるでしょうか？ これらの概念を，正確さを失わずに自分の言葉で説明できるでしょうか？

実数の公理については10章でさらに詳しく議論します．そこではまた，これらの用語に関する数学理論を考察する際になされる哲学的に興味深い発想の転換についても説明します．

2.3 定 義

定義とは，数学の単語の意味を厳密に述べた文です．解析では，新しい概念の定義だけでなく，すでに見慣れた概念の定義にも出会うことになります．信じられないかもしれませんが，より問題になるのは後者の定義のほうです．理由は2つあります．まず，これらの定義の中には，あなたのこれまでの理解と比べて複雑になっているものがあるからです．そのような定義は必要があるから複雑になっているのであり，あなたも将来その厳密さの良さを理解することになると思いますが，それをマスターするには多少の努力が必要ですし，なぜもっと簡単にできないのだろうと考える段階を乗り越える必要があるかもしれません．第2の理由は，定義された概念の中には直観的な理解と一致しないものがあるため，あなたの直観と形式理論が食い違う際には，その食い違いを解消し，必要ならば直観的な反応のほうを退けなくてはならないからです．

このような理由から，見慣れた概念の定義に関する議論は第II部まで先送りすることにします．この章では，多分(少なくとも，学部生向けの数学をあまり勉強したことのない読者にとっては)見慣れない概念の定義をいくつか紹介し，それらを使って定義とつき合うためのスキルについて説明します．そのスキルとは，定義を複数の例と結びつけること，図を手掛かりに考えること，そして厳密であることです．

以下の定義から始めましょう．これは2つの形で提示されています．1つは記号を使ったもので，もう1つは(ほとんど)すべて言葉で書き表したものです．これは声に出して読むためにも役立つはずですが，今後は省略しますので練習を続けてください．

定義• 関数 $f:X\to\mathbb{R}$ が **X 上で上に有界**であることの必要十分条件は，

$\exists M \in \mathbb{R}$ s.t. $\forall x \in X,\ f(x) \leqq M$ である．

定義(言葉による) ● 集合 X から実数全体の集合への関数 f が $\boldsymbol{X}$ **上で上に有界**であることの必要十分条件は，実数 M が存在して X のすべての要素 x について $f(x)$ が M 以下となることである．

このような定義は，解析の講義では頻繁に出てきます．定義の構造はほぼ決まり切ったもので，注意すべき点が 2 つあります．第 1 に，どの定義も 1 つの概念だけを定義していることです．上記の例では，ある種の関数が**上に有界**であることの意味を定義しています．印刷物では，定義される概念は上記のように太字または(英語の場合)イタリック体で表記されるのが普通です．手書きの資料では，その代わりにアンダーラインが引かれている場合もあります．第 2 に，この概念の**必要十分条件**は何かが成り立つことである，という言い方をしていることです．これが妥当である理由は，次のようなよりシンプルな定義を考えてみればわかりやすいでしょう．

定義 ● 数 n が**偶数**であることの必要十分条件は，整数 k が存在して $n = 2k$ が成り立つことである．

この定義を分割してみれば，「必要十分条件」とすることが適切である理由が理解できるはずです．

- 数 n が偶数であることの**必要条件**は，整数 k が存在して $n = 2k$ が成り立つことである．
- 数 n が偶数であることの**十分条件**は，整数 k が存在して $n = 2k$ が成り立つことである．

そうは言っても，「～であることの必要十分条件は」ではなく「～とは」と書いてある定義を見かけることもあるでしょう．私はこれは望ましくないと思いますが，多くの数学者がこのような書き方をしています．誰の目にも意図は明白だからです．

上に有界の定義は理解できたでしょうか？　これ以降の節では，この定義を詳しく分析していきます．

2.4 定義を例と結びつける

新しい定義を理解する1つの方法は，例と結びつけて考えることです．これは簡単なことのように聞こえるかもしれません．しかし，数学者が**例**という言葉を使うときには，何らかの計算方法を示す例題を意味しているわけではないということは，重要なので理解しておいてください．そうではなく，特定の性質あるいは性質の組み合わせを満たす，具体的な対象物(関数かもしれませんし，数や集合や数列かもしれません)を意味しているのです．このことは，講師と学生との間に誤解を生む原因ともなります．学生は，例題のつもりで「もっと例を示してください」と言っているのに，講師は議論している性質を満たす対象物の例を意味して「何を言っているんだ，もう例ならたくさん示したじゃないか」と言うわけです．高等数学では，手順を学んだり適用したりすることよりも，複数の概念の間の論理的関係を理解することを重視するので，例題は少なく，めったに出てこなくなります．そして対象物の例はより重要となります．数個の重要な例を知ることによって，論理的関係が明確になり，記憶の役に立つこともあるのです．このため，あなたの講師はきっと例を用いて定義を説明することでしょう．しかし私があなたにお勧めしたいのは，講師が例を示してくれることに頼らず，自分で自信をもって例を作り出せるようになることです．この節と次の節では，例を作り出す方法をいくつか説明したいと思います．

手始めに，**上に有界**の定義をもう一度示します(この定義を即座に理解できたなら，それは素晴らしいことですが，いずれにせよ以下の説明は，最初の理解を超えて考えることについてのアドバイスが含まれているので，読んでおいたほうが良いでしょう)．

> **定義** 関数 $f: X \to \mathbb{R}$ が $\boldsymbol{X}$ **上で上に有界**であることの必要十分条件は，
> $\exists M \in \mathbb{R}$ s.t. $\forall x \in X,\ f(x) \leqq M$ である．

この定義は，関数 $f: X \to \mathbb{R}$ つまり入力として集合 X の要素を取り，出力として実数を返す関数の性質を定義しています．関数を1つ考えてみてくださいと言われたとき $f(x)=x^2$ を考える人が多いので，最初はこの関数にしましょう．この関数はすべての実数について定義されていることに注意してください．つまりその定義域は $X=\mathbb{R}$ であり，この関数は $f:\mathbb{R}\to\mathbb{R}$ なのです．この関数が上に有界であるかどうかを判定するためには，定義が満たされるかどうかを調べればよいことになります．対応する情報で置き換えると，$f(x)=x^2$ で与えられる $f:\mathbb{R}\to\mathbb{R}$ が **$\mathbb{R}$ 上で上に有界**であることの必要十分条件は，$\exists M\in\mathbb{R}$ s.t. $\forall x\in\mathbb{R}$, $x^2\leqq M$ である，ということになります．チェックしてみてください．

それでは，この定義は満たされているのでしょうか？　実数 M が存在して，すべての実数 x について $x^2\leqq M$ が成り立つのでしょうか？　たとえすぐに答えがわかったとしても，知っておいてほしいことがあります．このような定義は始めのほうから理解しようとするよりも，終わりのほうから理解するほうが簡単なことが多いのです．ここでは最後の部分が「$f(x)\leqq M$」となっています．これは縦軸[*1]上の値が M 以下であるかどうかをチェックすることだと考えられます．

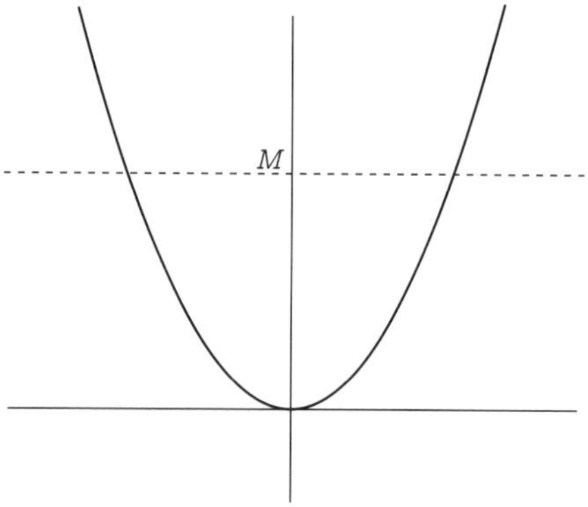

ここに示した M については，定義域 $\mathbb{R}$ 内の数 x には $f(x)\leqq M$ となるものもあれば，そうならないものもあります．したがってこの M については，$\forall x\in\mathbb{R}$，$f(x)\leqq M$ は真ではありません．しかし，ここで関心があるのは $\forall x\in\mathbb{R}$, $f(x)\leqq M$ が成り立つような M が**存在する**かどうかです．そのような数が存在するでしょうか？　いいえ．どんなに大きな M に対しても，$f(x)>M$ と

*1　これを y 軸と呼びたくなるかもしれません．それでもよいのですが，私は y ではなく $f(x)$ という表記を使うのが好みです．そのほうが，複数の関数(解析ではよく考えます)や変数が 2 つ以上の関数(多変数の微積分で考えます)を取り扱う場合にも一般化できるからです．

なるような定義域内の値 x が存在するからです．つまりこの関数は定義を満たさず，したがって集合 $X=\mathbb{R}$ 上で上に有界ではないことになります．

2.5　定義をさらに多くの例と結びつける

ある集合上で実際に上に有界である関数を思い浮かべるために，できることは3つあります．最初は，言うまでもないことかもしれませんが，さまざまな関数について考えることです．あなたは，何か上に有界である関数を考えつくことができますか？　実際には，たくさんの異なる関数を考えつくことができるのではないでしょうか．$f(x)=\sin x$ として与えられる $f:\mathbb{R}\to\mathbb{R}$ を考えついた人もいるかもしれません．この関数は $M=1$ について上に有界です．$\forall x\in\mathbb{R}$，$\sin x\leqq 1$ だからです．また，$M=2$ についても上に有界であることに注意してください．$\forall x\in\mathbb{R}$，$\sin x\leqq 2$ もまた真であるからです(定義には，M が「最良の」値であることは含まれていません)．また，$f(x)=106$ として与えられる定数関数 $f:\mathbb{R}\to\mathbb{R}$ ($f(x)=106$ $\forall x\in\mathbb{R}$ を意味します)のような，本当にシンプルな関数を考えることもできるでしょう．これはあまり面白くはありませんが完全に妥当な関数で，確かに上に有界です．あるいは $f(x)=3-x^2$ として与えられる $f:\mathbb{R}\to\mathbb{R}$ を考えることもできるでしょう．これは，例えば3について上に有界です．ただし，下に有界ではありません．**下に有界**の定義を書いて，これを確認してみてください．また，上に有界でもなく，下に有界でもない関数を考えつくことはできるでしょうか？

2番目に考えられることは，集合 X を変えてみることです．これは学部の新入生にとってはなかなか思いつかないことかもしれません．これまでの数学ではほとんどの場合，実数から実数への関数だけを考えていたからです．しかし定義域を，例えば集合 $X=[0, 10]$ (数0，10とその間の数をすべて含む集合)に限定してはならない理由は何もありません．$f(x)=x^2$ として与えられる関数 $f:[0, 10]\to\mathbb{R}$ は，$M=100$ について $[0, 10]$ 上で上に有界です．$\forall x\in[0, 10]$，$f(x)\leqq 100$ だからです．ほかにどんな数が M の役割を果たせるでしょうか？

最後に，特定の関数について考えるのをやめて，一般的な関数を想像してみることもできます．この定義の意味をおおまかにつかむために，私なら次のような図を描くか頭の中で思い浮かべてみることでしょう．

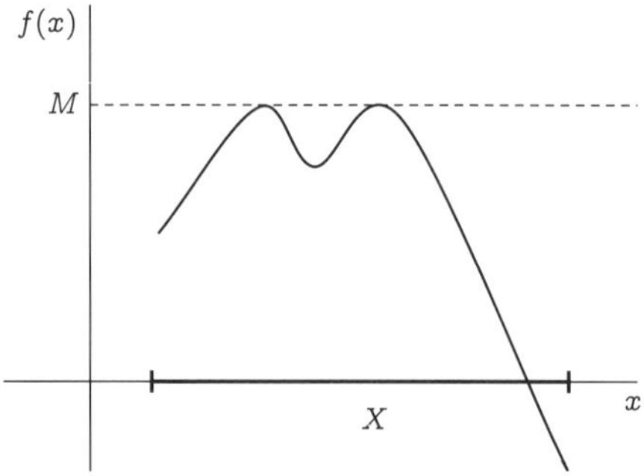

この図は集合 X 上の関数を表しています．あらゆる $x \in X$（x 軸上の太線部分）について，対応する $f(x)$ が存在するからです．しかしこの図は，私が何か式を思い浮かべて描いたものではありません．この定義は，具体的な式によって示される関数だけでなく，すべての関数に適用されるものですから，それでよいのです．また私は，この定義のすべての側面を表現するように工夫したつもりです．この図は，例えば $X = \mathbb{R}$ ではなく，限定された集合 X を示しています．それだけでなく，私はこの集合 X 上でだけ定義された関数を描きました．普通，学生たちは $\mathbb{R}$ 全体の上で定義された関数を描くことが多いのですが，そうしなくてはならないわけではありません．そして私は縦軸上に特定の M を示し，そこから水平に線を引いて，$f(x)$ のすべての値がこの線以下にあることを明確にしています．最後に，$f(x)$ が M と等しくなってもよいということを説明するために，いくつかの点でこれらが接するようにしました．

これらの側面はすべて，定義に明示された情報に結びついています．しかし私は，私自身の理解を示すため，あるいは誰か別の人にこの定義を説明するために，さらに多くの情報をこの図に付け加えることもできるでしょう．例えば，M をさらに大きな値としてもよいことを説明したければ，もう 1 つの M の値とコメントを追加すればよいのです．〔次ページの上の図〕

あるいは，この関数が**集合 X 上で**上に有界であることを強調したければ，X 以外の場所でグラフを上に向かって延長することもできます．こうすると，$x \notin X$ についての $f(x)$ の値について定義には何も書かれていないことが明確になるでしょう（記号「$\notin$」は，「～に属さない」という意味です）．〔次ページの下の図〕

あるいは，さらに複雑な集合 X について考えることもできます．ここまで

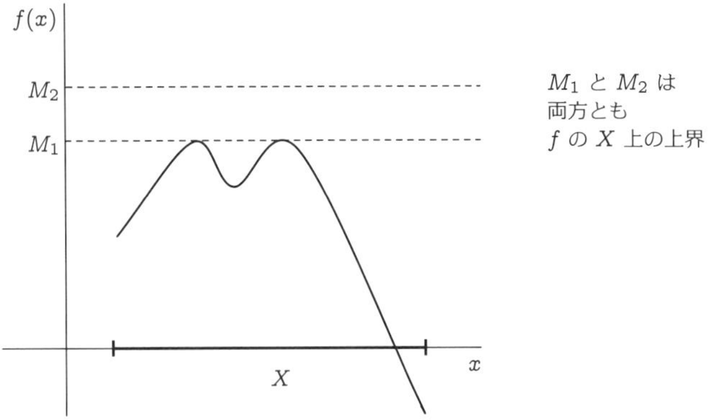

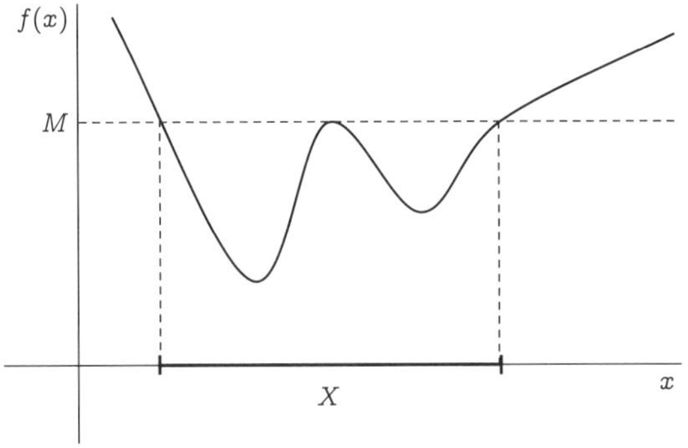

踏み込む必要はないかもしれませんが，そうすれば定義の意味をより完全に理解できるでしょう．これは重要なことです．時間の制約のため，講師がすべての概念について詳細な説明をしてくれることは期待できないからです．多くの場合，講師は定義を紹介し，1つか2つの例についてその定義が当てはまる(または当てはまらない)ことを示すだけで，あとはあなた自身がこのようにして理解を深めることを期待しているのです．

2.6 定義を厳密に利用する

これ以降の章では，特定の定義と，証明の中でそれらの定義がどこに使われているのか見極めるための指針について説明していきます．ここで，定義を厳密に取り扱うことの重要さを強調しておきたいと思います．次の定義を例として，それがどういうことなのか説明しましょう．

定義• M が集合 X 上で関数 f の**上界**であるための必要十分条件は，$\forall x \in X,\ f(x) \leqq M$ である．

この定義と先ほどの定義が述べている中心的な概念は同一です．しかし先ほどの定義は，ある関数がある集合上で上に有界であることの意味を定めるものでした．つまり，**関数**に関する定義だったのです．今回の定義は，ある数がある集合上である関数の上界であることの意味を定めています．つまり，**数**に関する定義なのです．これは細かい違いですが，数学者はこの細かな違いを注意して取り扱います．期末試験か小テストで，M が集合 X 上で関数 f の上界であることの意味を問われたと想像してみましょう．これには 2 番目の定義が必要とされますが，学生が答えを間違える可能性は 2 通りあります．1 つは，例えば「その関数が M よりも小さいという意味です」といった，非定式的な答えをしてしまうことです．私はこの手の解答を読むと，ため息をつきたくなります．その学生は，その概念について何かを理解していることは確かなのですが，数学者が定義を厳密に取り扱うということをわかっていないからです*2．もう 1 つの可能性は，M が上界であることの意味ではなく，関数が上に有界であることの意味，つまり最初の定義を答えてしまうことです．こちらのほうがましですが，満点を取ることはできないでしょう．問われた質問に答えていないからです．

さらにひどい例を示すために，次の 3 番目の定義について考えてみましょう．これもまた有界性についての定義です．

定義• 集合 X が**上に有界**であるための必要十分条件は，$\exists M \in \mathbb{R}$ s.t. $\forall x \in X,\ x \leqq M$ である．

学生たちはこの定義と，関数 f が集合 X 上で上に有界であることの定義とを，よく混同してしまいます．でも，よく見てください．この定義には，**関数は含まれていない**のです．この定義は，関数が集合上で上に有界であることではなく，**集合**が上に有界であることを言っています．M と関係しているのは

*2　その理由について詳しくは，[6] の 3 章を参照してください．

x の値なのです．上に有界である集合の例としては，次のようなものがあります．

$$\{x \in \mathbb{R} \mid x^2 < 3\}$$

（「x^2 が 3 よりも小さいことを満たすような，
$\mathbb{R}$ に含まれるすべての x の集合」）

この集合は，例えば $\sqrt{3}$ や 522 といった上界を持ちます．

このことは，下のような図を使って一般的に説明できるでしょう．

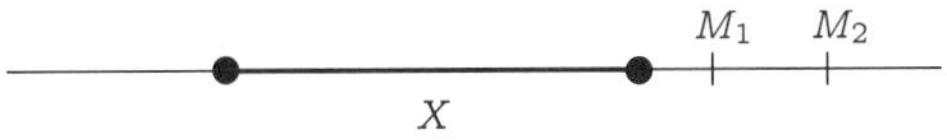

この定義は実数の集合についてのものなので，2 次元のグラフを描く必要はないことに注意してください．この定義に関連するものはすべて，この 1 本の数直線上に表現できるのです．

ここまでで，関連する複数の概念を区別しようとするときには細かな点に注意を払うことが重要だ，と理解してもらえたことと思います．そしてまた，この精密さが必要とされるため，定義を丸暗記することにはリスクが伴うことにも気をつけてください．丸暗記するのではなく，しっかり理解して上手に再構築できるようにしておくことが大切です．

2.7 定 理

定理とは，複数の概念の間の関係について述べた文です．通常，これは一般的に成り立つ関係です．ここで私は「一般的」という言葉を，数学的な意味で使っています．数学者が「一般的」というとき，たいていは（大部分の場合ではなく）すべての場合を意味します[*3]．この節と次の節では，定理の**前提**と**結論**を特定し，前提のそれぞれが必要とされる理由を示す例をシステマティックに見つけ出すことによって，定理を理解するための方法について説明します．ここで取り上げるのは，関数について述べた次の定理です（記号の意味については後で説明します）．

*3 学生の読者は，日常会話での意味と，数学での意味との違いに注意すべきです．そうすれば誰かの言っていることに混乱したり，解釈を間違ったりせずに済みます．このように心がければ，きっとあなたは数か月はこれらの違いに奇妙な感じを受けるでしょうが，だんだん気にならなくなり，ゆくゆくは自然に数学的に言葉を使うようになるはずです．

ロルの定理 ■ $f:[a,b]\to\mathbb{R}$ が $[a,b]$ 上で連続かつ (a,b) 上で微分可能であり，$f(a)=f(b)$ であるとする．このとき $\exists c\in(a,b)$ s.t. $f'(c)=0$.

すべての定理には 1 つ以上の**前提**(成り立つと仮定されるもの)と 1 つの**結論**(前提が真であれば必ず真となるもの)が含まれます．ここでは，前提は「～とする」という言葉によって示されています．ここでの前提は

- f が区間 $[a,b]$ で定義される関数であること，
- f が区間 $[a,b]$ 上で連続であること，
- f が区間 (a,b) 上で微分可能であること，
- $f(a)=f(b)$ であること，

です．結構たくさんありますね．後で 1 つずつ見ていくことにしましょう．

結論は，「このとき」という言葉によって示されています．ここでは，$\exists c\in(a,b)$ s.t. $f'(c)=0$ が結論です．$f'(c)=0$ という記法は，c において f の導関数がゼロである*4という意味であり，この性質を持つ点 c が (a,b) 内に存在することをこの定理は示しています(**開区間** (a,b) は，a と b の間のすべての数を含むが a も b も含まない集合のことです)．この定理は，具体的に c がどこに存在するかについては何も言っていません(このような**存在定理**は高等数学にはよく出てきます)．

定義と同様に，定理は例と結びつけて考えることができます．ここでは，この定理が特定の関数に適用できるか(あるいは適用できないか)考えてみましょう．前提を満たすためには，関数は**閉区間** $[a,b]$ ($[a,b]$ という表記は，a と b とその間の数すべてを含む集合を意味します)で定義されていることが必要です．ですから関数だけでなく，a と b の値も決める必要があります．例えば $f(x)=x^2$ とし，$a=-3$ かつ $b=3$ とすれば，$f(a)=f(b)$ であり f はいたるところ連続かつ微分可能ですから，すべての前提が満たされます．したがって結論が成り立ち，$f'(c)=0$ となる c が (a,b) 内に存在することになります．この例では $c=0$ において導関数が 0 となり，確かに $c=0$ は -3 と 3 の間にあります．

---

*4　$\mathrm{d}f/\mathrm{d}x$ という導関数の記法のほうに慣れている学生が多いと思いますが，$f'(x)$ という記法のほうが簡潔ですし解析ではよく使われます．

ここでも，より多くの例を考えてみることもできるでしょう．しかし，このような定理を扱う際には，一足飛びに一般的な図について考えてみることもお勧めします．このケースでは，そうするために前提に関してさらに留意が必要とされるので，二重の意味で有益です．一般的な図を描くには，まず関数を描くのが当然だと思われがちですが，実際にはより単純な前提から始めるほうが簡単なことも多いのです．例えば次の図では，$f(a)=f(b)$ となるように点 a と b を取ることから始めています．

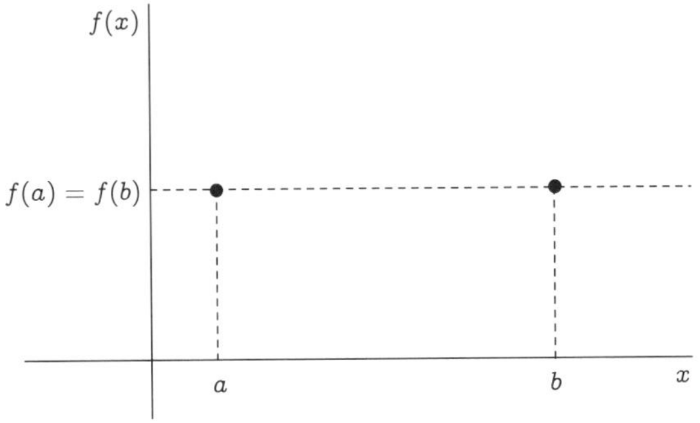

それから心に浮かんだ曲線を描けば，下の図のように必要な性質を持つ関数を示す図が得られるでしょう．ラベルを付けることは，この図のどの部分が定理のどの部分に対応するか正確に示すために役立ちます．ですからこの図では，c として適切な点にラベルを付け，短い線で導関数が c においてゼロになることを示しました．この図では c となりうる値が 2 つ存在すること，またそのような点がさらに多く存在するような関数も簡単に描けることに注意してください．

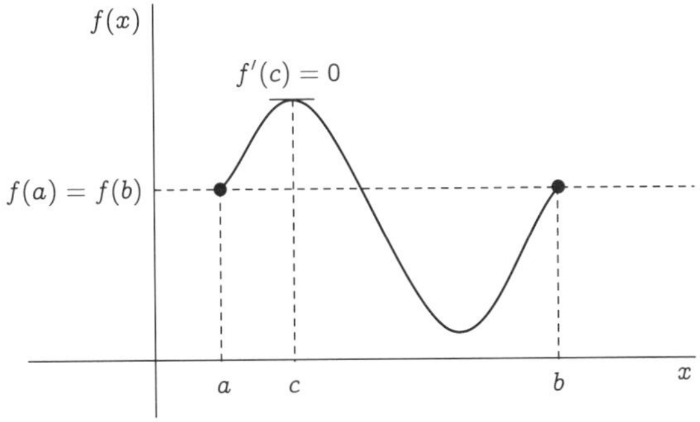

この図から，この定理が真であると確信できるでしょうか？　前提が成り立つとき，$f'(c)=0$ となる c が常に存在する理由が理解できるでしょうか？　もしこの質問にすぐ「はい」と答えられるのなら，それは良いことですが，それでも連続性と微分可能性の専門的な意味について，まだ少し学ぶ必要があるかもしれません．もしこれらの概念の意味が完全には理解できていないためにためらいを感じているのであれば，それはさらに良いことですし，次節での議論が役に立つでしょう．

しかし先へ進む前に，細かいことですが 1 点だけ注意しておきます．このような図を描く際には，ループができないように注意してください．下に示す図は，関数では**ありません**．例えば $f(d)$ として一意に定まる値が存在しないからです（このグラフは，いわゆる垂直線テストに合格しません）．学生たちがこのようなグラフを描くのは，たいてい不注意が原因だということはわかっています．正しいグラフを描くつもりで，ちょっと間違えてしまったのです．しかし，もう一度言いますが，高等数学では精密さが重要なので，このようなことにも注意を払いましょう．

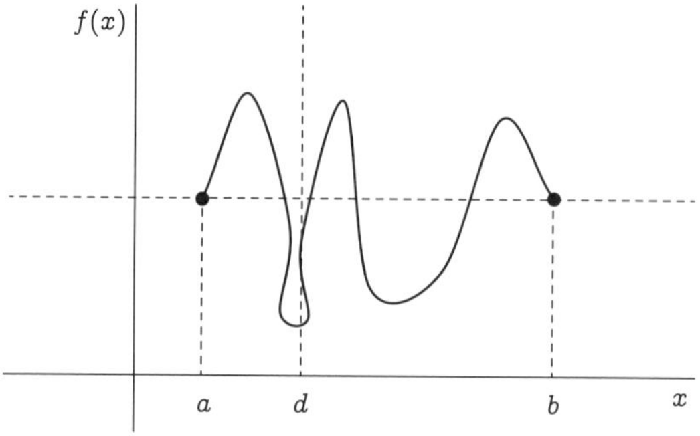

2.8　定理の前提を精査する

ロルの定理は，より真剣に解析の概念について考える機会を提供してくれます．またすべての前提についてそれが含まれている理由を問うことによって，定理について深く考えることを学ぶ機会ともなります．もう一度，この定理を示しておきましょう．

ロルの定理 ■ $f:[a, b] \to \mathbb{R}$ が $[a, b]$ 上で連続かつ (a, b) 上で微分可能であり，$f(a)=f(b)$ であるとする．このとき $\exists c \in (a, b)$ s.t. $f'(c)=0$.

前提の 1 つは，区間 $[a, b]$ で関数が連続だということです．大部分の人は関数といえば自然に連続関数を考えます．彼らがこれまで取り扱ってきた関数の大部分は連続(いたるところ連続でなかったとしても，少なくとも x の大部分の値について連続)だったからです．しかしこの本では，連続関数以外についても考えることを強くお勧めします．連続性を仮定することが適切でない場合もあるからです．7 章，8 章，そして 9 章では，興味深いさまざまな形で不連続な関数を取り上げています．また，ある前提がなかったらどう都合が悪くなるか考えてみることによって，その前提が含まれている理由を把握できることも多いのです．ロルの定理について考える場合，$f(a)=f(b)$ であるが $[a, b]$ 上で連続でなく，結論が成り立たないような関数を作り上げることは簡単です．例えば下の図では，$f'(c)=0$ となるような点 c は存在しません．

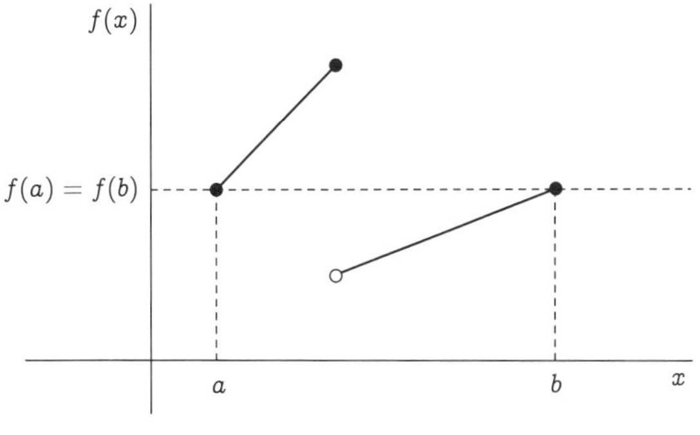

ですから連続性の前提が必要となるわけです．それなしでは，定理は正しいものとはなりません．概念を把握するためにはおそらくこの図で十分でしょうが，このような関数は数式で表現することも可能であり，可能であれば具体例を示すことは良いことです．例えば次のように a，b そして f を指定すると，上のようなグラフが得られます．

関数 $f:[1, 4] \to \mathbb{R}$ を，次のように定義する：

$$f(x) = \begin{cases} x+1 & (1 \leqq x \leqq 2 \text{ の場合}) \\ x/2 & (2 < x \leqq 4 \text{ の場合}) \end{cases}$$

これは**区分的に定義された**関数です．その定義域の各部分で別の定義がなされています．それでもこれは $[1, 4]$ から $\mathbb{R}$ への完全に妥当な関数であることに注意してください．区間 $[1, 4]$ 内のすべての x について，規定された $f(x)$ の値が 1 つだけ存在するからです（これを 2 つの関数だと考える学生もいますが，それは間違いです）．この図で，黒く塗りつぶされた点と白抜きになっている点が，何を意味しているかわかるでしょうか？　連続性の前提が成り立たず，結論がやはり偽となるような具体的な例を，ほかに考えつくことができるでしょうか？

もう 1 つの前提は，関数が区間 (a, b) 上で微分可能である，ということでした．この場合にも，大部分の人は当然のように微分可能な関数について考えます．彼らがこれまで扱ってきた関数の大部分は微分可能だったからです．実際，初めて解析を学ぶ学生たちは，自分が微分可能な関数について考えているということすら意識していません．彼らはたくさん微分をしてきましたが，関数が微分可能だということが何を意味するのか，理論的に考えたことがないからです．微分可能性については 8 章で定式的に議論しますが，おおよその非定式的な理解のためには，その関数のグラフに「鋭い角」がないことだと考えておいてください．それを念頭において，連続性の前提は成り立つが微分可能性の前提は成り立たない場合，ロルの定理にとってどう都合が悪くなるか考えてみてください．どんな場合に結論は偽となるでしょうか？

単純な例を図で示します．

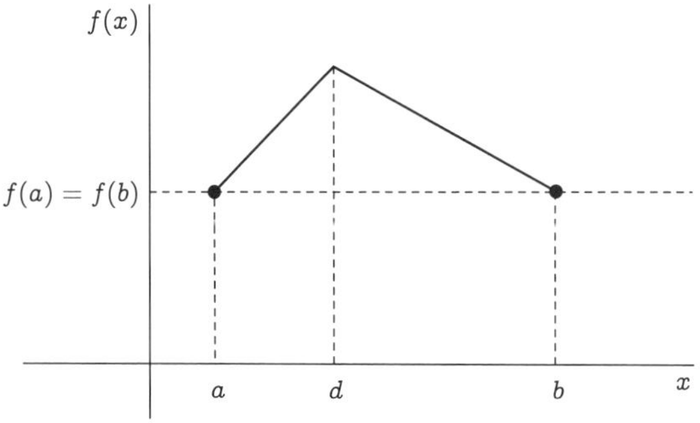

この例では $f(a)=f(b)$ であり，関数は連続です．しかし $x=d$ で微分可能ではなく，$f'(c)=0$ となる点 c も存在しません．いま言ったことがすぐには飲み込めない読者もいるでしょうから，少し丁寧に説明しましょう．例えば，このような関数が d において連続であるかどうかわからない学生もいます．彼らは「ペンを紙から離さずに描ける」ことはわかりますが，連続関数のグラフがたちの良い曲線でできていて尖っていないことに慣れきっているので，ためらいを感じるのです．実際にこの関数は連続ですし，このような問題については 7 章でさらに議論します．

同様に，点 d における導関数の概念についてよくわかっていない学生もいます．この場合も彼らはたちの良い曲線のグラフを持つ関数の導関数について考えることに慣れきっていて，このような関数が「角」で導関数を持つのかどうかわからないのです．これは微分可能性の本質に関わります．微分可能性とは，ある点で一意に定まる接線を引くことができるかということだからです．この図の場合，接線を引くことはできませんし(引けたとすればその傾きはどうなるのでしょう？)，この問題は 8 章で詳しく考察します．今のところは，私の言葉をそのまま受け止めてもらい，微分可能性の前提が必要であることに注意してくださるようお願いします．微分可能性の前提なしでは，結論は成り立たないのです．

この図のような関数を定義する数式は，以下のようになります．

関数 $f:[1, 4]\to\mathbb{R}$ を，次のように定義する：

$$f(x)=\begin{cases} x+1 & (1\leqq x\leqq 2 \text{ の場合}) \\ 4-x/2 & (2<x\leqq 4 \text{ の場合}) \end{cases}$$

同様の性質を持つ，より単純な例としては，例えば集合 $[-5, 5]$ 上の関数 $f(x)=|x|$ があります．実際，$f(x)=|x|$ は(点 $x=0$ において)連続だが微分可能でない関数として良く挙げられる例です．今後あなたもそのような例としてこの関数を見かけることがあるでしょうが，数学者がこのような単純な例を 1 つだけ与える際には，たいていはそれを一般的な集まりの代表として捉えることが期待されていることに注意してください．数学者は $f(x)=|x|$ を示して，それに関する何らかの主張の証明を与えるかもしれませんが，同様の性質を持つほかの関数に対してもその考えを一般化することが期待されているのです．

2.9　図と一般性

私があえて触れなかった図に関する3つの微妙な問題に，鋭い読者ならもう気づいているかもしれません．最初の問題は，私がいくつかの図を一般的なものとして取り上げたことが，厳密な意味では間違いであることです．グラフを紙に描こうとすると，どうしても特定の関数を考えなくてはいけなくなります．しかし，心の中に数式を思い浮かべることがないという意味では，これらの図を一般的とみなせるということに大部分の読者が賛成してくれるだろうと思います．そのような図は，$f(x)=x^2$ や $g(x)=\sin x$ のようなグラフとは違って，特定の関数の知識に惑わされることが少ないからです．

2番目の微妙な問題とは，図が関数「全体」を表現しているとは限らないことです．ある区間について関数のグラフを描くのは簡単なことも多いのですが，有限の図では実数全体で定義された関数を完全に表現することはできません．そんなことを気にする人は少ないでしょうし，気にしなくてよい場合がほとんどでしょう．経験を積めば，グラフがどんな形で「永遠に続く」のか，想像できるようになります．しかし，どんな図も有限である(そして特定の場合を表現している)わけですから，グラフ自体はあまり証明の役に立たないことは覚えておいてください．グラフは，証明を組み立てるために役立つ洞察を提供してくれるかもしれませんが，それ以外に数学者は定義に基づいた議論を必要とするからです．

3番目の微妙な問題は，図の特徴に十分な注意を払わないと(0, 0)付近のグラフの局所的な性質に惑わされてしまいがちなことです．例えば，$f(x)=x^2$ として与えられる $f:\mathbb{R}\to\mathbb{R}$ のグラフを，次ページの上の図のようなU字型に描いてしまう人がいます．

この図は，縦軸に平行な漸近線を持つという誤解を招きます．例えば，$x=d$ での x^2 の値はどうなるでしょうか？　この図ではその値が存在しないように見えますが，もちろんそれは間違いです．これもまた細かいことではありますが，このような問題をちゃんと認識していることがわかるように，グラフを描くようにしてください．

U字型ではなく，放物線に見えるグラフを描くように気をつけたとしても，誤解を招く要因はほかにもあり得ます．例えば先ほどの f のグラフを，$g(x)=x^3$ で与えられる $g:\mathbb{R}\to\mathbb{R}$ といっしょに描くと，次ページの下の図のようにな

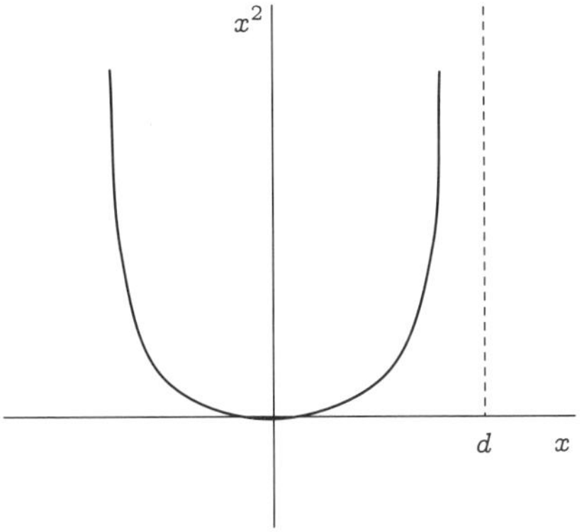

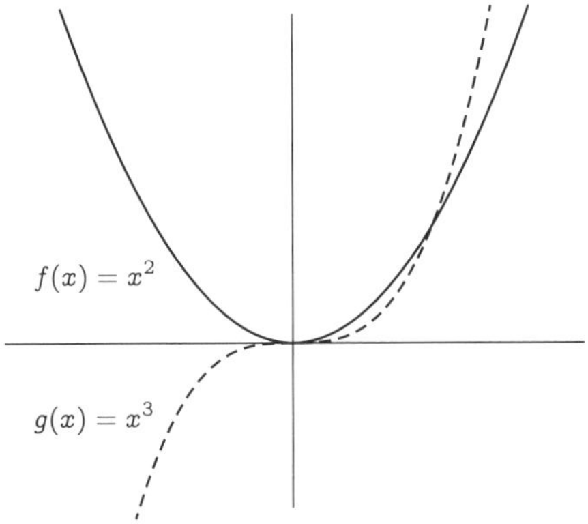

ります．

この図では，$x \geqq 0$ の部分で両方のグラフの形がほとんど同じように見えます．どちらの関数も同じように変化するように思えてしまうのです．しかし，もちろん実際には違います．多少ズームアウトしてみれば，次ページの上の図のように違いが際立ってきます．

グラフを描くのに手抜きしがちな人は，これを機会によく考えてみてください．またすべての人に，関数が「大きな」値についてどのようにふるまうか，もっとじっくり考えてみることをお勧めします．

同様に，f と g のグラフを，$h(x)=2^x$ として与えられる指数関数 $h:\mathbb{R}\to\mathbb{R}$ と比較するとどうでしょうか？ この関数 h が縦軸と交わる点は異なりますが，それ以外はほとんど同じように描いてしまうかもしれません．〔次ページの 2 つ目の図〕

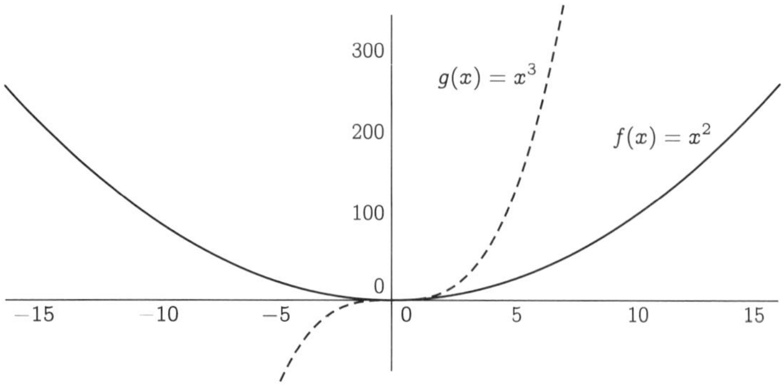

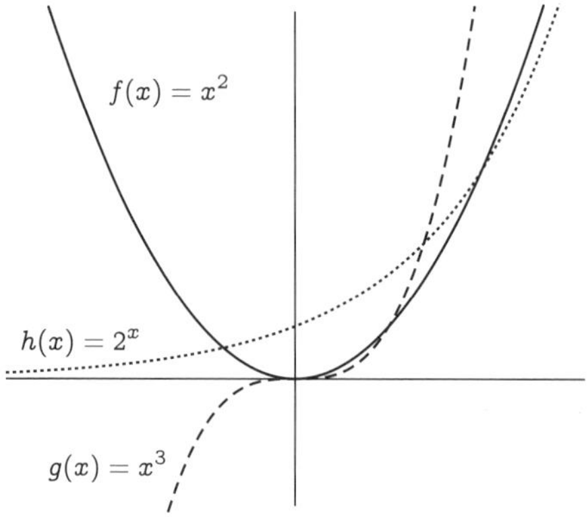

しかし，x の値がもっと大きくなると，どうなるでしょうか？　指数関数の方がはるかに速く増加します．次のズームアウトした図を見れば，指数関数が多項式関数と比較して明らかに違ったふるまいを見せることがわかるでしょう．

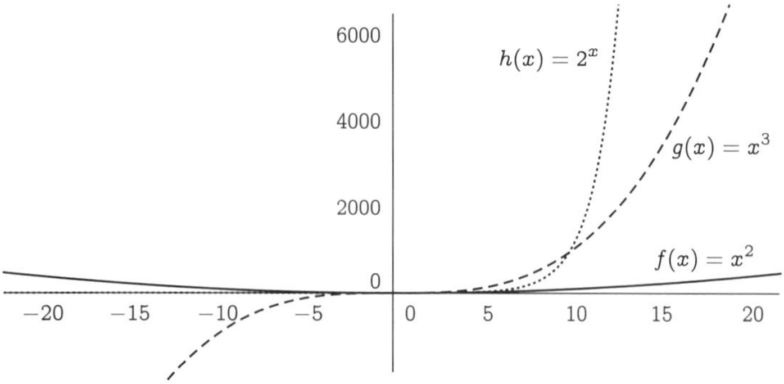

ここで提起した問題は，解析では重要なものです．解析で学ぶことの 1 つは極限における性質，つまり x（または n）が無限大に近づくとき，関数（または数列）がどうなるかということだからです．このようなことについて直観を働かせるにはグラフが役立ちますが，コンピューターや計算機だけを頼りに真実を突き止めようとするのは避けるべきです．解析ではそれ以上のことが求められます．それは形式理論の理解を深め，観察から得られた結果を実際に証明できるようになることです．

2.10 定理とその逆

この最後の節では，2.7 節で述べた定理の構造をさらに掘り下げて，互いに関連する**条件文**の間の重要な違いに注目します．条件文とは，「〜ならば，…である」のような文です．以下に例を示します．

- f が定数関数ならば，$f'(x)=0\ \forall x \in \mathbb{R}$ である．

この文は真です．次に示すのは，その**逆**です．

- $f'(x)=0\ \forall x \in \mathbb{R}$ ならば，f は定数関数である．

この文もまた，真です．しかし，同じ文ではありません．次に示すのは，これら両方の意味が取り込まれた**双条件文**です．

- f が定数関数であるための必要十分条件は $f'(x)=0\ \forall x \in \mathbb{R}$ である．

この文もまた真ですが，また違った文です．ここで「**であるための必要十分条件は**」というフレーズについて考え，この双条件文に両方の条件文の意味がどのように取り込まれているか，考察してみるとよいでしょう．

ここには 2 つ，技術的に注意すべきことがあります．1 点目は，これら 3 つの文は以下のような代替記法を使って書くこともできるということです．

- f が定数関数である $\Rightarrow f'(x)=0\ \forall x \in \mathbb{R}$.
- $f'(x)=0\ \forall x \in \mathbb{R} \Rightarrow f$ は定数関数である．
- f が定数関数である $\Leftrightarrow f'(x)=0\ \forall x \in \mathbb{R}$.

「$\Rightarrow$」という記号は，声に出して読むときには「〜ならば」と読み，「$\Leftrightarrow$」という記号は「～の必要十分条件は」または「～と…は同値である」と読みます．これらには特定の，標準的な意味があります．ですから，正確にこれらの意味を意図しているのでない限り，矢印を使ってはいけません．

2点目は，最初の条件文は本当は次のように書くべきだということです．

- すべての関数 $f: \mathbb{R} \to \mathbb{R}$ について，f が定数関数ならば $f'(x) = 0\ \forall x \in \mathbb{R}$.

新しく先頭に付け加えられた部分は，特定の種類の関数すべてについて述べていることを明確にしているだけです．たぶんあなたは最初からそれを仮定していたでしょうし，たいていの数学者も同じことをするはずですから，このような余分なフレーズは多くの場合，省略されます．しかし数学者は，条件文を解釈する際には，このようなフレーズがあることを暗黙のうちに想定しているのです．

さて，日常生活では，条件文はもう少しあいまいなかたちで使われることがほとんどです．私たちは文とその逆とをいつも区別しているわけではありませんし，条件文を双条件文のように解釈することも多いでしょう[*5]．実際，それは非常によくあることなので，日常生活での条件文の解釈と推論について膨大な数の心理学の論文が書かれているほどです．

数学は，あいまいではありません．数学者が条件文を書くときには，正確に書かれた通りのことを意味しています．このことは，2つの理由から非常に重要です．第1の理由は，ある文を証明することは，その逆を証明することとは違うからです．

- f が定数関数ならば，$f'(x) = 0\ \forall x \in \mathbb{R}$ である

を証明するためには，f が定数関数であることを仮定し，そのことから $f'(x) = 0\ \forall x \in \mathbb{R}$ であることを導くことになります．

- $f'(x) = 0\ \forall x \in \mathbb{R}$ ならば，f は定数関数である

を証明するためには，$f'(x) = 0\ \forall x \in \mathbb{R}$ であることを仮定し，そのことから f が定数関数であることを導くことになります．これは，必ずしも同じ作業をすることにはなりません．1つの方向では使えた証明手法が，逆方向でも使える

*5　詳細な説明は [6] の 4.6 節にあります．

とは限らないからです[*6]．この例では，一方の文は導関数の定義から直接証明できますが，他方の文はもっと本格的な理論の道具立てを必要とします．詳しくは8.6節を参照してください．

第2の理由は，もっと基本的なものです．ある条件文が真でも，その逆は真ではないこともあるからです．例として，次の条件文を考えてみましょう．

- f が c において微分可能ならば，f は c において連続である．

これは真です．次はその逆です．

- f が c において連続ならば，f は c において微分可能である．

これは真ではありません．すでに先ほど，関数 $f(x)=|x|$ が 0 において連続であるのに 0 において微分可能でないことを見てきました．この事実は，その条件文の**反例**となっている，つまりその条件文が普遍的に真ではないことを示しているわけです．またこのことから，関数やその他の数学的対象物について，良く挙げられる例が存在する理由もわかるでしょう．例の中には，重要な定理を覚えるために，そして定理とその逆との混同を避けるために，特に役立つものがあります．解析には，定理は真だがその逆は偽というものがごまんとあるので，このような例は便利なのです．以下に挙げたものについて，それぞれ逆はどうなるか考えてみてください．また現在のあなたの知識で，定理が真でもその逆が真ではない理由を説明できるでしょうか？

定理 ▪ $(a_n)\to\infty$ ならば，$(1/a_n)\to 0$.

定理 ▪ $\sum_{n=1}^{\infty} a_n$ が収束するならば，$(a_n)\to 0$.

定理 ▪ f が $[a, b]$ 上で連続ならば，f は $[a, b]$ 上で有界である．

定理 ▪ f と g が両方とも a において微分可能ならば，$f+g$ は a において微分可能である．

定理 ▪ f が $[a, b]$ 上で有界かつ単調増加であれば，f は $[a, b]$ 上で積分可能である．

---

*6 単純な代数の例が，[6] の 8.3 節にあります．

定理■ $x, y \in \mathbb{Q}$ ならば，$xy \in \mathbb{Q}$.

これらの定理の中には，後でこの本に出てくるものもあります．この本に出てこない定理も，おそらく解析の講義で見かけることになるでしょう．講義ではもっとたくさん出てくるかもしれません．条件文を見たときには，いつでもその逆について考え，そして両方とも真なのか，それとも一方だけが真なのかを考えてみることをお勧めします．そのように考えることは，それに伴う証明の構造を理解するために役立つはずです．ほかにも証明を理解するためのアドバイスはたくさんありますが，それらについては次章で説明することにしましょう．

3 証明

この章では，数学における証明の意味と，数学理論の中で証明の占める位置について考えます．また理論や証明がどのように構成されているか，またどのように教えられるかについても考えます．また，自己説明の訓練についても説明します．研究によれば，これによって学生の証明の理解度が向上することが知られています．

3.1 証明と数学理論

証明はミステリーだと考えている学部生は多いようですが，実際にはそんなことはありません．論理が込み入っているとか，関連する概念の定義を学生が十分に把握できていないなどの理由から，ある特定の証明の理解が難しいということはあるでしょう．しかし，考え方そのものはまったく難しくありません．要は証明とは，何かが真であることを示す，説得力のある議論のことです．それがミステリーに見えるのは，例えば解析などの分野での証明は特定の数学理論の枠組みに収まらなくてはならないので，説得力だけでなく，適切な定義や定理に従った組み立てが要求されるためだと私は思っています．この本の第 II 部では，解析における重要な概念と関連する具体的な定義や定理を取り上げ，それらが証明のどこに使われているのか見つけ出す方法や，それらを使ってあなた自身の証明を構成する方法について述べています．この章では，講義や教科書で提示される証明の筋道を追うための一般的な戦略についてお話しします．このような戦略は，解析の中で証明に出会ったときにはいつでも適用できる(そして適用すべき)ものです．しかしまず，証明が数学理論の中でどのような位置を占めているか，簡単に説明しましょう．

1つ気をつけてほしいのは，**理論**と**定理**は違うものだということです．定理とは，2章で説明したように，複数の数学的概念どうしの関係について述べた1つの文です．数学理論は，公理，定義，定理，そして証明が絡み合ったネットワークです．このネットワークは，巨大なものになることもあります．いま私が担当している解析の授業には，16個の公理，32個の定義，そして60個の定理とそれに付随する証明が出てきます．多くは非常に簡単なものなので，見かけほど大変ではありません．しかしこれは，解析「全体」の理論とみなされるもののごく一部です．つまり，理論には非常に複雑なものもあるということは想像に難くないでしょう．しかし一部の特徴さえ押さえておけば理解しやすくなりますし，それを知っておけば証明の目的や役割について理解を深める役にも立つはずです．

3.2 数学理論の構造

数学理論は時代とともに発展してきましたが，その発展は直線的なものではありませんでした．数学者たちは，問題を解いたり，定理を述べて証明する過程で，公理や定義を編み出して，利用する概念を把握します．しかし数学者は，理論の構築にも価値を認めています．あらゆるものが首尾一貫した全体構造の中に収まること，つまり個別の概念と重要な論理的関係の両方を把握するための効果的な方法として数学者たちが合意しているやり方で，公理，定義，定理，証明が体系化されることを望んでいるのです．

あなたも学生として，問題を解くことになるはずです．しかし普通の解析の講義では，定義や定理を自分で編み出すことはめったにないでしょう．あなたのすべきことは，確立された解析の理論を，現在の数学界の理解に従って学ぶことだからです．そのため，数学の定義と公理[*1]は，理論のビルディングブロック(構成要素)の最下層をなすという意味で，「基本的」なものと考えられます．

*1　公理の簡単な説明については2.2節を，実数の公理についての詳細な議論については10章を参照してください．

この最下層の上に，積み上げられる新しいブロックが定理となります．そのような定理は，それまでの階層から得られた概念どうしの関係について何かを述べています．解析の授業の最初の段階では，定理はたった1つの概念について述べたものかもしれません．例えば，対象物 x と y に当てはまる性質は，x と y との組み合わせ(数や関数や数列であれば和，集合であれば和集合など)によって作られる対象物についても当てはまる，というものです．以下に挙げる定理は，そのようなものの例です[*2]．

定理 ▪ $x, y \in \mathbb{Q}$ であれば $xy \in \mathbb{Q}$.

定理 ▪ $f:\mathbb{R}\to\mathbb{R}$ と $g:\mathbb{R}\to\mathbb{R}$ が両方とも a において微分可能とする．このとき $f+g$ は a において微分可能であり，$(f+g)'(a)=f'(a)+g'(a)$.

定理 ▪ $X, Y \subseteq \mathbb{R}$ が両方とも上に有界であれば，$X\cup Y$ も上に有界である．

このような定理の証明には，たった1つの定義しか必要としません．例えば3番目の定理では，$\mathbb{R}$ の2つの部分集合 X と Y が両方とも上に有界であれば，その和集合(X または Y あるいはその両方に属するすべての要素の集合)もまた上に有界であると述べています．これを証明するためには，次のようにします．

- X と Y が両方とも上に有界であると仮定する．
- これが何を意味しているかを，上に有界の定義に照らして述べる．
- 代数的操作と論理的推論によって，$\boldsymbol{X\cup Y}$ もまた上に有界の定義を満たすことを示す議論を構築する．
- $X\cup Y$ が上に有界であることを結論として述べる．

上に有界の定義は2.6節で述べたので，ここでは詳細をどのように埋めていくかを示します．証明を読み，理解するための手引きは3.5節で提供します．今の知識でこの証明の筋道をどれだけ追えるか試してみて，後でもう一度見直してみるのもよいでしょう．

*2 記号のリストはこの本の冒頭，xiii ページにあります．

定理▪ $X, Y \subseteq \mathbb{R}$ が両方とも上に有界であれば，$X \cup Y$ も上に有界である．

証明▸ X と Y が両方とも上に有界であると仮定する．
すると $\exists M_1 \in \mathbb{R}$ s.t. $\forall x \in X,\ x \leqq M_1$
かつ $\exists M_2 \in \mathbb{R}$ s.t. $\forall y \in Y,\ y \leqq M_2$.
ここで $M = \max\{M_1, M_2\}$ を考える．
すると $\forall x \in X,\ x \leqq M_1 \leqq M$ かつ $\forall y \in Y,\ y \leqq M_2 \leqq M$.
したがって $X \cup Y$ のすべての要素は M 以下である．
よって $X \cup Y$ は上に有界である．

このような定理は，新しい理論のブロックをたった1つの定義の上に積み上げるものだと考えられるでしょう．もしかしたら使うのは1つの定義と公理(たぶん加法や不等式の公理)かもしれませんが．

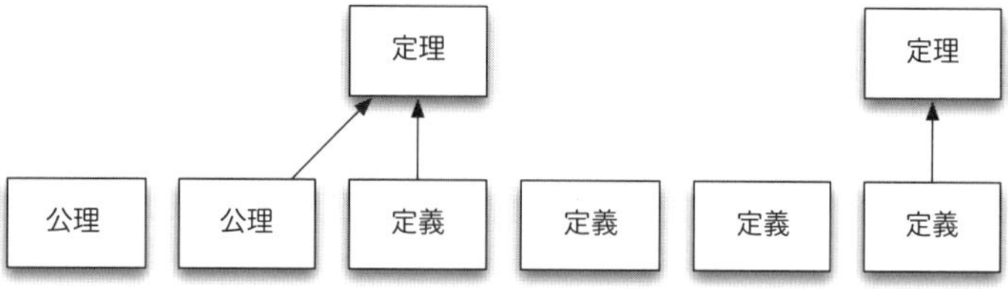

やがて定理は，複数の概念を扱うものとなってきます．例えば，ある性質を持つ対象物は必ず別の性質も持つ，とか，ある性質の組み合わせを持つ対象物は必ず別の性質の組み合わせも持つ，などということを述べたものです．そのような定理の例を，いくつか挙げておきましょう．

定理▪ (a_n) を収束数列とする．このとき (a_n) は有界である．

定理▪ $f : [a, b] \to \mathbb{R}$ が $[a, b]$ 上で連続，(a, b) 上で微分可能，かつ $f(a) = f(b)$ とする．このとき $\exists c \in (a, b)$ s.t. $f'(c) = 0$.

定理▪ f が $[a, b]$ 上で有界かつ単調増加であれば，f は $[a, b]$ 上で積分可能である．

このような定理の証明には，関連する定義すべてを使うことになります．例えば，すべての収束数列が有界であることの証明は，次のようになるでしょう．

- 数列 (a_n) が収束すると仮定する．
- **これが何を意味しているかを，収束の定義に照らして述べる．**
- **代数的操作と論理的推論によって，$(\boldsymbol{a_n})$ が有界の定義をも満たすことを示す議論を構築する．**
- (a_n) が有界であることを結論として述べる．

まだ現時点では細部を埋められるだけの材料はそろっていませんが，5.9 節でまたこの定理について説明する予定です．しかし，このような定理はその構造から，次のように理論に新しいブロックを積み上げるものだと考えられることは，理解してもらえると思います．なお，下の図で，矢印は証明に使われた材料を示しています．

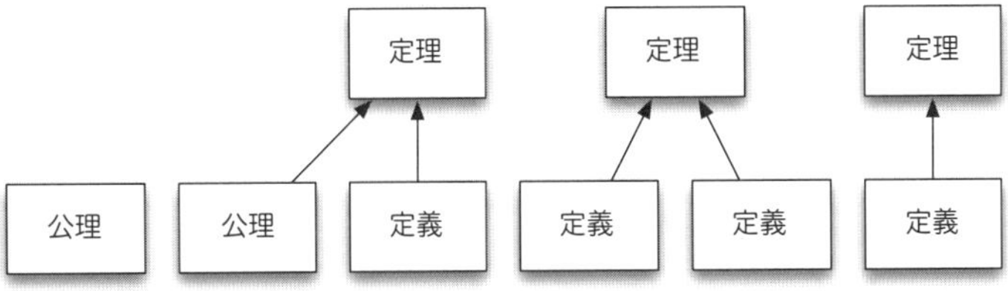

このことは，すべての証明に定義が直接使われるという意味でしょうか？いいえ，違います．いったん証明された定理は，その後も証明済みのものとして取り扱われるからです．つまり立証された定理は，新しい定理を証明するために使えることになります．ですから理論は，次ページの図のように積み上げられていくことになるのです．

3.3 解析の教えられ方

理論はこれまでの説明のように構成されているのですが，最初にすべての定義と公理を教え，次に最初の「階層」の定理を教え，…というのはちょっと奇妙ですし，支離滅裂な印象を与えかねません．もしそんな教え方をしたら，ほとんどの学生は最初に教わった定理を，実際に使うころには忘れてしまってい

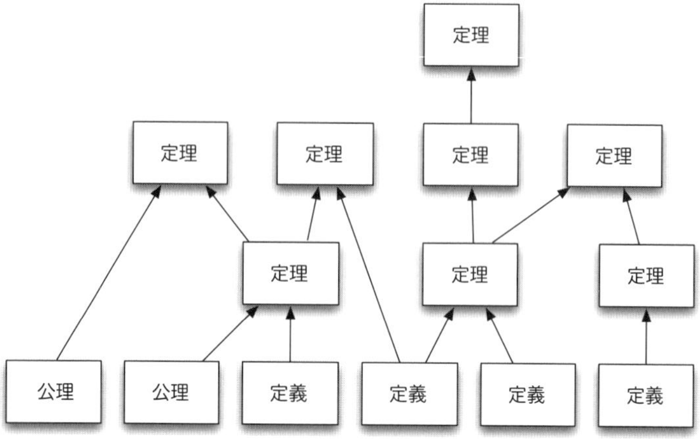

ることでしょう．ですから講師たちは普通，いくつかの重要な定義を最初に提示し，そしてすぐそれらの定義のみを必要とするいくつかの定理を述べ，証明するという方法を取ります．それから別の定義を示し，それをそれまでの材料と合わせて使ってさらにいくつかの定理を積み上げていくのです．理論の構築をこのように捉えることは，解析の構造を理解するためにも役立つでしょう．

しかし，解析の講義を理解するためには，もう１つ知っておかなくてはならないことがあります．この理論が，これまでに学んだ数学とどのように関連しているのか，ということです．解析を新しく学ぶ学生たちのほとんどは，微積分についてかなり良く知っています．関数についても，関数の微分や積分についても知っていますし，もしかしたら数列や級数について知っているかもしれません．多くの学生は，解析の講義が自分たちの知っているところからスタートし，上に向かって進んでいくこと，より高度で複雑な微積分や数列と級数の取り扱いのテクニックを学ぶことを期待しています．実際には，まったくそんなことはありません．解析は，微積分の上にあるものではなく，その基礎をなすものです．解析では，微積分の基盤となる理論を探求し，前提を精査し，なぜそれが成り立つのかを理解していきます．確かに他の講義は上に向かって進んでいくものです．数学科の学生たちは，微分方程式の解法や，多変数関数あるいは複素関数の微積分について学ぶことになるでしょう．しかし総じて解析とは，微積分から上ではなく，下に構築されるものなのです．

しかし解析は，あなたの知っているところからスタートし，１階層ずつ掘り下げていくものだとは限りません．そのほうが心理学的には筋が通るかもしれませんし，より解析の歴史的展開を反映したものになるかもしれませんが，論理的な提示が困難だからです．理論は基本的な公理と定義の上に構築されるものですから(証明にはこれらの公理や定義が用いられるため)一番下からスタートしてあなたがすでに知っているところまで積み上げていくほうが，論理的には筋が通っているのです．ですからあなたの講師はそのようにするかもしれませんし，その場合あなたはきっと少し奇妙な感じを受けることでしょう．解析はあなたがこれまで勉強してきたこととは大きくかけ離れているように感じられ，最初のうち学ぶことは馬鹿馬鹿しいほど初歩的に思えるかもしれません．しかしそれが重要なのです．高等数学の理論は，初歩的なところからスタートして首尾一貫した理論を積み上げていくものだからです．

とは言え，本当に一番下からスタートすると，学生たちは途方に暮れてしまうことになるでしょう．ですから，私は解析を教える際には一種の折衷案を取り，定義からスタートしてそれらを詳細に調べますが，最初は公理については触れないという手をよく使います．最初に使い始める公理は，学生たちにも当然と思えるものです($\forall a, b \in \mathbb{R}$，$a+b=b+a$ なんて聞いたことない，なんてことを言う人には今まで会ったことがありません)．次に，定義を基本として何かを証明するということをやってみてから，もう1段階下がって，より基本的な公理的前提について調べていきます．そのころまでには学生たちも準備ができているでしょう．相互に関連する成果のネットワークの中で，体系的な推論を行うことの重要性を認識できているからです．もちろん，あなたの講師は別の方法を取るかもしれません．

3.4 証明の学び方

これまでの説明で，数学理論の中での定義，定理，証明の役割はわかったと思います．しかし，1ページの中で定義や定理の占める割合は小さく(普通は1行か2行)証明は大きい(5行とか10行とか15行とか)のが普通です．結果として，証明は目を引きやすく重要に見えるため，学生たちは証明があたかも独立した存在であるかのように語ることも多いようです．しかし証明は常に**何かの**証明なのであって，その何かは定理と呼ばれます(**命題**や**補題**，あるいは**主張**と呼ばれることもあります)．つまり当然のことながら，定理を理解していなければ，それに伴う証明も理解することはできません．その証明を書いた人が何を立証しようとしているのかわからないとしたら，どうしてその人に納得させられたことがわかるというのでしょうか？

ですから，証明を孤立した存在とは考えずに，定理に属するものとして考え，まず定理が何を言っているのか理解するようにしてください．これにはしばしば，2 段階の思考が必要とされます．最初は直観的に，次は形式的に考えるのです．例えば，すべての収束数列は有界である，と定理に書いてあったとしたら，それが何を意味しているのかを即座に直観できるかもしれません．それでもなお，そこで一度立ち止まり，**収束**と**有界**の形式的な定義との関連において，それが何を意味しているのかをきちんと考えてみることをお勧めします．これらは専門的な概念であり，定理が述べているのはそういった専門的概念についてであって，共通点はあってもたぶん少しあいまいな直観的理解ではないからです．このような考え方については，2.7 節や 2.8 節を参照してください．

定理が何を言っているのか理解できれば，証明を調べる準備ができたことになります．しかし，これはどのようにすればよいのでしょうか？ 何かが証明されたということは，どうやってわかるのでしょうか？ 多くの学部生にとって，その答えは「講師がそう言ったから」とか「教科書にそう書いてあったから」ということのようです．もちろん，提示された証明を疑わなくてはならない理由は何もありません．誰か権威のある人が正しいと言ったことを根拠に何かを信じるのは，至極当然なことです．しかし，あまり知的充実感を与えてくれるものではありません．何かを単純に信じるよりも，詳しく理解するほうがずっと良いことです．ここで数学教育の研究者から，良いニュースがあります．学生は一般的には，学部生向けの証明を十分に良く理解できるだけの知識と論理的推論のスキルを持っているようなのです．しかし悪いニュースもあります．多くの学生は，自分の知識を十分に活用していないのです．しかし，シンプルな**自己説明の訓練**を行えば，ずっとうまくできるようになります．数学に特化した，自己説明の訓練については次節で説明します．

3.5　数学における自己説明

私の大学では，いくつかの研究で自己説明の訓練を用いて，有望な結果を得ています．この訓練については〈http://setmath.lboro.ac.uk〉で見ることができますが，研究に用いられたものをそのまま以下に採録しました．私はこの本と以下に出てくるアイディアを関連づけるために脚注を2つ追加しましたが，それ以外には文章の体裁のほかは何も変更していません．このため，このセクションの文体と内容はちょっと違ったものに(文体は会話調というよりは講義調に，内容はより一般的に)なっています．また，解析以外に数論の概念も含まれています．

自己説明の訓練

自己説明の戦略は，幅広い学科にわたる学習者の問題解決力と理解力を向上させるために考え出されました．それはあなたが数学的証明をよりよく理解するために役立ちます．ある最近の研究によれば，証明を読む前にこの手法を学んだ学生たちは，その後の証明理解度テストにおいて，対照群よりも30% 高い成績を収めました．

◆自己説明の方法◆

証明をより良く理解するために，適用すべき一連のテクニックを以下に示します．

1行読むごとに，

- 証明に含まれる主要なアイディアを特定し，説明しようと試みる．
- 各行を，それまでのアイディアと関連づけて説明しようと試みる．このアイディアとは，証明に含まれる情報から得られるアイディアかもしれませんし，既出の定理や証明のアイディアかもしれませんし，その領域でのあなた自身の予備知識から得たアイディアかもしれません．
- 新しい情報が，あなたの現在の理解と矛盾するようであれば，そこから生じる疑問を考える．

証明の次の行に進む前に，以下のことがらを自分に質問します．

- 私はこの行に用いられたアイディアを理解しているだろうか？
- 私はなぜそのアイディアが用いられたか，理解しているだろうか？
- そのアイディアは，証明や他の定理，あるいは私の持っている予備知識に含まれる他のアイディアとどのように関連しているのだろうか？

- ここまで行った自己説明は，私が発した疑問に答える役に立っているだろうか？

以下に示すのは，証明を理解しようとしている学生によって行われる自己説明の例です（証明中の「(L1)」などのラベルは，行番号を示しています）．この例を注意して読み，この戦略をあなた自身の学習に利用する方法を理解してください．

◆自己説明の例◆

定理■ どの奇数も，3 個の偶数の和として表現することはできない．

証明▶ (L1) この定理に反して，a，b，c を偶数として $x=a+b+c$ が成り立つような奇数 x が存在すると仮定する．

(L2) すると，ある整数 k，l，p について，$a=2k$，$b=2l$，$c=2p$ が成り立つ．

(L3) したがって $x=a+b+c=2k+2l+2p=2(k+l+p)$．

(L4) よって x は偶数となるが，これは矛盾である．

(L5) したがって，どの奇数も 3 個の偶数の和として表現することはできない．

この証明を読んだ後，ある読者は以下のような自己説明を行いました．

- 「この証明は，背理法*3を用いているな．」
- 「a，b，c は偶数だから，偶数の定義を使うことになるな．これは L2 で使われている．」
- 「次にこの証明は，x を表す数式の中の a，b，c を，それらの定義で置き換えているな．」
- 「そして x を表す数式が整理されて，x もまた偶数の定義を満たすことが示されている．これは矛盾だ．」

*3　背理法については，他の証明手法と合わせて [6] の 6 章で説明しています．

▸「つまり，どの奇数も 3 個の偶数の和として表現することはできない.」

◆自己説明と他の手法との比較◆

自己説明の戦略は，モニタリングやパラフレーズとは異なることに注意してください．これら 2 つの手法は，あなたの学習にとって自己説明ほど有効ではありません．

▸ パラフレーズ「a，b，c は正または負の偶数，または 0 でなくてはならない.」

この文には，自己説明は存在しません．何も情報は追加されていませんし，関連づけられてもいません．読者は単に，「偶数」という単語ですでに表現されたことを，異なる単語を使って記述したにすぎません．このようなパラフレーズを，あなた自身の証明の理解に用いることは避けるべきです*4．パラフレーズは，自己説明ほどあなたの理解を改善してはくれません．

▸ モニタリング「なるほど，$2(k+l+p)$ が偶数であることは理解した.」

この文は，単に読者の思考プロセスを示しているだけです．これは自己説明と同じことではありません．この文章を証明の文中の追加情報や予備知識と結びつけていないからです．モニタリングではなく，自己説明に集中してください．

同じ文を自己説明すると，次のようになるでしょう．

▸「なるほど，3 つの整数の和は整数であり，整数を 2 倍したものは偶数だから，$2(k+l+p)$ は偶数になるわけだな.」

この例では，読者が証明の文中の主要なアイディアを特定し説明していました．すでに提示された情報を使って，証明の論理を理解していたのです．

資料の理解を深めるためには，証明を 1 行読むごとにこのようなアプローチをとるべきです．

---

*4 これは，数学を声に出して読むという 1 章のアドバイスに矛盾するものではありません．最初にページに書かれたものを文字通りに読む必要はあるかもしれませんが，次はそれを超えてさらに考え，自己説明すべきなのです．

◆証明の練習 1◆

次の短い定理と証明を読んで，先ほどのアドバイスを参考にしながら，1 行ごとに自己説明を行ってみてください(頭の中に思い浮かべても，紙に書いても，どちらでも構いません)．

定理■ 最小の正の実数は存在しない．

証明▸ この定理に反して，最小の正の実数が存在したと仮定する．
すると，この仮定により，実数 r が存在して，すべての正数 s について $0<r<s$ が成り立つ．
$m=r/2$ を考える．
明らかに，$0<m<r$．
m は r よりも小さい正の実数であるから，これは矛盾である．
したがって，最小の正の実数は存在しない．

◆証明の練習 2◆

今度は，もう少し複雑な証明について練習してみましょう．今回は，定義も示されています．注意：頭の中に思い浮かべても，紙に書いても，どちらでも構いませんから，**すべての**行を読むたびに自己説明を行ってください．

定義● 過剰数とは，正の整数 n であってその約数の和が $2n$ よりも大きいものである．
例えば 12 は，$1+2+3+4+6+12>24$ なので過剰数である．

定理■ 2 つの異なる素数の積は，過剰数ではない．

証明▸ $n=p_1p_2$ とおく．ここで p_1 および p_2 は異なる素数である．
$2\leqq p_1$ かつ $3\leqq p_2$ と仮定する．

n の約数は，$1, p_1, p_2, p_1p_2$ である．
$\dfrac{p_1+1}{p_1-1}$ は，p_1 の単調減少関数であることに注意する．
したがって $\max\left\{\dfrac{p_1+1}{p_1-1}\right\}=\dfrac{2+1}{2-1}=3.$
ゆえに $\dfrac{p_1+1}{p_1-1}\leqq p_2.$
したがって $p_1+1\leqq p_1p_2-p_2.$
したがって $p_1+1+p_2\leqq p_1p_2.$
したがって $1+p_1+p_2+p_1p_2\leqq 2p_1p_2.$

◆まとめ◆

自己説明の戦略を利用すると，数学的証明に対する学生の理解度が大幅に向上することが示されています．講義でも資料でも教科書でも，証明を読む際にはいつでも行うようにしてください．

これで自己説明の訓練はおしまいです[*5]．これを 3.2 節の証明に適用してみるのもよいでしょう．

3.6 証明と，証明すること

この章では，講義資料や本に出てくる証明を勉強することについて述べました．学部生としてのあなたの活動の多くは，そのような証明の理解にあてられることになるでしょう．しかしそれは，数学が変化のない完成したものだという意味ではありません．それどころか，数学は常に進化を続けているのです．たまたま，数学界が現在理解している形の解析は（大部分）19 世紀に構築されたものなので，細かい点についても異論がなくなってからかなり時間がたっており，中心的なアイディアについて現代の教科書はすべて基本的に同じ捉え方

---

*5 Self-Explanation Training for Mathematics Students（数学の学生のための自己説明の訓練）は，Creative Commons Attribution-ShareAlike 4.0 International License にしたがってライセンスされています．このライセンスのコピーを見るには，⟨http://creativecommons.org/licenses/by-sa/4.0/⟩ にアクセスするか，Creative Commons, 444 Castro Street, Suite 900, Mountain View, California, 94041, USA へ手紙を送ってください．

をしています．つまりあなたは解析を，標準的な証明を使って確立された相互に関連する成果のネットワークとして，学んでいくことになります．しかしそれは，証明が一意的であるという意味ではありません．1つの定理について多数の証明があるかもしれませんし，それらは異なってはいてもどれも正当な推論を用いているのです．また，数学に創造性の余地がないという意味でもありません．今日では，世界中の何千もの大学で，数学の境界線を押し広げるようなアイディアが構築され，比較され，議論されています．確立された分野を学ぶ学生にも，問題を解き，独立した知識を育む豊富な機会があることは確かです．

4 解析の学び方

この章では，解析を学ぶ際の心構えについて説明します．授業についていく方法，時間を無駄にしない勉強法，そして学習リソースの活用方法についてアドバイスします．

4.1 解析の経験

私が解析の講義をしている間，どんなことが起こるのかお話ししましょう．最初の週は，何か新しいことを学び始めるというのでみな楽しみにしています．2 週目と 3 週目は，次々と出される題材が次第に難しくなってきます．4 週目になると，講義室の雰囲気がどんよりとなります．これは難しい科目で，これから難しくなることはあっても簡単になることはないだろうということが，クラスの全員にわかってきます．誰もが解析を嫌いになり，そのためかなりの人が私を恨むようになります．しかし私は，そんなことにはへこたれません．私が解析を教えるのはこれで 20 回目くらいですし，次に何が起こるのかわかっているからです．5 週目になると，なぜなのかわかりませんが，全員の気分が少し上向いてきます．7 週目には，数名の学生が私のところにやってきて，解析は難しいけれども好きになれそうだ，と恥ずかしそうに言ってくれます．最後の講義までには，これらの学生たちは聞く耳を持つ人に解析はすばらしいと言って聞かせ，それ以外の多くの学生たちも解析を理解し始めて，これが重要な科目だと言われる理由がわかるようになります．

ということは，新入生にとっての問題は，勉強が難しくなり悲観的になり始める時期をどう乗り切るか，ということになるでしょう．自分に対して悲観的になる学生もいます．自信を失い，数学の能力に関して自己不信に陥り（「自分は数学に向いていないんじゃないだろうか？」)，引きこもってしまうことさえあるのです．またそれを外側に向ける学生もいます．講師に対するイライラや怒りを表現したり(「あいつはひどい教師だ！」)，時にはちょっとナンセンスですが，数学そのものに怒りをぶつけたりします(「なんでこんなくだらないものを教わるのかわからない，こんなの数学じゃない！」)．こういったリアクションは両方とも，自分の手に負えないと感じて自己防衛的になった人によく見られるものです．しかしどちらの態度も，前向きなものとは言えません．それでは，どうしたらよいでしょうか？

確かに大部分の人は，最初に解析を学ぶ際には多少の困難を感じるものです．これが人生の現実です．ですから私の意見としては，このようなことは学びの経験にはつきものだと受け止めて，やり過ごすのが良いと思います．多少の困難に備えができていれば，感情を押さえつけたり周りにぶつけたりせずに，うまく扱うことができるはずです．「ああ，これなら予想の範囲内だ」と自分に言い聞かせ，そのうちうまくいくことを信じて，落ち着いて勉強を続けることができるでしょう．この章では，そうするための実用的なアプローチを紹介します．

4.2　授業についていくために

学部生向けの数学の講義はたいていそうですが，解析で大きな問題となるのは授業についていくことです．まともな授業を受けているのであれば，これは結構たいへんなことです．簡単にわかることなら，誰もわざわざ授業で教えたりはしません．そんなことをして，どんな意味があるというのでしょう？　また，あなたは別の授業や自分の生活で忙しいはずです．ですから，すべての科目で常にトップにいるのは，ほとんど不可能なことです．そんなことに心を悩ませないように心がけてください．悩んでも何も解決しません．悲観的な感情は，勉強の効率を悪くするだけです．すべきなのは，あなたが常にすべてのことに完璧な知識を持てるわけではないことを受け入れて，**重要な**ことがらについて**十分な**知識を確保できるように，賢く勉強することです．

私が**十分な**知識と言ったのは，努力すれば新しい題材の筋道をたどれるだけの知識という意味です．あなたが講義を受け始めて何週間かすると，すべての講義ですべてを理解することは，きっとできなくなるでしょう．私自身もそうでした．しかし，理論構築の大枠をとらえ，一部は詳細まで理解できるだけの準備はしておきたいはずです．私が**重要な**ことがらと言ったのは，何度も繰り返し出てくる中心的な概念という意味です．どこまでいっても，すべての証明を詳細な点まで説明できるようになることは難しいでしょうが，主要な定義と定理を覚えておき，それらが新しい題材のどこに，そしてどのように使われているか認識できるようにはなりたいでしょう．この点に注意して，私なら以下のように優先順位づけをします．

第１に，定義は必ず覚えておくべきです．解析では，この点がおろそかになりがちです．使われる言葉の多く(「増加」,「収束」,「極限」など)には日常的な意味があり，解析における概念は図を使って表現できることが多いからです．これらの理由から，直観的な理解で十分だと思えてしまうのです．**それは違います**．定義は，あらゆる高等数学の中心にあるものです．２章と３章で説明したように，定理が実際には何を意味しているのか，そして多くの証明で何が行われているのかを理解するために，カギとなるものが定義なのです．定義を正しく覚えていないのに何かを理解したような気になったとしたら，それは思い上がりというものです．このため，私は講義の初日に定義のリストから話し始めます．これを紙に書いて，いつもバインダーの先頭に挟んでおいてください(あなたはいつも電子デバイスでノートを取る人かもしれませんが，私はこのためには紙を使い続けるでしょう)．新しい定義が出てくるたびに，それをリストに追加してください．このリストは定期的に見返して，ときどき自分自身をテストするために使いましょう．また講義では定義された言葉に注意するようにしてください．そのような言葉を講師が使うときは，いつでも正確に定義に記された通りのことを意味しているのです．

第２に，主要な定理には精通しておくように心がけましょう．これらは概念の間の結びつきを捉えたものなので，何のことを言っているのか覚えておけば(たとえ証明を完全には理解していなくても)講義の概要をつかむことができるはずです．2.7 節と 2.8 節では，定理の意味について考え抜くことをアドバイスしています．このアドバイスに従って数分間を費やせば，新しい定理をあなたの心の中に定着させることができるでしょう．また，最近は事前に講義資料が配られることもあります．それは講義全体の資料のこともあれば，一部についてのものかもしれません(教科書に従って行われる講義の場合には，事前にすべての資料が入手できていることになります)．その場合，予習しておけばどんな定理が出てくるか把握できるはずです．講義が始まったら，私なら定理のリストも作ろうと考えるでしょう．実際には，私はリストだけでなく，さらに**概念マップ**(**マインドマップ**とか**スパイダー・ダイアグラム**と呼ばれることもあります)も作るかもしれません．数学理論は3.2節で説明したように構築されているため，ある定理を証明するためにどの定理(と定義)が使われているのかを示す図が役に立つことが多いのです．下に示すような概念マップを，箱の中の言葉を講義に出てくる具体的な定義や定理の名前や略称と置き換えて，作ってみてください．

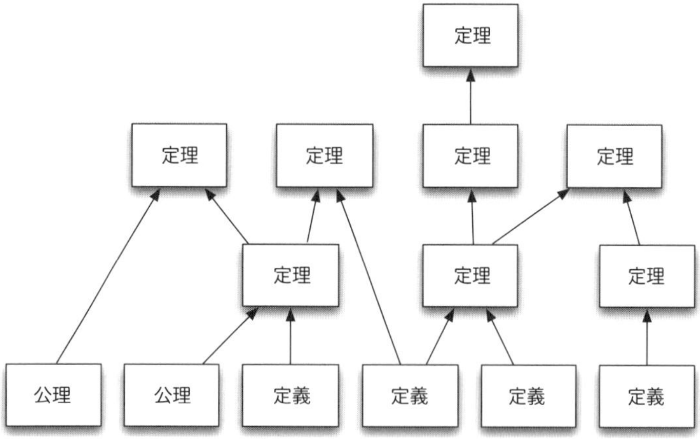

このような優先順位づけを，私ならするでしょう．もしあなたが授業についていけなかったり，時間が足りなかったりするのであれば，ほかのことは差し置いてここで述べたことをしてください．すべてを理解できていたところまで戻って，そこから再出発しようとしてはいけません．そういうことをしても効果はないでしょう．授業はあなたよりも速く進んでいくので，あなたは何も理解できない状態で講義に出ることになるからです．解析は階層的にできているため，主要なビルディングブロックを理解できていない学生にとっては厳しいものです．ここでお勧めしたような優先順位づけをすれば，たいていは重要なことがらについて十分な知識が得られます．あなたは新しい講義に出てくる重要な概念とそれらの関係を認識でき，以下に説明するような，より詳細な勉強の組み立て方ができるようになるでしょう．

4.3　時間を無駄にしないために

授業についていくのはなかなか大変なことですから，時間を無駄にしたくはないはずです．そのため，勉強時間をどれだけ取れるか，そしてそれをどう使うか，考えておくことが大切です*1．私のいる英国では，解析のような科目の授業は 1 時間の講義が週 3 回程度あるのが普通です．そのようなシステムでは，さらに週に 3〜4 時間ほど自習の時間を取るのが適当だと私は思っています．これをすべての科目について行うと，あなたは週に 40 時間ほど勉強することになるでしょう．これは妥当な線だと思います(講義のシステムが異なる場合，以下のアドバイスを読み，自分の状況に合わせて調整してください)．

3〜4 時間は長い時間ではありません．したければもっと長い時間してもいいのですが，ほとんどの人はそうではないので，この 3〜4 時間を有効に活用することのほうが大事でしょう．この時間の中で，あなたは次の 2 つのことをすることになります．講義資料(または教科書)の復習と，問題を解くことです．2 つのタスクをこの順番で示したのには，理由があります．問題を効率的に解くためには，講義資料の内容を理解しておく必要があるからです．そうしておけば，多くの問題は「ああ，これは水曜日に勉強したことに関係あるな」と思えるようになるでしょう．理解が十分でないと，どこから手をつけてよいかわからずに宙を眺めたまま，たくさん時間を無駄にすることになるはずです．ですから，先に講義資料を復習しましょう．

私のお勧めは，最新の資料を 60 分から 90 分かけて復習することです．しかしこれは，漫然と資料を読むという意味ではありません．2 章と 3 章に示した定義と定理と証明の勉強のアドバイスに従って，すべての資料を注意深く読み，同時に定義のリストと定理のリストを更新してください．上手に自己説明を活用し(3.5 節を参照してください)，しかし何事にもとらわれすぎないように気をつけてください．60〜90 分はそれほど長い時間ではありませんし，あなたはすべてのことを少なくとも多少は理解しておきたいはずです．ですから，数分間しっかり考えてもまだ理解できないことがあったら，紙を取り出して一番上に「解析についての疑問」と書き，どこでつまずいたか，そして何が理解できないのかを正確にメモしておきましょう．正確さを心掛けてくださ

*1　[6] の 11 章では，数学科の学生のための全体的な時間管理について論じています．ここでは，解析の講義に特化した勉強の戦略を考えていきます．

い．時には問題をはっきりさせるだけで解決に結びつくこともありますし，そうでなくても具体的なメモを残してそれまでに考えたことを失わなくて済むようにしておきましょう．

資料の復習がすんだら，問題に取り掛かりましょう．時間配分にもよりますが，これに 2～3 時間はかけられるはずです．1 問あたりかけられる時間はそれほど多くないので，ここでも時間を無駄にしないようにしてください．そのために，初回は 1 問あたり例えば 10 分をかけて問題に取り組むことをお勧めします．お決まりの準備運動的な練習問題や，勉強したばかりの概念の直接的な応用など，この時間で解けるものもあるでしょう．（そのような問題の場合，資料を見ずにどれだけできるか試してみてください．こうすると時間は多少長くかかるかもしれませんが，もし何かを構築したり再構築したりできれば，長い目で見ればよりよく記憶に残せます．）10 分では解けない問題もあるはずです．余裕があれば，多少余分に時間をかけても良いでしょう．しかし，行き詰まってしまい，そこから抜け出せそうな手をいくつか試してみてもダメだったら，「解析についての疑問」の紙にそれを書き留めて，次に進んでください．取り組むべき問題は，ほかにもあるのですから．

さっき「初回」と言ったのは，解析の問題を解くことは複数回かけて取り組むべきタスクだと私は思っているからです．ひとまずやってみて，解けなければ 1 日か 2 日寝かせておいてから，もう一度やってみるのです．寝かせている間に不思議なことが起こって，あなたの脳の中に新しい接続が作り出され，新たな道筋が見えてくることもあります．ですから，自習時間は少なくとも 2～3 個のブロックに分割して確保するのが良いでしょう．よく考えながら勉強するのは精神的に努力を要することですから，実際には自然とそうなるはずです．4 時間ぶっ続けで解析を勉強しようとしてみても，最後の 2 時間はエネルギーが切れて無駄に過ごしてしまうことになるでしょう．私が保証します．

4.4 疑問への答えを得る

次に，「解析についての疑問」のリストはどうすればよいでしょうか？ まず，常に見返すようにしてください．時には問題に取り組んでいるうちに，概念を違った方向から考えられるようになり，講義資料を勉強している際に疑問をリストから消せるかもしれません．また時には，数日間休んでいた後で，ノートを読み返してみると何かピンとくるものがあり，問題が解けてリストから消せるようになることもあるでしょう．その後で，私ならこういうことをしてみます．

最初に，1人か2人の友達と一緒に，リストを持ち寄って体系的に取り組んでみるのです．どの人も考え方は少しずつ違いますから，友達同士でお互いの欠けているところをいくらか補い合うことができるはずです．またこうすることによって，否応なしに解析について話すことになりますから，流暢に概念を論じ論点を説明できるようになるためにも役立ちます．流暢さは大事なことですから，最初のうちは言葉に詰まってしまっても気にしないようにしましょう．もう一度やってみればよいのです．自信をつけるためには練習あるのみです．アイディアを共有することも，良い数学の聞き手になるために役立ちます．あなたの友達が言っていることに十分注意し，よくわからなかったときには素直にそう言って，どの点に戸惑ったのかをなるべく具体的に指摘しましょう．こうすることで友達がより明確に考えを表現できるようになります．さらに，これはあなたや友達が自信を持って講師やチューターに話すために役立つ貴重なスキルです．もちろん，一人で考えるときと同じように，あまりとらわれすぎないようにしてください．ある程度の時間がたってもまだ何かが解決しない場合には，どこか別のところに努力を費やしたほうが良いかもしれません．

あなたの知識を友達と共有した後で，残った問題は専門家に相談しましょう(もちろん最初から専門家に相談しても良いのですが，コミュニケーションのスキルを磨くことについての先ほどの議論も考慮してください)．どの専門家に相談するかは，あなたの大学の教育システムによっても変わるでしょう．チューターかもしれませんし，講師かもしれませんし，数学支援サービスかもしれません．誰に相談するにしても，あなたのリストと問題シート，そして関連するすべての資料を持参し，リストにはページかセクションか問題番号を必ず記載するようにしてください．そうしておけば，最小限の手間で関連する資料を探し出すことができます．誰かに相談するために面会の予約が必要な場合には，効率を高めるために，友達と一緒にいってもよいかと聞いてみるのが良いでしょう．そして質問する際には，たとえ長いリストを持っていく場合でも，遠慮してはいけません．私を信じてください．よく整理されたリストを持って具体的な質問をしに来る学生は，必ず好印象を与えるものです．

このアプローチを取れば，ほとんどの場合，あなたの疑問には答えが得られるでしょう．しかし，現実的になることも必要です．このアドバイスに従っても，まだギャップが残るかもしれません．時にはすべてを解決するだけの時間が取れないこともありますし，時にはすべてを解決するだけの時間があっても，以前はわかっていたことを2週間後に忘れていることに気づき，もう一度考え直す必要があるかもしれません．この問題は，きちんとノートを取ることを心がければ，最小限にすることができます．何かに関する混乱を克服したら，どのように考え方を変えたのかを記録しておくと，後でさっと見直すのに役立ちます．まとめると，おおよそこの章でお勧めしたレベルの計画を立てておけば，主要な概念を把握し，新しい講義の少なくとも一部は理解し，そして試験勉強を始める際の基礎となる確固とした知識体系を培うことができるはずです．

4.5　戦略の見直し

この章では，計画的に勉強を進めるための具体的な方法についてお話ししました．おそらく，正確にこのとおりのやり方で勉強する人はいないだろうと私も思います．勉強できる時間，生活習慣の個人的な好み，そして大学生活や社会生活のほかの面からの変化の要求など，さまざまな制約もあるはずです．ですから，ときどき物事がうまくいっているかどうか振り返って，調整するように心がけてください．講義資料の勉強にもっと時間が必要なら，時間配分を見直しましょう．別の科目のテスト勉強に時間が必要なら，その週は解析の勉強は基本的なところだけにしましょう．友達の中に，人づき合いはよいが解析の勉強にはちょっと集中力を欠く人がいたら，おとなしく別の人と勉強の約束をしましょう．そしてもちろん，本当に問題を解きたかったら，虚空を見つめて何時間でもそれについて考えましょう．ここでのアドバイスは，出発点として役立つもの，困難な数週間を乗り切る力を与えてくれる習慣づけを行うための方法ととらえていただければ幸いです．

第 II 部

解析における各種の概念

この本の第 II 部では，数列，級数，連続性，微分可能性，積分可能性，実数という 6 つの概念について章を立て，高度な理論へ進むための詳細な説明を行います．これらの章はすべて，解析を学び始める通常の学生が既に有している関連知識をまず確認し，次いで重要な定義を紹介してこの知識をより洗練された方法でとらえ直し，よくある誤解や混乱の源を指摘して解決し，新たな概念を例や図と関連づけて説明し，そして読者へ問題を提示する，という流れになっています．これらの章の後半ではいくつかの定理や証明を選び出して解説し，それらをより広範囲の数学的原理と関連づけるとともに，典型的な解析の講義での取り扱いを示します．「おわりに」では，解析を学ぶ際に覚えておくべき重要な事柄について，簡単に振り返ります．

5 数　列

この章では，単調性，有界性，収束性といった数列の性質を取り上げ，図や例を用いてこれらを説明し，これらの定義がさまざまな証明にどのように利用されるかを示していきます．さらに，無限大に近づく数列に関して生じる問題について議論し，典型的な解析の講義でこの内容がどのように取り扱われるか説明します．

5.1 数列とは何か？

数列とは，無限に続く数のリストです．

$$2,\ 4,\ 6,\ 8,\ 10,\ 12,\ \ldots$$
$$1,\ \frac{1}{3},\ \frac{1}{9},\ \frac{1}{27},\ \frac{1}{81},\ \frac{1}{243},\ \ldots$$
$$1,\ 0,\ 1,\ 0,\ 1,\ 0,\ 1,\ 0,\ \ldots$$

などは数列の例です．解析では，さまざまな数列の性質や，それらの間の関係について考察します．これらの関係について柔軟に考えるためには，数列を表記するいくつかの方法とそれらの表記法の利点と欠点を知っておくことが役に立ちます．上の単純なリスト表記でさえ，留意すべき点がいくつかあるのです．

まず，このリストでは数列の各項がコンマで区切られ，また明示的に列挙された最後の項の後にもコンマが打たれています．これは単なる表記上の慣習ですが，これを正しく書ければ専門家っぽく見えるはずです．

次に，このリストは3つのドットからなる省略記号で終わっています．これは正式な句読点で，ここでは「そして永遠に続く」という意味です．この省略記号の存在は非常に大事です．これがないと，数学の教育を受けた読者は最後に示された項でリストが終わると思ってしまうことでしょう．解析では「数列」という単語は常に無限数列を意味するので，それではまずいのです．ここが日常生活と違う点です．日常生活では，有限のリストを指して「数列」という言葉を使うこともあるでしょう．学部生向け数学のあらゆる定義と同様に，日常生活での解釈のほうが好みだと思っていてもかまいませんが，勉強の際には慣習に従うようにしてください[*1]．

第 3 に，数列が無限に続くのは「一方向だけ」です．例えば，これは数列ではありません．

$$\ldots,\ -6,\ -4,\ -2,\ 0,\ 2,\ 4,\ 6,\ \ldots$$

非定式な言い方をすれば，数列には初項がなくてはならない，ということです．このことを注意するのは奇妙に思えるかもしれませんが，状況によって学生たちは数列が「両方向に」無限に続くことを許したくなるようなのです．この点については，5.9 節で触れます．

最後に，上記の数列は明確なパターンに従ったものでしたが，これは必ずしも必要なことではありません．ランダムに発生させた数の無限に続くリストも，まったく問題のない数列です．もちろん，そのような数列は取り扱いが困難なので，実際に目にする数列は何らかのパターンに従うものがほとんどです．しかし，数列に関する一般的な定理は，きれいな数式で表現できる数列だけでなく，定理の前提を満たすすべての数列に当てはまるのです[*2]．

5.2　数列の表記法

先ほどのコメントを否定するようですが，多くの場合，数列を表記するには数式を使うのが便利です．例えば 2, 4, 6, 8, 10, 12, ... という数列を規定するために，このように書くことができます．

- (a_n) を，$a_n = 2n\ \forall n \in \mathbb{N}$ によって定義される数列とする．

*1　この本の 2 章と，詳細な議論については [6] の 3 章を参照してください．
*2　定理の前提については，2.7 節と 2.8 節を参照してください．

この規定と，数列は初項を持たなくてはならないという事実との関係について考えてみましょう．自然数の集合 $\mathbb{N}$ は集合 $\{1, 2, 3, 4, \ldots\}$ なので，この規定によって $a_1 = 2$，$a_2 = 4$，等々が得られます．a_0 や a_{-1} といったものは存在しません．a_n は数列の n 番目の項を意味し，(a_n) は数列全体を意味することに注意してください．これらはまったく違うもの(a_n は 1 つの数，(a_n) は無限に続く数のリスト)なので，書くときにはどちらを意図しているのか気をつけるようにしてください．数列全体を表す記法には，$\{a_n\}_{n=1}^{\infty}$ というものもあります．私はこの記法があまり好きではありません．ちょっと長すぎますし，また中カッコは集合の表記にも使われるからです．集合では要素の順序に意味はありませんが，数列では順序が重要です．ですから私はこの本では一貫して丸カッコバージョンの表記を使うことにしますが，読者のみなさんは講義や教科書で使われているほうを使ってください．

さらに簡潔な表記法として，以下の文章に見られるように，カッコの中に数式を書くこともできます．

- 数列 $(2n)$ について考える．
- n が無限大に近づくにしたがって，数列 $\left(\dfrac{1}{3^{n-1}}\right)$ はゼロに近づく．

しかし長い方の規定法にも明確さという利点がありますし，項によって違う規定をしたい場合にはそちらが必要になることがあります．例えば数列 $1, 0, 1, 0, 1, 0, \ldots$ は，次のように規定できます．

- (x_n) を，以下のように定義される数列とする．

$$x_n = \begin{cases} 1 & (n \text{ が奇数の場合}) \\ 0 & (n \text{ が偶数の場合}) \end{cases}$$

これは 1 つの数列です．書き方に惑わされて「2 つの数列」だと思わないようにしてください．この数式は，通常の数列と同じく，x_1，x_2，x_3 などの各項に唯一の値を指定しています．

以下に示す 2 つの数列は，数式とリストの両方で表記されています．どちらの数式がどちらのリストに該当するでしょうか？

$1, 1, 2, 2, 3, 3, 4, 4, \ldots$　　　　$1, 3, 2, 4, 3, 5, 4, 6, \ldots$

$$b_n = \begin{cases} \dfrac{n+1}{2} & (n\text{ が奇数の場合}) \\ \dfrac{n}{2} & (n\text{ が偶数の場合}) \end{cases} \qquad c_n = \begin{cases} \dfrac{n+1}{2} & (n\text{ が奇数の場合}) \\ \dfrac{n+4}{2} & (n\text{ が偶数の場合}) \end{cases}$$

数式は，数列全体を簡潔に表現できるので便利です．しかし私は，あまり数式にこだわらないことをお勧めします．表記法を相互に変換するスキルは重要ですが，学生たちはリストで完璧に表現できている数列を数式で表現することに時間をかけ過ぎるきらいがあるからです．

また数列は，グラフを使って表現することもできます．グラフ表記の標準的な手法の 1 つは数直線で，例えば $1, \frac{1}{2}, \frac{1}{4}, \frac{1}{8}, \frac{1}{16}, \ldots$ のような数列については，非常にうまく表現できます．

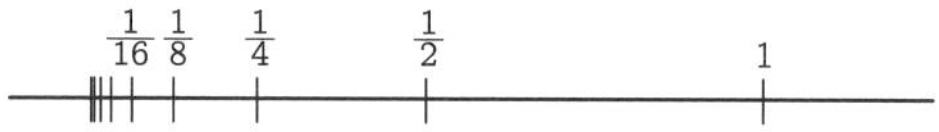

しかし，この図では項の順序が明示されていないので，これを「読み解く」ためには，どのラベルが初項に対応しているのか，どのラベルが第 2 項に対応しているのか，等々という追加の知識が多少なりとも必要とされることに注意してください．このため，数直線は $1, 0, 1, 0, 1, 0, \ldots$ のような数列にはあまり使い物になりません．ただし，数列のふるまいを説明するようなラベルを付け加えることはできます．

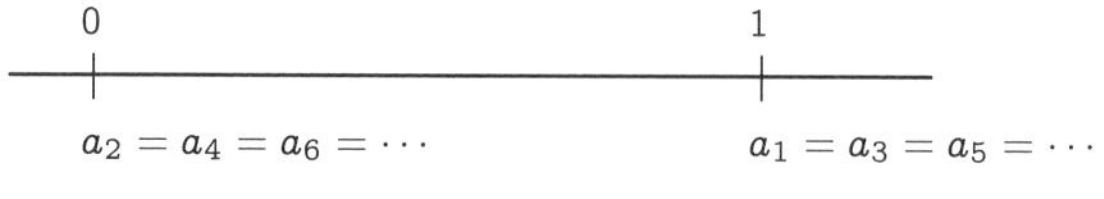

もう 1 つの方法は，次元を 1 つ増やして，a_n を n に対応したかたちでグラフ化することです．

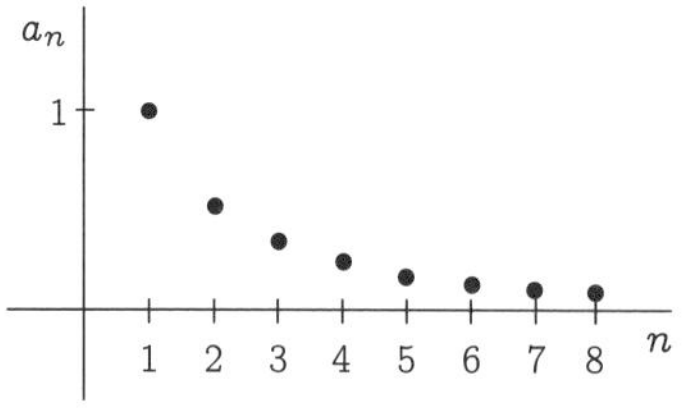

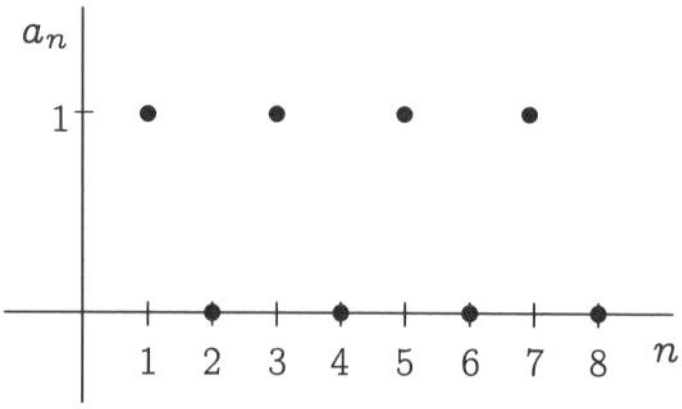

数列のグラフの場合，曲線ではなくドットを使うのが適切です．どの数列も，自然数の値でだけ定義されているからです．例えば $a_{3/2}$ などというものは存在しません．また，この種のグラフは a_n の値だけでなく n の値についても座標軸を割り当てているので，数列の長期的なふるまいが理解しやすくなっていることにも注意してください．数学では長期的なふるまいに興味があることが多いので，この表記法は便利です．先ほどの数列 (b_n) や (c_n) のグラフは，どのようなものになるでしょうか？

またグラフは，関数の概念との数学的な結びつきについて考える際にも便利です．専門的にいうと，数列は**自然数から実数への関数**に他ならないからです．実際，解析の講義の最初でそのように定義されることもあるかもしれません．これは，数列を無限に続くリストとして考えることと比べて不自然に感じられるかもしれませんが，グラフを見て $\mathbb{N}=\{1, 2, 3, 4, 5, \ldots\}$ の各要素に対応する数列の各項(1 が a_1 に，2 が a_2 に，というように)が存在することを考えれば，これが妥当なことは理解できるでしょう．a_1 の代わりに $a(1)$ とか $f(1)$ とか書くようにすれば関数との結びつきはより明確になるかもしれませんが，数列については下つき表記が標準です．しかしこの結びつきには，注目する価値があります．1 つの概念に対して発展した数学理論はほかの概念にも適用できるかもしれないので，数学の複数の分野にまたがる関係性を見出すことは，どんなときにも大事なことです．

5.3 数列の性質——単調性

先ほど列挙したさまざまな表記法は，数列の性質について考えるために役立ちます．数列の性質には，**単調増加**，**単調減少**，**有界**，**収束**などがあります．これらの言葉は，どんな意味だと思いますか？ これらの意味を，ほかの人に説明できますか？ これらに対応する，適切な記法を用いた数学的定義はどのようなものになるでしょうか？ ここで一度この本を閉じて，考えてみてください．

真剣に取り組んでみれば，たとえ直観的にはよく理解できているつもりであっても，それを一貫性のある文章として表現することは難しいことがわかるでしょう．このことを意識すれば，数学者によって定式化された定義を真剣に学ぶための正しい心構えができるはずです．

ここで，**単調増加**と**単調減少**の定義を見てみましょう．

定義● 数列 (a_n) が**単調増加**であるための必要十分条件は，$\forall n \in \mathbb{N}$，$a_{n+1} \geqq a_n$ である．

定義● 数列 (a_n) が**単調減少**であるための必要十分条件は，$\forall n \in \mathbb{N}$，$a_{n+1} \leqq a_n$ である．

これらの定義は当たり前のように思えるかもしれませんが，どう組み合わさるかを理解することは，驚くほど難しいのです．例えば，以下の数列について考えてみてください．各数列は，単調増加でしょうか，単調減少でしょうか，両方でしょうか，どちらでもないでしょうか？

- $1, 0, 1, 0, 1, 0, 1, 0, \ldots$
- $1, 4, 9, 16, 25, 36, 49, \ldots$
- $1, \frac{1}{2}, \frac{1}{3}, \frac{1}{4}, \frac{1}{5}, \frac{1}{6}, \frac{1}{7}, \frac{1}{8}, \ldots$
- $1, -1, 2, -2, 3, -3, \ldots$
- $3, 3, 3, 3, 3, 3, 3, 3, \ldots$
- $1, 3, 2, 4, 3, 5, 4, 6, \ldots$
- $6, 6, 7, 7, 8, 8, 9, 9, \ldots$
- $0, 1, 0, 2, 0, 3, 0, 4, \ldots$
- $10\frac{1}{2}, 10\frac{3}{4}, 10\frac{7}{8}, 10\frac{15}{16}, \ldots$
- $-2, -4, -6, -8, -10, \ldots$

ほとんどの人が，どこかで間違えます．ですから答えを見る前にもう一度，注意深く定義と照らし合わせて見直してみてください．

解答は以下のとおりです．

- $1, 0, 1, 0, 1, 0, 1, 0, \ldots$　　どちらでもない
- $1, 4, 9, 16, 25, 36, 49, \ldots$　　単調増加
- $1, \frac{1}{2}, \frac{1}{3}, \frac{1}{4}, \frac{1}{5}, \frac{1}{6}, \frac{1}{7}, \frac{1}{8}, \ldots$　　単調減少
- $1, -1, 2, -2, 3, -3, \ldots$　　どちらでもない
- $3, 3, 3, 3, 3, 3, 3, 3, \ldots$　　両方

- 1, 3, 2, 4, 3, 5, 4, 6, ... どちらでもない
- 6, 6, 7, 7, 8, 8, 9, 9, ... 単調増加
- 0, 1, 0, 2, 0, 3, 0, 4, ... どちらでもない
- $10\frac{1}{2}, 10\frac{3}{4}, 10\frac{7}{8}, 10\frac{15}{16}, \ldots$ 単調増加
- $-2, -4, -6, -8, -10, \ldots$ 単調減少

合っていましたか？ たとえ注意するように言われたとしても，多くの解析の学生は少なくとも 1 つは間違えます．例えば，大部分の学生は 1, 0, 1, 0, 1, 0, 1, 0, ... を単調増加と単調減少の両方だと考えますし，ほとんど全員が 3, 3, 3, 3, 3, 3, 3, 3, ... をどちらでもないと考えるのです．そう解釈するのはきわめて自然ですから，驚くほどのことではありません．しかしそれは日常的な直観に基づいた解釈であって，数学的な定義に基づいた解釈ではないのです．

最初の例を理解するためには，局所的な性質と大域的な性質との違いについて考えることが役立つでしょう．数列 1, 0, 1, 0, 1, 0, 1, 0, ... が単調増加と単調減少の両方だと言う人は，たいてい局所的な性質について考えています．彼らはこの数列が 1 から始まり，減少し，増加し，減少と増加を繰り返していると理解するのです．しかし考えるべきなのは大域的な性質です．**単調増加**の定義は，全称的な(「すべての」ものに関する)主張だからです．それは，**すべての** $n \in \mathbb{N}$ について，$a_{n+1} \geqq a_n$ というものでした．これは，この数列には確かに当てはまりません．全然ダメと言ってもいいくらいです．a_{n+1} が a_n 以上とならないような n の値は，無限に多く存在します．例えば $a_2 < a_1$ ですし，$a_4 < a_3$，等々です．ですからこの数列は，単調増加の定義を満たしません．同様に，単調減少の定義も満たさないことがわかります．ですから数学的な意味では，この数列は単調増加でも単調減少でもないのです．

2 番目の例を理解するためには，不等式について注意することが必要です．**単調増加**の定義を満たすには，各項がその前項よりも大きいか等しくなくてはいけません．すべての項がその前項と等しければ，それで十分なのです．奇妙に思えるかもしれませんが，この定義は妥当なものです．そのほうがシンプルですし，6, 6, 7, 7, 8, 8, 9, 9, ... のような数列が単調増加に該当することになるからです．また，そう定義したほうが定理の主張がシンプルになるため，解析の理論にとっても都合がよいのです．一般的に単調増加数列について成り立つ定理の多くは，特別な場合として定数列についても成り立つからです．そ

れを踏まえたうえで，数学者は以下のような定義も利用しています．

定義● 数列 (a_n) が**狭義単調増加**であるための必要十分条件は，$\forall n \in \mathbb{N}$，$a_{n+1} > a_n$ である．

定義● 数列 (a_n) が**狭義単調減少**であるための必要十分条件は，$\forall n \in \mathbb{N}$，$a_{n+1} < a_n$ である．

これらの定義が，先ほど示した数列に当てはまるかどうかについても考えてみてください．

最後に，**単調増加**と**単調減少**という性質について，これらが以下の定義とも関係していることも知っておいてください．

定義● 数列 (a_n) が**単調**であるための必要十分条件は，その数列が単調増加または単調減少であることである．

ときどき，この「または(or)」という単語に混乱する学生がいます．日常言語では「または」には2つの違う意味があり[*3]，文脈と強調によってどちらを意味しているのか判断しているからです．1つの意味は**包括的**であり，次の例のように，一方か他方のどちらか，あるいはその両方を意味して使われます．

- 3年次において応用統計学を受講する予定の学生は，2年次において統計的手法または数理統計学入門の単位を取得しておくこと．

もう1つの意味は**排他的**であり，次の例のように，一方か他方のどちらか(両方ではなく)を意味して使われます．

- 昼食券は，アイスクリームまたはケーキ1切れと交換できます．

数学では，あいまいさを避けるため，1つの意味を選び，その意味だけに使います．ここでは包括的な意味で解釈します．したがってこの定義は，数列が

*3　これは，すべての言語について言えることではありません．包括的 or と排他的 or に違う単語を用意している言語もあるからです．

単調であるとはその数列が単調増加であるか単調減少であるかその両方であることをいう，と述べています．先ほどのリストの中で，単調に該当するのは以下の数列です．

- $1, 4, 9, 16, 25, 36, 49, \ldots$
- $1, \frac{1}{2}, \frac{1}{3}, \frac{1}{4}, \frac{1}{5}, \frac{1}{6}, \frac{1}{7}, \frac{1}{8}, \ldots$
- $3, 3, 3, 3, 3, 3, 3, 3, \ldots$
- $6, 6, 7, 7, 8, 8, 9, 9, \ldots$
- $10\frac{1}{2}, 10\frac{3}{4}, 10\frac{7}{8}, 10\frac{15}{16}, \ldots$
- $-2, -4, -6, -8, -10, \ldots$

5.4　数列の性質――有界性と収束性

数列が**上に有界**であることの定義は，2.6 節で議論した，集合が**上に有界**であることの定義と似ています．

定義• 集合 X が**上に有界**であるための必要十分条件は，$\exists M \in \mathbb{R}$ s.t. $\forall x \in X$, $x \leqq M$ である．

定義• 数列 (a_n) が**上に有界**であるための必要十分条件は，$\exists M \in \mathbb{R}$ s.t. $\forall n \in \mathbb{N}$, $a_n \leqq M$ である．

違いは，数列の場合に「$\forall n \in \mathbb{N}$」となっていることだけです．これは，数列の各項の**添え字**として，必ず自然数が使われるためです．私はグラフ表現を使って有界性について考えるのが好きです．次ページの上のグラフを見て，定義との関係を理解してください．

それでは，**下に有界**の定義がどうなるか，そしてどのようにグラフで表現できるかを考えてみてください．

数学者は，もう 1 つの関連する定義も使います．これについては，図とともに提示するだけにしておきましょう．

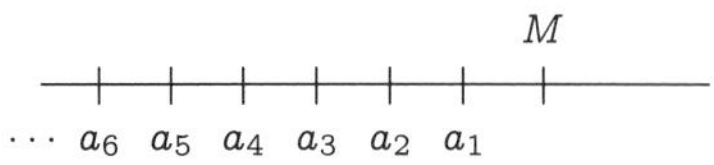

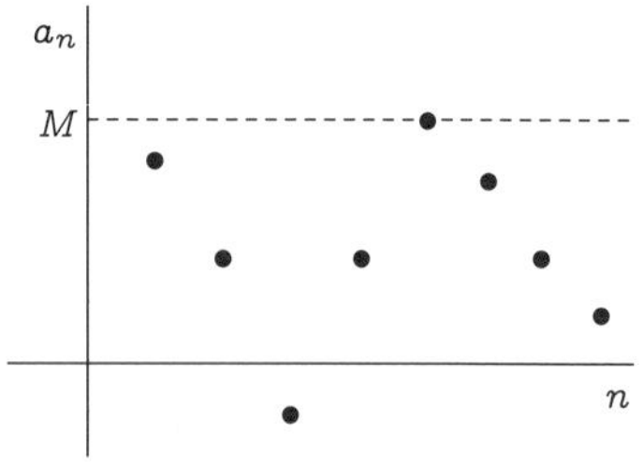

定義■ 数列 (a_n) が**有界**であるための必要十分条件は，$\exists M>0$ s.t. $\forall n\in\mathbb{N}$, $|a_n|\leqq M$ である．

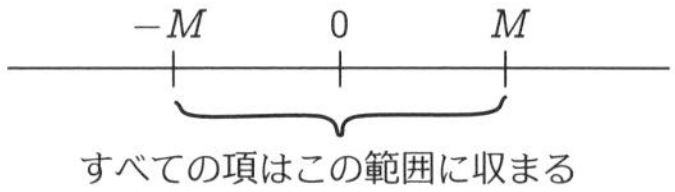

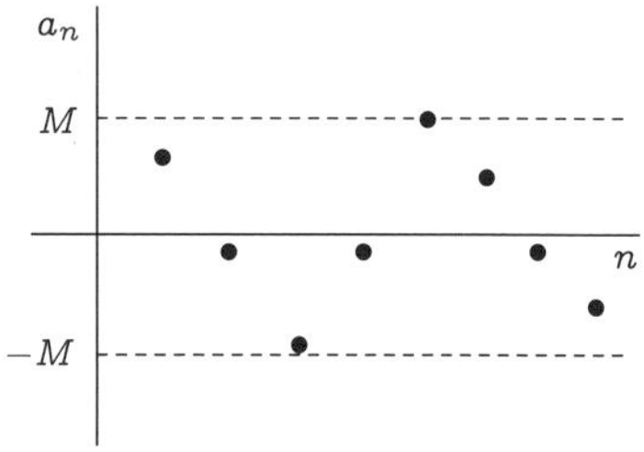

この定義の中に，いずれかの項が M や $-M$ と等しくなくてはならない，あるいは等しくなってはいけないことを示しているものがあるでしょうか？ また，$M>0$ と規定する意味は何でしょうか？

グラフ表現は数列の性質について考える際に役立つので，関連する定理の理解にも役立ちます．これから**収束**という性質を使った定理について考えていきたいのですが，まだ収束の定義は紹介しないことにしましょう．論理的に複雑なところがあるので，後ほどまるまる1節を費やして説明するつもりです．今のところは，以下に示す非定式的な記述と，図でその意味を理解してください．

非定式的な記述■ 数列 (a_n) が極限 a へ収束するための必要十分条件は，その数列を十分遠くまでたどることによって，a_n を好きなだけ a に近くできることである．

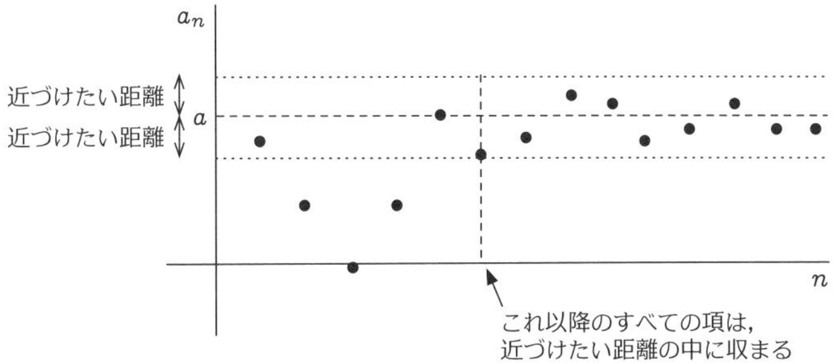

近づけたい距離が小さくなるほど，遠くまで数列をたどる必要があるだろうことに注意してください．この記述は，おそらく収束性に関するあなたの直観的な考えにかなりうまく一致していると思いますが，いくつかの点で違っているかもしれません．まず，日常言語で「収束」という言葉を使う場合には，単調数列だけを考えることが多いですし，次の図のように単純に極限 a へどんどん近づいていかなくてはならないと考えがちです．

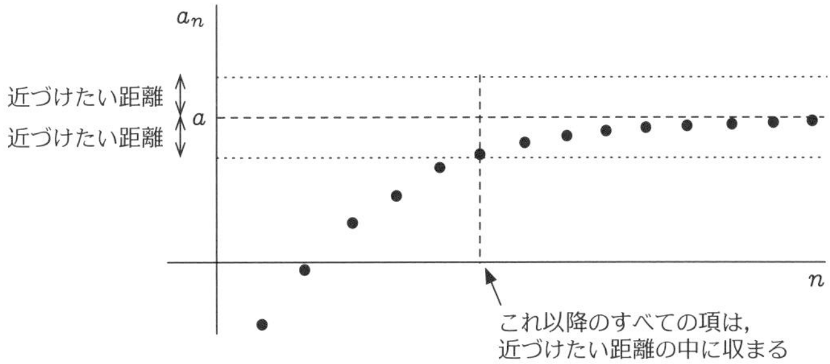

先ほどの非定式的な記述は，確かにこのような数列に当てはまります．しかしそれ以外に，最初の図のような数列にも当てはまるのです．この数列は，極限よりも上の項もあれば下の項もあり，また一度極限から遠ざかってからまた近づいていくようなふるまいをしているという意味で，より一般的*4と言えるでしょう．こういった点で，非定式的な記述はこの概念の数学的なバージョンに忠実なものになっているので，ここであなたの考え方をその方向に修正しておいてください．

こういったかなり狭い範囲の性質をとってみても，以下に示すようなさまざ

*4　2.5 節および 2.9 節の図に関する議論を参照してください．

まな定理の候補を思い描くことができます．これらはみな，ある性質を満たすすべての対象物に関する主張なので，**全称的主張**と呼ぶことができるでしょう．あなたは，これらのうちどれが真でどれが偽だと思いますか？

- すべての有界数列は収束する．
- すべての収束数列は有界である．
- すべての単調数列は収束する．
- すべての収束数列は単調である．
- すべての単調数列は有界である．
- すべての有界数列は単調である．
- すべての有界単調数列は収束する．

ある全称的主張が偽であることを証明する，つまりその主張を反証するために，数学者は**反例**を示すということをします．例えば最初の主張に対する反例は，有界だが収束しない数列です．反例は 1 つで十分です．全称的主張を満たさない例が 1 つでも存在したら，それだけでその主張が偽であることを示すには十分なのです．上記の主張のうち，あなたが偽だと思うものについて，具体的な反例を挙げることができますか？

全称的主張が真であることを証明するためには，前提を満たすすべての対象物について結論が本当に成り立つことを証明しなくてはいけません．これは，1 つの反例を見つけるより大変なことなのは確かです．このような主張の証明は，関連する定義からかなり直接的に導けることが多いので，この章の後のほうでいくつか検討してみましょう．今のところは，あなたが真であると思うものについて，それが正しいことを示す説得力のある直観的な議論を提示してみてください．

部分列を考えると，さらに多くの定理を作り出すことができます．部分列とは，その名のとおり，もとの数列から一部の項を抜き出したものです．ですから，例えばこの数列

$$(a_n) = 1,\ \frac{1}{2},\ \frac{1}{3},\ \frac{1}{4},\ \frac{1}{5},\ \ldots$$

は，以下のような部分列を持ちます．

$$(a_{2^n}) = \frac{1}{2},\ \frac{1}{4},\ \frac{1}{8},\ \frac{1}{16},\ \frac{1}{32},\ \ldots \quad \text{および} \quad (a_{3n-1}) = \frac{1}{2},\ \frac{1}{5},\ \frac{1}{8},\ \frac{1}{11},\ \frac{1}{14},\ \ldots$$

$n=1$，$n=2$ などと代入してみて，この記法の使い方が理解できていることを確かめてください．部分列を作る際には，項の順番を入れ替えることは許されません．そのようなことをすると，もとの数列との結びつきが失われてしまうからです．また，途中で打ち切ることも許されません．部分列も数列であって，無限に続かなくてはならないからです．また，上に示した部分列は代数的に表現可能なパターンに従って項を抜き出していますが，こうすることは必要ではありません．部分列を作る際，項ごとにコインを投げて選ぶかどうか決めてもよいのです．

定理の候補となる全称的主張を，さらにいくつか示しておきましょう．あなたは，どれが真でどれが偽だと思いますか？

- すべての収束数列は単調な部分列を持つ．
- すべての数列は単調な部分列を持つ．
- すべての有界数列は収束部分列を持つ．

簡単に答えがわかったという人がいたら，それはよく考えていない証拠です．納得がいかなければ，200 人の学生がいる解析の授業で，2 番目のものが真だと思うかと私が質問したところ，答えが真っ二つに割れたことをお知らせしておきましょう．またそれは，彼らがよく考えずに答えたためではありませんでした．彼らは定義を吟味して，時間をかけて自分たちの考えについて議論したのです．ですから，あなたの考えがどうであれ，賢くて知識もある人が大勢あなたと違う意見を持っているということは十分にあり得ます．

このことを考慮したうえで，もう一度考えてみてください．数列は予測可能なパターンに従う必要はない，ということを忘れずに(しかし，最初は 5.3 節に列挙した数列から考え始めるのがよいでしょう)．主張が偽だと思ったら，具体的な反例を示せるかどうか考えてみてください．あるいは，少なくともその反例はどういう性質のものかを説明してみましょう．主張が真だと思ったら，他の人をどうやって説得すればよいか考えてみてください．その人が，反例があるはずだと信じていた場合，どうやってそれが間違いだと説得することができるでしょうか？ このようなことを詳細にわたって考えることは，この章のこの後の議論や解析の授業での議論を理解するために役立つはずです．

5.5 収束——直観を先に

この節と次節の両方で，収束の定義を調べていきます．この節では，5.4 節で述べた非定式的な記述を定式化します．次節ではまず定義を述べ，それをどう理解すればよいか説明します．どちらのアプローチがわかりやすいかは人によって違うでしょうから，次節を先に読んでもらってもかまいません．特に，すでに解析の授業を受け始めていて長い定義がうまく理解できないでいる人は，5.6 節が役に立つかもしれません．そのような文章の読み解き方に関する一般的なアドバイスが含まれているからです．

まだ解析の授業を受けていない人は，なぜ私が収束の定義にこれほど紙面を割いているのか，不思議に思うかもしれません．その理由は 2 つあります．最初の理由は，この定義はどんな解析の授業においても中心となるものだからです．もう 1 つの理由は，これが数列を学ぶ際に遭遇する最も論理的に複雑な定義なので，理解するにはちょっと骨が折れるからです．

ここで，前節で述べた非定式的な記述を，もう一度示しておきましょう．

非定式的な記述 ■ 数列 (a_n) が極限 a へ収束するための必要十分条件は，その数列を十分遠くまでたどることによって，a_n を好きなだけ a に近くできることである．

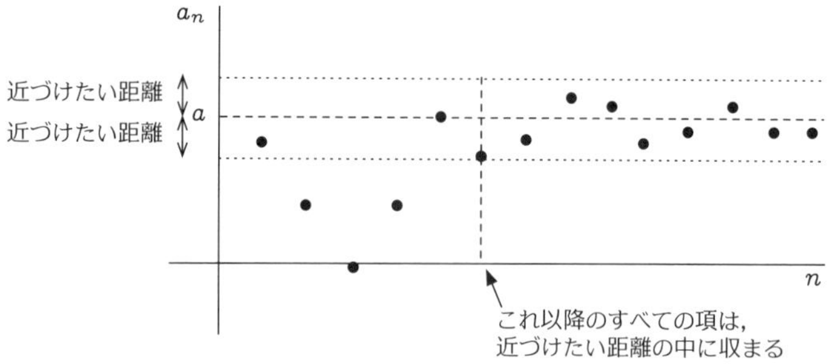

これを定式的な定義に変換するには，「近く」という概念を代数的に取り扱えるようにする必要があります．ここで各項を，極限 a から距離 ε 以内に収めたいとしましょう(「ε」はギリシャ文字で，**イプシロン**と読みます)．別の言

い方をすれば，各項が $a-\varepsilon$ と $a+\varepsilon$ の間にあるようにしたい，つまり $a-\varepsilon < a_n < a+\varepsilon$ としたいのです．

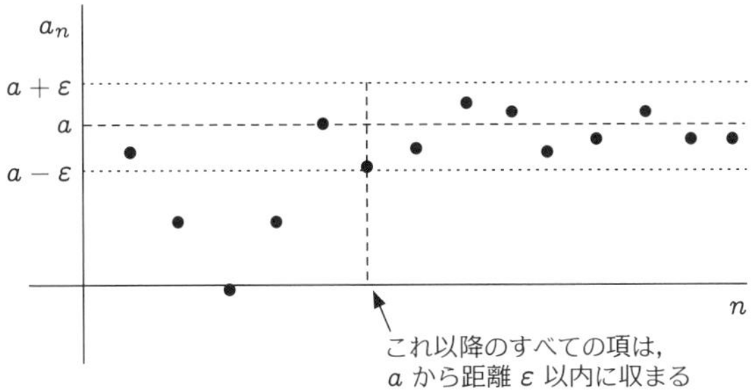

$a-\varepsilon < a_n < a+\varepsilon$ という不等式は，より簡潔に $|a_n-a|<\varepsilon$ という形で書き表すことができます．なぜならば

$$\begin{aligned} |a_n - a| < \varepsilon &\Leftrightarrow -\varepsilon < a_n - a < \varepsilon \\ &\Leftrightarrow a-\varepsilon < a_n < a+\varepsilon \end{aligned}$$

となるからです．この文脈では，いつも私は $|a_n-a|<\varepsilon$ を「a_n と a との距離は ε よりも小さい」と読みます．今後の議論についていくために，読者にも同じようにすることをお勧めします(そして「ε」は，「イー」ではなく「イプシロン」と読んでください)．

それでは，「…その数列を十分遠くまでたどることによって，a_n を好きなだけ a に近くできる」という記述について考えてみましょう．数学者は，この「十分遠くまでたどる」という概念を，以下のようにとらえます．

$$\exists N \in \mathbb{N} \text{ s.t. } \forall n > N,\ |a_n - a| < \varepsilon.$$

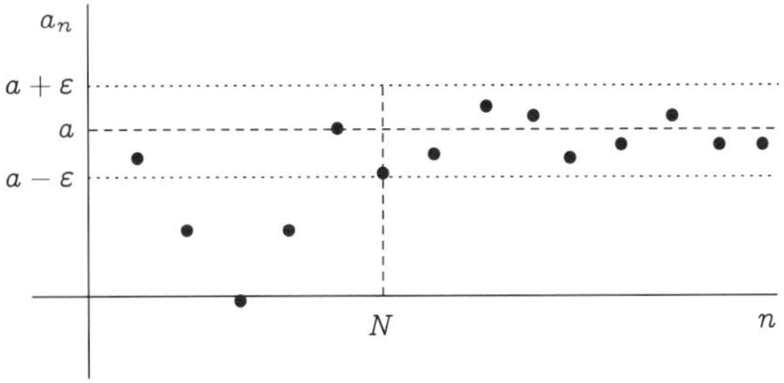

この記号交じりの文を声に出して読み，各部分が図とどのように対応して

いるのか，考えることを忘れないようにしてください．私はこのように考えます．

$$\exists N \in \mathbb{N} \quad \text{s.t.} \quad \forall n > N, \qquad |a_n - a| < \varepsilon.$$

数列中に ある点が存在して	その点 以降では	すべての項と a との距離が イプシロンよりも小さくなる．

しかし，これは ε の 1 つの値についてのみの主張です．小さな ε の値を想像すれば，a_n を a に近くできるという概念をとらえたことになるでしょう．しかし，それでは**好きなだけ近く**できるという概念をとらえたことにはなりません．項と a との距離が $\varepsilon = \dfrac{1}{2}$ よりも小さくなるように，そして $\varepsilon = \dfrac{1}{4}$ よりも小さくなるように，等々としたいのです．そして ε の値を小さくとればとるほど，それだけ数列を遠くまでたどっていくことになるでしょう．

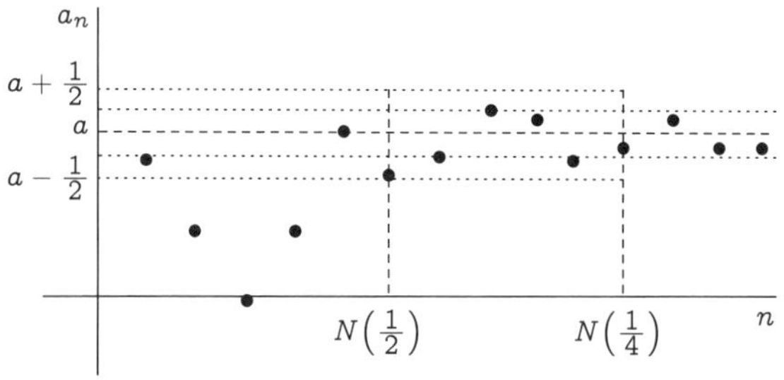

つまり，実際には**任意の** $\varepsilon > 0$ について，数列を十分に遠くまでたどればそれ以降のすべての項と a との距離が ε よりも小さくできる，ということが言いたいのです．このことから，完全な定義が導かれます．

定義• (a_n) が a に**収束する**ための必要十分条件は

$$\forall \varepsilon > 0 \; \exists N \in \mathbb{N} \text{ s.t. } \forall n > N, \; |a_n - a| < \varepsilon$$

である．

先ほどと同様に非定式的でたくさんの言葉を用いた思考を続けたいなら，次のように考えることができるでしょう．

定義 • (a_n) が a に収束するための必要十分条件は

$\forall \varepsilon > 0$	$\exists N \in \mathbb{N}$	s.t. $\forall n > N,$	$\lvert a_n - a \rvert < \varepsilon$
どんなに小さなイプシロンについても	数列中にある点が存在して	その点以降では	すべての項と a との距離がイプシロンよりも小さくなること

である．

しかし，あいまいな非定式バージョンだけを書き留めようとはしないでください．数学者は直観的に考えることもありますが，最終的には適切な定義を用いて書き表すのです．

5.6 収束——定義を先に

この節では，まず極限 a への収束の定義を示します．次に，この定義を理解するための方法を説明し，その過程で同様の主張への取り組み方についても論じます．目指すところは，このような定義を見たときに，別の表記法と関連づけてその意味を理解できるようになることです．つまり，最終的には前節と同じところに到達するわけです．ただ，経由するルートが異なるだけです．全体として，これが収束の妥当な定義だと言える理由を理解できるよう努めてください．

以下に定義を示します．

定義 • (a_n) が a に収束するための必要十分条件は

$$\forall \varepsilon > 0 \; \exists N \in \mathbb{N} \text{ s.t. } \forall n > N, \;\; |a_n - a| < \varepsilon$$

である．

まず，これを声に出して読んでみてください（「ε」はギリシャ文字のイプシロンで，それ以外の記号は第 I 部を読んだ人ならおそらく覚えていると思いますが，もし覚えていなければ，この本の冒頭 xiii ページの「記号一覧」を参照してください）．しかし，声に出して読んでもすぐには理解できないと思います．日頃こんな込み入った文章を目にすることはありませんし，これまでの数学の文章にもこれほど複雑なものはなかったはずです．特に，この定義には量化子が 3 つも入れ子になっています．1 つの文章の中に，3 つの量化子「∀」と「∃」が積み重なっているのです．入れ子構造の量化文を理解するためには，先頭からではなく最後から読み解くほうが簡単なことが多いので，ここでもそうしてみましょう．

この定義の最後の部分は，「$|a_n - a| < \varepsilon$」となっています．この意味を理解するために，ちょっと代数の力を借りてみましょう．例えば

$$|x| < 2 \iff -2 < x < 2$$

となることを思い出してください．同様に

$$|a_n - a| < \varepsilon \iff -\varepsilon < a_n - a < \varepsilon$$
$$\iff a - \varepsilon < a_n < a + \varepsilon.$$

したがって $|a_n - a| < \varepsilon$ は，a_n が $a - \varepsilon$ と $a + \varepsilon$ の間にあるという意味になります．あるいは，項 a_n と極限 a との距離が，ε よりも小さいという言い方もできるでしょう．これは a_n と a とを比較するということですから，n に対する a_n のグラフの縦軸に，適切な値を表現してみます．

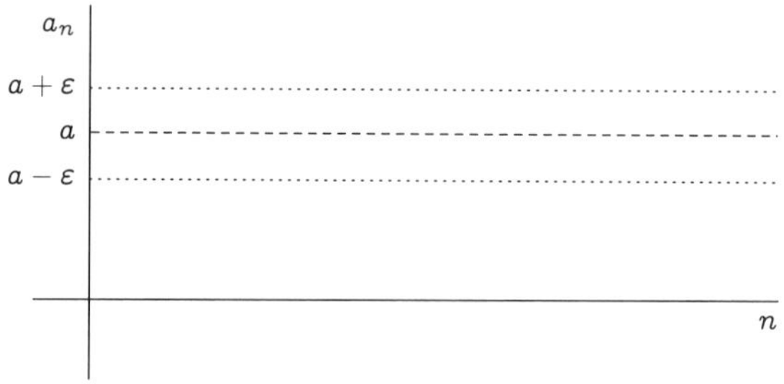

定義を逆にたどると，次は「$\forall n > N$，$|a_n - a| < \varepsilon$」となります．言い換えれば N よりも大きい n の値について，この距離の不等式が成り立つということです．ここで a_N 以降の項については，a との距離が ε よりも小さいということ以外には，何もわからないということに注意してください．また，a_N よりも前の項についてはまったく何もわからないので，ここでは何も書かないことにします．

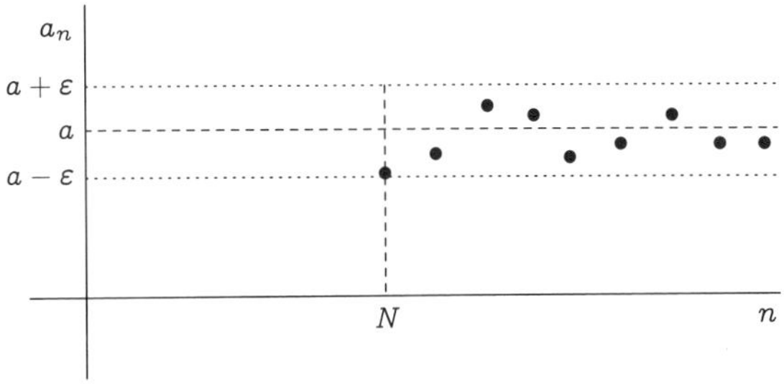

さらに戻ると，次のようになります．

$$\exists N \in \mathbb{N} \text{ s.t. } \forall n > N,\ |a_n - a| < \varepsilon.$$

ある意味，このことはすでに図に表現されていました．グラフに描くためには N は存在しなくてはならないからです．しかしこの場合，a_N よりも前の項について考えたくなってきます．わざわざ N が存在してそれ以降では何かが成り立つと言うからには，N よりも前にはその何かが成り立たないのかもしれない，と数学者は考えます．つまり，N よりも前の項の中に a から大きく離れているものがあるかもしれない，ということです．したがって，一般的な図を描くと次のようなものになるでしょう．

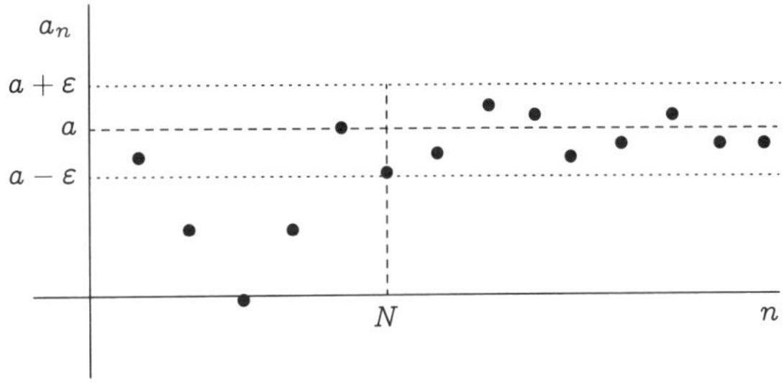

残りの部分についてはどうでしょうか？

$$\forall \varepsilon > 0\ \exists N \in \mathbb{N} \text{ s.t. } \forall n > N,\ |a_n - a| < \varepsilon.$$

これは，**0 よりも大きなすべてのイプシロンについて**，これまで見てきたことが成り立つと言っています．ここで ε は距離なので，$\varepsilon > 0$ と規定することには意味があります．しかし，この時点で上の図にはたった 1 つのイプシロンの値と，それに対応する N しか示されていません．これが **0 よりも大きなすべてのイプシロンについて**成り立つという意味を理解するために，イプシロンが変化すると想像してみましょう．そして ε の値が小さくなるほど，N の値は大きく取る必要があると考えられます．

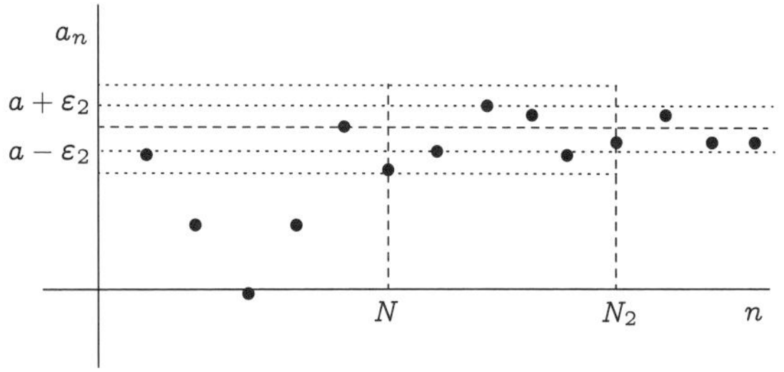

まとめとして，定義と図，そして次の非定式的な解釈を考えることによって，非定式的なアイディアと定式的なアイディアとの関連づけができることを示しておきます．

定義• (a_n) が a に収束するための必要十分条件は

$\forall \varepsilon > 0$　　　　$\exists N \in \mathbb{N}$　　s.t.　$\forall n > N,$　　　$|a_n - a| < \varepsilon$

どんなに小さな　　数列中に　　　　　　その点　　　すべての項と a との距離が
イプシロンについても　ある点が存在して　　以降では　　イプシロンよりも小さくなること

　　である．

　これで読者のみなさんにも，極限 a への収束という概念を，この定義がうまくとらえていることを納得してもらえたのではないかと思います．またここまでの説明がわかりやすかったと思ってもらえれば，私はうれしいです．しかし，わかりやすい説明には1つの問題があります．それを読んだり聞いたりして，うなずきながら「うん，うん，わかった，そのとおり…」と思うのは簡単です．しかしその経験は一時的なものかもしれません．そのときはよく理解できたと感じても，その理解したことを後から思い出して使いこなせるとは限らないのです．あなたがこの節を理解できたかどうか，もっと厳密にテストしてみたければ，白紙に定義を書き出して，この木を見ずに，これまでの説明を自分で再現してみてください．

5.7 収束に関して知っておくべきこと

これ以降の節では，収束の定義を使って解析における結果を導き出す方法を示していきます．しかしその前に，この定義と，よくある直観的な考え方との関係をいくつか指摘しておきたいと思います．

第1に，前2節における説明は，定義の「証明」ではないということです．定義は証明されるものではありません．それは単なる約束であり，だれもが納得するようなかたちで意味を厳密に述べたものだからです．私はこの定義が妥当である理由を説明するために，図や非定式的な表現と関連づけましたが，それは証明と同じことではありません(定義と，それが数学理論の中でどのような位置を占めるかについては，2.3節と3.2節を参照してください)．

第2に，「無限大で」何が起こるのかについて，定義は何も述べていません．これは正しいことです．「無限大で」何が起こるのか述べるのは，意味がないことだからです(ついそうしたくなるのは確かですが)．数列には a_∞ とか，最後の項などというものは存在しません．∞(無限大)は自然数ではないからです．

第3に，この定義には動きや時間といった感覚は必要とされません．収束のことを，数列をたどって項がだんだん極限 a に近づくのを見守るようなことだと考える人は多いようです．しかし数学者が数列を取り扱う際には，時間をかけて新しい項を書き並べていくことは想像しません．そうではなく，数列全体が「すでにそこにある」ように取り扱うのです．また，項をたどっていって a に近づくのを見守るというイメージはちょっと単純すぎます．各項が前の項よりも極限に近くならなくてはならない，などとは定義には書かれていないからです．5.4節で注意したように，そうなるかもしれませんが，そうならないかもしれないのです．

第4に，多くの人は n が a_n を決めており，したがって a_n と a の距離も決めている，と考えます．それはそれでよいのですが，定義に従って考える際には「この N について，これが距離 ε です」という考え方はしません．そうではなく，「この距離 ε について，これが適切な N です」という考え方をします．前の章を読み返して，このことを確実に理解しておいてください．定義の適用方法を理解するためには，このことが重要になってくるからです．

第5に，収束に関して述べる際にはいくつかの異なる記法や言い回しが用いられます．同じ人でも，文章によってより自然に感じられる言い方を選んだりするのです．よく使われる記法と，その読み方をいくつか示しておきましょう．

$(a_n) \to a$	「(a_n) は a に収束する」または「(a_n) は a に近づく」
$a_n \to a$ as $n \to \infty$	「n が無限大に近づくにつれて，a_n は a に近づく」
$\lim_{n\to\infty} a_n = a$	「n が無限大に近づくときの a_n の極限は a である」

日常会話では，これらの言い回しは多少異なる意味を持つかもしれません．数学では，これらはみな正確に同じことを意味します．つまり，(a_n) が収束の定義を満たすということです．

最後に，私は「ε」という記号を何の気なしに使ったわけではありません．極限に関連する定義においては，だれもがそれを使うのです．「ε」という記号は数字の「3」の左右をひっくり返して小さくしたものに似ています．また，集合の要素記号「$\in$」(これは小文字の「c」に横棒を付け加えたものに似ています)とも違うものです．手書きする際には「ε」と「$\in$」がはっきり区別できるようにしておくのがよいでしょう．これらは同じ文の中に現れることも多いからです．また「ε」が書き慣れた「3」と似ているため，学生たちが収束の定義を「$\forall 3>0$」と書き始めることが多いことも，知っておくと役に立つかもしれません．これはまあ微笑ましい間違いですが，しないに越したことはないでしょう．

5.8　数列が収束することを証明する

講義では，収束の定義を紹介した後で，いくつかの数列が収束することを証明してみせるのが普通です．多くの場合，数列をじっと見るとその極限はすぐにわかるでしょう．ですからこの場合の証明は，結果が正しいことを示すためにというよりは，定義に基づいた理論にすべてが例外なく合致していることを示すために行っているわけです．ここでは，$a_n = 3 - \frac{4}{n}\ \forall n \in \mathbb{N}$ として与えられる数列 (a_n) を考えます．最初の項をいくつか書き出してみましょう．

$$\left(3-\frac{4}{n}\right) = 3-4,\ 3-2,\ 3-\frac{4}{3},\ 3-1,\ 3-\frac{4}{5},\ 3-\frac{4}{6},\ 3-\frac{4}{7},\ 3-\frac{4}{8},\ \ldots.$$

これはどこに収束するでしょうか？　n が無限大に近づくにつれ，$\frac{4}{n}$ はどんどん小さくなるので，a_n は 3 に収束します．

これを証明するためには，この数列が 3 への収束の定義を満たすことを証明する必要があります．a_n と a を対応する値に置き換えると，以下を証明する必要があるということです．

$$\forall \varepsilon > 0\ \exists N \in \mathbb{N} \text{ s.t. } \forall n > N,\ \left|\left(3-\frac{4}{n}\right)-3\right| < \varepsilon.$$

人によって取るアプローチは違いますし，あなたやあなたの講師は純粋に論理的かつ代数的に考えるほうを好むかもしれません．しかし，ご存知の通り私は図が好きなので，まず図を描いてみたくなります．下の図は，(a_n) と任意に取ったように見える距離 ε を示したものです．

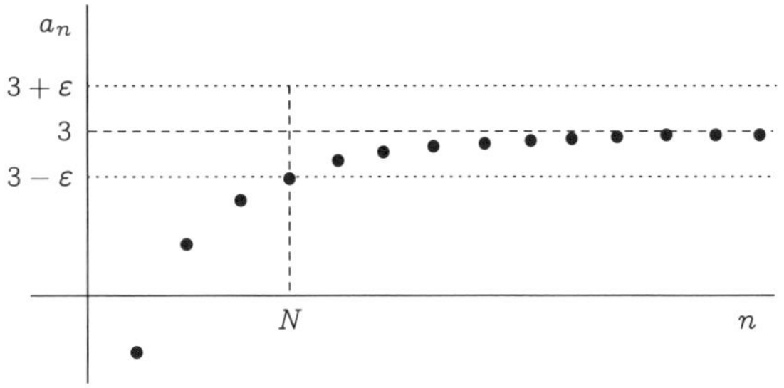

与えられた ε の値に対して，N の値をどう取ればよいでしょうか？ もしすぐに答えられなければ，ε が 1 ならどうだろう，ε が $\frac{1}{2}$ ならどうだろう，等々と自分に問いかけてみてください．N が ε に依存していることは明らかです．ε の値が小さいほど，大きい N の値が必要となります．一般的に言うと $\frac{4}{n}<\varepsilon$ となってほしいわけです．これは $\frac{4}{\varepsilon}<n$ と同じことです．つまり，$N>\frac{4}{\varepsilon}$ を満たす任意の自然数ということになります．具体的な値を与えるために，数学者は $N=\left\lceil\frac{4}{\varepsilon}\right\rceil$ と書くことがあります．ここで $\lceil x\rceil$ は x の「天井関数」と呼ばれ，x 以上の最小の整数を意味します．ここまでわかれば，あとは定義を手引きとして証明を書くことができます．ここでもう一度，何を証明する必要があるのかを正確に示しておきましょう．

$$\forall \varepsilon > 0\ \exists N \in \mathbb{N} \text{ s.t. } \forall n > N,\ \left|\left(3-\frac{4}{n}\right)-3\right| < \varepsilon.$$

示したいのは，$\forall\varepsilon>0$ について，あることが成り立つことです．したがって，$\varepsilon>0$ を任意に取り，主張の残りの部分がこの値について成り立つことを示せばよいことになります．最初は次のようになるでしょう．

主張▪ $\left(3-\dfrac{4}{n}\right)\to 3.$

証明▸ $\varepsilon>0$ を任意に取る．

この ε について，あることが成り立つような $N\in\mathbb{N}$ が存在することを示したいのです．何かが存在することを示す一番簡単な方法は，それがどんなものであるべきかを具体的に規定することです．これまでの推論をもとにして，次のようにすることができます．

主張▪ $\left(3-\dfrac{4}{n}\right)\to 3.$

証明▸ $\varepsilon>0$ を任意に取る．

$N=\left\lceil\dfrac{4}{\varepsilon}\right\rceil$ とする．

この後，$\forall n>N$，$\left|\left(3-\dfrac{4}{n}\right)-3\right|<\varepsilon$ を示す必要があります．これは難しくありませんが，すべての等式と不等式の成り立つ理由が理解できることを確認してください．

主張▪ $\left(3-\dfrac{4}{n}\right)\to 3.$

証明▸ $\varepsilon>0$ を任意に取る．

$N=\left\lceil\dfrac{4}{\varepsilon}\right\rceil$ とする．

このとき $n>N\Rightarrow\left|\left(3-\dfrac{4}{n}\right)-3\right|=\left|\dfrac{4}{n}\right|=\dfrac{4}{n}<\varepsilon.$

実際には，証明はこの時点で完了しています．定義が満たされることが導かれたからです．しかし，結論を書いておくのが親切でしょう．シンプルに「ゆえに $\left(3-\dfrac{4}{n}\right)\to 3$」と書いてもよいのですが，この議論を要約する 1 行を追加することもできます．議論の組み立てを思い出す手がかりにもなるでしょう．

主張 ■ $\left(3-\frac{4}{n}\right) \to 3.$

証明 ▶ $\varepsilon > 0$ を任意に取る．

$N = \left\lceil \frac{4}{\varepsilon} \right\rceil$ とする．

このとき $n > N \Rightarrow |a_n - 3| = \left| \left(3-\frac{4}{n}\right) - 3 \right| = \left| \frac{4}{n} \right| = \frac{4}{n} < \varepsilon.$

ゆえに，以下のことが示された．

$$\forall \varepsilon > 0\ \exists N \in \mathbb{N} \text{ s.t. } \forall n > N,\ \left| \left(3-\frac{4}{n}\right) - 3 \right| < \varepsilon.$$

したがって $\left(3-\frac{4}{n}\right) \to 3$ となり，主張が示された．

このような証明を学ぶ際には，より一般化して，議論の中心部分を損なわずにどう変更できるか，あるいは異なる場合に合わせてどう修正できるか考えてみるのがよいでしょう．例えば，ここでは $N = \left\lceil \frac{4}{\varepsilon} \right\rceil$ としましたが，これは必要なことだったでしょうか？ その代わりに $N = \left\lceil \frac{4}{\varepsilon} \right\rceil + 100$ としてみたらどうなるでしょうか？ あなたの答えを，代数と図の両方に関連づけて説明できますか？ この証明を，$a_n = 3 + \frac{5}{n}$ として与えられる (a_n) に合わせて変更するにはどうすれば良いでしょうか？ $a_n = c + \frac{d}{n}$（ここで c と d は定数）として与えられる (a_n) に合わせて変更するにはどうすれば良いでしょうか？ その証明は，c と d が正の値でも負の値でも正しいでしょうか？ c と d がゼロに等しい場合には？ c と d が整数でない場合には？

このようなことをしてみるのが役に立つのは，解析の授業に出てくる例題の数が，あまり多くないからです．例えば講義では，$\left(\frac{1}{n}\right)$ がゼロに収束することを証明したとしても，その後すぐ別の理論的議論に移ってしまうことでしょう．手順を教えられてそれを何度も繰り返し適用する数学に慣れた人には，奇妙に感じられるかもしれません（そのような人は，第 I 部を読み返すのがよいでしょう）．しかし，このような問題を利用して一般化について考えていれば，例題をたくさん見たり演習問題をたくさん解いたりする必要はあまり感じられなくなるはずです．

5.9 収束性とその他の性質

前節では，特定の数列が収束の定義を満たすことを示しました．この節では，収束性とその他の性質との間の関係についての主張を証明することを考えていきます．5.4 節で取り上げた，定理の候補を覚えていますか？

- すべての有界数列は収束する．
- すべての収束数列は有界である．

どう思いますか？ すべての有界数列は収束するでしょうか？ 答えは「ノー」です．大部分の人はこのことに納得してくれるでしょう．有界だが収束しない数列をいくつか思いつくのは簡単なことだからです．例えば，次のように定義される数列 (x_n) です．

$$x_n = \begin{cases} 1 & (n \text{ が奇数の場合}) \\ 0 & (n \text{ が偶数の場合}) \end{cases}$$

ほかにも例が挙げられるでしょうか？ あと 15 個，例が挙げられるでしょうか？ これはもちろん冗談ですが，少なくともいくつかの興味深いバリエーションを含めて，あと 15 個の例を思いつくのは簡単にできるはずです．

もう 1 つの主張についてはどうでしょうか？ すべての収束数列は有界だと言えるでしょうか？ 答えは「イエス」ですが，これに納得してくれる人は少ないようです．その理由を説明しましょう．状況によって数列が「両方向に」無限に続くことを許したくなる人がいる，と言ったことを覚えていますか？まさにその状況が，これなのです．人は，実数から実数への関数について考えることに慣れています．一方，数列は**自然数**から実数への関数です．ですから人は，心の中で，あるいは実際に，数列にふさわしいドットのグラフを曲線で置き換えてしまい，次ページの図のようなイメージを作り出しがちなのです．

こうして彼らは，収束数列が「左側」で有界でないことがあり得ると思ってしまうのです．しかし，数列は $a_1, a_2, a_3, \ldots$ という項の無限のリストです．数 a_1 が初項であり，a_1 の「左側」は存在しません．そういう理由から，私は学生に数列のグラフはドットだけで描くように言っているのです．そうすることは，この誘惑を避けるために役立ちます．

したがって収束数列は有界であるという主張は真であり，このことは定理と

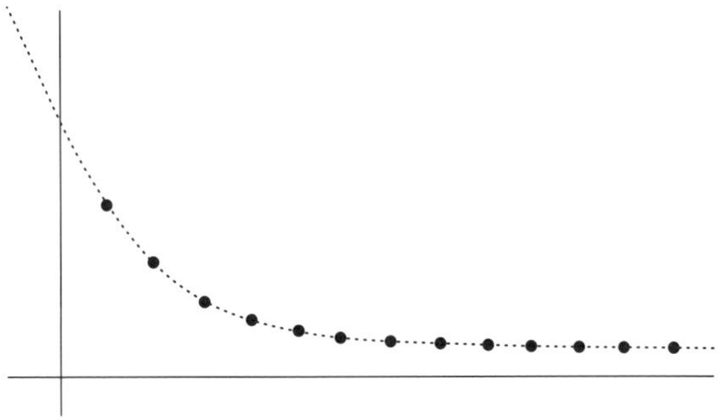

して述べることができます．その定理を，証明と図(次ページ)とともにここに示します．これを読む前に，3.5 節の自己説明の訓練を読み返してみるのがよいかもしれません．それを読みながら，証明と図のラベルとの間の関係について詳しく考えてみてください．

定理 すべての収束数列は有界である．

証明 $(a_n) \to a$ とする．
すると，定義により $\exists N \in \mathbb{N}$ s.t. $\forall n > N$，$|a_n - a| < 1$，
すなわち $\forall n > N$，$a-1 < a_n < a+1$．
N が有限であることに注意せよ．
$M = \max\{|a_1|, |a_2|, \ldots, |a_N|, |a-1|, |a+1|\}$ とする．
すると $\forall n \in \mathbb{N}$，$|a_n| \leqq M$．
したがって (a_n) は有界である．

次ページの図で M はどこになると思いますか？　この図を違ったように描いたりラベルを付けたりできますか？

ここで気をつけてほしいことが 1 つあります．それは，前節の証明では収束の定義が満たされているというのが結論だったのに対して，この証明ではそれが満たされているという前提からスタートしていることです．これは，前節の主張やこの定理の構造に照らして，適切なことです．このことを，しっかり理解しておいてください．ここでは，収束性の前提が $\exists N \in \mathbb{N}$ s.t. $\forall n > N$，

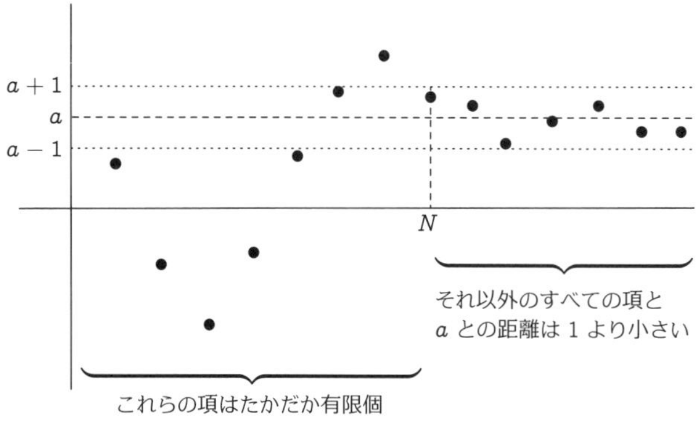

$|a_n - a| < 1$ を導出するために利用されています．これは，単純に定義中の ε を 1 という具体的な数に置き換えることによって得られます(定義はすべての $\varepsilon > 0$ について成り立つので，$\varepsilon = 1$ についても確かに成り立ちます)．

もう 1 つ気をつけてほしいことは，この真である定理の逆は偽であることです*5．

$$\text{収束} \Rightarrow \text{有界}$$
$$\text{有界} \not\Rightarrow \text{収束}$$

これはとてもインフォーマルなので，あまりフォーマルなところに書いたりはしないのですが，私自身の覚書としてとても役に立っています．

先へ進む前に，先ほどのリストから残りの主張を挙げておきましょう．この中に，今になって理解が深まったものはありますか？

- すべての単調数列は収束する．
- すべての収束数列は単調である．
- すべての単調数列は有界である．
- すべての有界数列は単調である．
- すべての有界単調数列は収束する．

*5　逆の専門的な意味に関する議論については，2.10 節を参照してください．

5.10 収束数列の組み合わせ

3.2 節で，定義を紹介した直後の定理には，2 つの対象物が両方ともその定義を満たすならば，それらの何らかの組み合わせもまたその定義を満たす，という主張が多いと述べました．この節では，そのような例について考えてみましょう．

$(a_n)\to a$ かつ $(b_n)\to b$ とします．数列 (a_n+b_n) については，何が言えるでしょうか？ これは，ひっかけ問題ではありません．言えるのは，$(a_n+b_n)\to a+b$ ということです．この結果(**和の法則**と言われることが多いです)は明らかなので，ここでも証明を学ぶことの意味は，定式的理論の中でそれを証明する方法を理解することにあります．この証明では，三角不等式として知られる別の定理を利用します(ここでは定理を述べるだけにとどめますが，なぜこれが言えるのかを考え，証明を見つけてみてください)．

定理(三角不等式) ■ $\forall x,\ y\in\mathbb{R},\ \ |x+y|\leqq|x|+|y|.$

和の法則と証明を以下に示します．この証明は古典的なものですが，前節のものよりはちょっと複雑です．注意深く読み，3.5 節で説明した自己説明の訓練をここでも適用してください．何かわからないことがあれば，具体的にどこが理解できないのかをはっきりさせるように努めてください．証明の後に，学生たちから私がよく受ける質問とその答えを示しておきます．

定理(収束数列の和の法則) ■ $(a_n)\to a$ かつ $(b_n)\to b$ とする．このとき $(a_n+b_n)\to a+b.$

証明 ▸ $(a_n)\to a$ かつ $(b_n)\to b$ とする．

$\varepsilon>0$ を任意に取る．

すると $\exists N_1\in\mathbb{N}$ s.t. $\forall n>N_1,\ \ |a_n-a|<\varepsilon/2,$

そして $\exists N_2\in\mathbb{N}$ s.t. $\forall n>N_2,\ \ |b_n-b|<\varepsilon/2.$

$N=\max\{N_1,\ N_2\}$ とする．

このとき $\forall n>N,$

$$
\begin{aligned}
|(a_n + b_n) - (a + b)| &= |a_n - a + b_n - b| \\
&\leqq |a_n - a| + |b_n - b| \\
&\qquad \text{三角不等式による} \\
&< \varepsilon/2 + \varepsilon/2 \\
&= \varepsilon.
\end{aligned}
$$

よって $\forall \varepsilon > 0 \ \exists N \in \mathbb{N}$ s.t. $\forall n > N$, $|(a_n + b_n) - (a + b)| < \varepsilon$.
したがって $(a_n + b_n) \to a + b$ となり，定理が示された．

この証明のすべてのステップが理解できましたか？　完全には理解できなくて胸の中にわだかまっている疑問がありますか？　あなたも必要以上に私に頼りたくはないでしょうから，読み進む前にだれかほかの人にこの定理と証明を説明するところを想像してみてください．どこか，言葉に詰まってしまうところはありましたか？

以下に学生たちからよく受ける質問を，答えとともに示します．

- **なぜ最初に $\varepsilon > 0$ を任意に取るのですか？**
  最後から2番目の行の結論で，あることがすべての $\varepsilon > 0$ について成り立つと述べているからです．最初に $\varepsilon > 0$ を任意に取るということは，証明全体が任意の $\varepsilon > 0$ について成り立つことを意味します．

- **なぜ $|a_n - a| < \varepsilon$ ではなく，$|a_n - a| < \varepsilon/2$ としているのですか？**
  この質問への答えは，先を見て代数をチェックするとわかってきます．先を見て，最終的に $|(a_n + b_n) - (a + b)| < \varepsilon$ を示したいということに注意してください．代数をチェックして，これが $|a_n - a|$ と $|b_n - b|$ を足し合わせることによって得られているため，これらの項が両方とも $\varepsilon/2$ よりも小さくなってほしいことに注意してください．

- **でも，なぜ $\exists N_1 \in \mathbb{N}$ s.t. $\forall n > N_1$, $|a_n - a| < \varepsilon/2$ が言えるのですか？**
  それは，ε が0よりも大きい任意の数ならば，$\varepsilon/2$ もまた0よりも大きい別の数となるからです．$(a_n) \to a$ と仮定していますから，定義により $\forall n$

$>N$，$|a_n-a|<\varepsilon/2$ となるような $N\in\mathbb{N}$ が存在します．この証明では，N_1 をそのような数の名前として使っています．

- **なぜ N の値が N_1 や N_2 と呼ばれているのですか？**
  この 2 つは異なるかもしれないからです．それよりも大きい n について $|a_n-a|<\varepsilon/2$ となるような N の値は，それよりも大きい n について $|b_n-b|<\varepsilon/2$ となるような N の値と，同じとは限りません．N_1，N_2 と呼ぶのは，これらの数が同じとは限らないことを示すための標準的な方法なのです．

- **N_1 と N_2 の最大値を取っているのはなぜですか？**
  $N=\max\{N_1, N_2\}$ とすれば，すべての $n>N$ が $n>N_1$ と $n>N_2$ の両方を満たすことになります．したがって，すべての $n>N$ について $|a_n-a|<\varepsilon/2$ と $|b_n-b|<\varepsilon/2$ の両方が言えることになります．示したかったのはこのことです．

この質問と答えのリストには，解析の授業で繰り返し使われる推論がたくさん含まれています．ε の値を賢く選んだり，三角不等式を使って項を分割したりする証明は，今後たくさん見かけることになるでしょう．この本で詳細に説明できる定理はほんのわずかなので，その中には出てこないかもしれませんが，そのようなトリックが使われるところを探してみてください．私が最近受け持った解析の講義の学生たちは，このようなトリックが繰り返し使われることがわかってくると，授業がずっと簡単に理解できるようになったと言っていました．

特に，数列の組み合わせに関する他の定理や証明に現れる，似たようなアイディアを探してみましょう．例えば**積の法則**は，$(a_n)\to a$ かつ $(b_n)\to b$ であれば $(a_nb_n)\to ab$，ということを述べています．何かピンときましたか？ 私が 1 章で説明のために使った定理が，まさにこれです．その証明はさらに込み入っていますし，2 つの新しいトリックが使われています．そのトリックとは，同じものを足したり引いたりすることによって項の分割を簡単にすることと，分数の分母に 1 を加えることによってゼロでの除算を防ぐことです．これらを頭に入れたうえで，1 章を読み返してみてください．

5.11 無限大に近づく数列

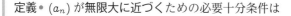

有限の極限に収束する数列についてよく調べると同時に，解析では無限大に近づく数列についても調べます．数列が無限大に近づくとは，どういう意味だと思いますか？ 以下にその定義と，非定式的な言葉と図による説明を示します．すべてをよく読み，誰か別の人にこの概念をどうやって説明すればよいか考えてみてください．5.5 節や 5.6 節が参考になるかもしれません．

定義 (a_n) が無限大に近づくための必要十分条件は

$$\forall C > 0 \qquad \exists N \in \mathbb{N} \qquad \text{s.t.} \quad \forall n > N, \qquad a_n > C$$

$\forall C > 0$	$\exists N \in \mathbb{N}$	s.t.	$\forall n > N,$	$a_n > C$
C がどれほど大きくても	数列中にある点が存在して		その点以降では	すべての項が C よりも大きくなること

である[*6].

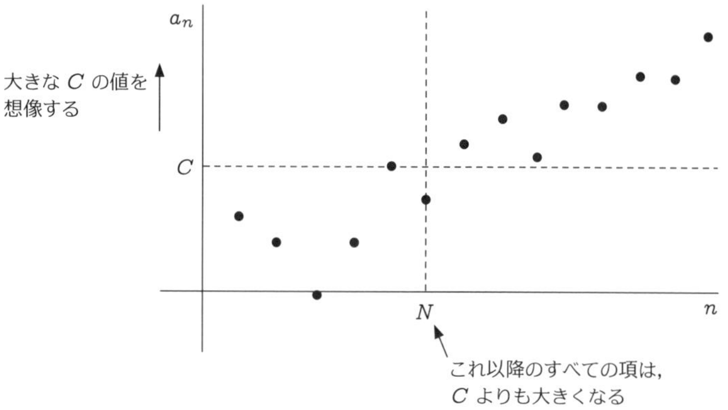
a_n
大きな C の値を想像する
C
N
n
これ以降のすべての項は，C よりも大きくなる

収束の場合と同様に，この概念に関する文章ではいくつかの異なる表現が使われます．

*6　この定義の書き方は，人によって違いがあります．例えば最初を「$\forall C \in \mathbb{R}$」としてもよいのですが，(私を含めて)一部の人は「$\forall C > 0$」を使います．そのほうが，証明が代数的に簡潔なものになるからです．どちらを使っても問題ないのはなぜなのか，考えてみるのもよいでしょう．

$(a_n) \to \infty$	「(a_n) は無限大に近づく」
$a_n \to \infty$ as $n \to \infty$	「n が無限大に近づくにつれて，a_n は無限大に近づく」
$\lim_{n\to\infty} a_n = \infty$	「n が無限大に近づくときの a_n の極限は無限大である」

この場合，最後のものは他のものほど使われません．∞ は数ではなく，したがって何かがそれに等しいということは意味をなさないので，こういう言い方をすべきではないという人もいます．しかし，極限についてこのように書くことは，記法的に便利なことが多いのです．ただ，あなたの講師はこのようなことにうるさい人かもしれませんから，気をつけましょう．

ここでちょっと一息入れて，「無限大に近づく」という概念と，さまざまな表記法との関連を明確にしておきましょう．例えば，以下の 2 つの数列はどちらも無限大に近づきます．

$$(2^n) = 2,\ 4,\ 8,\ 16,\ 32,\ \ldots, \qquad (3n-1) = 2,\ 5,\ 8,\ 11,\ 14,\ \ldots$$

このことにはだれでも納得してもらえるでしょう．どちらの数列も，好きなだけ大きくできることは明らかです．しかし，これをどうやって証明すればよいか，考えてみてください．任意の C の値に対して，$\forall n > N$，$a_n > C$ となるような N をどう取ればよいでしょうか？ どんな風に証明を組み立てますか？

またこれは，無限大に近づかない数列です．

$$\left(\frac{1}{n}\right) = 1,\ \frac{1}{2},\ \frac{1}{3},\ \frac{1}{4},\ \frac{1}{5},\ \ldots$$

このことにもまた，だれでも納得してもらえるでしょう．少なくとも列挙された形でこの数列を見れば，ゼロに近づくことは明らかです．しかし，次ページに示すようなグラフを見たときに混乱する人がときどきいます．そのような人は項を順番に見ていって，グラフを右方向へ無限に延長することを想像し，結果として $\left(\frac{1}{n}\right)$ が無限大に近づくと考えてしまうのです．

これは馬鹿馬鹿しい間違いです．もしそうだとしたら，すべての数列は無限大に近づくことになってしまうでしょう(数列はすべて右側へ無限に続くからです)．この落とし穴に落ちることを防ぐには，どの軸に何が表現されているのかを考えてください．ここでは a_n が無限大に近づくかどうかが問題なのであって，a_n は縦軸に表現されています．

無限大に近づく数列どうしを組み合わせると，いくつか興味深い問題が生じ

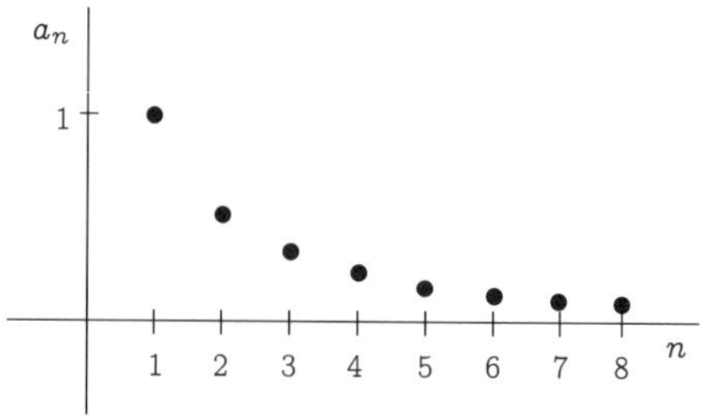

ます．例えば，以下の数列はどちらも無限大に近づきます．

$$(n^2) = 1,\ 4,\ 9,\ 16,\ 25,\ \ldots, \qquad (2^n) = 2,\ 4,\ 8,\ 16,\ 32,\ \ldots.$$

では，この数列はどうでしょうか？

$$\left(\frac{n^2}{2^n}\right) = \frac{1}{2},\ \frac{4}{4},\ \frac{9}{8},\ \frac{16}{16},\ \frac{25}{32},\ \ldots.$$

この数列では，分子は無限大に近づきますが，同時に分母も無限大に近づきます．一方が他方に「勝って」，この数列はゼロまたは無限大に近づくのでしょうか？ あるいは，もしかしたら「打ち消し合って」，この数列は1とか2とかに収束するのでしょうか？ 最初のいくつかの項を書き出してみただけでは，これらの結果はどれもありそうに思えますが，もしあなたが2.9節を読んでいて，数学的概念の間の結びつきに注意していれば，何が起こるかはすぐにわかるはずです．もしわからなければ，その節を読むとともに，さらにいくつか項を書き出してみてください．

このような状況では，分子と分母の構造について考えることによって，理解を深められることもあります．例えば，次の数列を考えてみましょう．

$$\left(\frac{6^n}{n!}\right) = \frac{6}{1},\ \frac{36}{2},\ \frac{216}{6},\ \frac{1296}{24},\ \frac{7776}{120},\ \ldots.$$

この場合，分子はかなり大きな数になりますが，実際にはこの数列はゼロに近づくのです．その理由を理解するために，構造が見えるようにしながら n が大きな値の場合を考えてみてください．

$$\frac{6 \times 6 \times \cdots \times 6}{1 \times 2 \times \cdots \times n}.$$

n を例えば1000とすると，分母で掛け合わされる数の大部分は，それと対応する分子の6よりもはるかに大きくなります．直観的に考えるには，このような方法が役立ちます．解析の授業では，たぶん**比による判定法**を習うことになるでしょう．これを使うと，今まで述べたようなことを定式的に証明することができるようになります．比による判定法とは，以下のようなものです．

定理(比による判定法) ■ (a_n) を，$(a_{n+1}/a_n)\to l$ となるような数列とする．このとき

1. $-1<l<1$ であれば，$(a_n)\to 0$.
2. $l>1$ かつ $a_n>0\ \forall n\in\mathbb{N}$ であれば，$(a_n)\to\infty$.
3. $l>1$ かつ $a_n<0\ \forall n\in\mathbb{N}$ であれば，$(a_n)\to-\infty$.
4. $l<-1$ であれば，この数列は収束もせず，$\pm\infty$ へも近づかない．
5. $l=1$ であれば，どうなるとも言えない．

これが比による判定法と呼ばれるのはなぜでしょうか？ これをどう利用すれば，以下の2つの数列

$$\left(\frac{n^2}{2^n}\right) \text{ および } \left(\frac{6^n}{n!}\right)$$

がゼロに近づくことを証明できると思いますか(ヒント：それぞれの数列で，比 a_{n+1}/a_n はどうなるでしょうか)？ 比による判定法が，このような数列にこれほどうまく適用できるのはなぜでしょうか？ 比の極限が違う値となり，違う結論が導かれる数列の例を挙げられるでしょうか？ また，この定理のそれぞれの場合が成り立つ理由は何でしょうか？ ここでは比の判定法の証明は示しません(ただし，級数に関する同様の結果については6.6節を参照してください)．しかし，典型的な証明ではいくつか別の定理が利用されるため，理論構築の良い例となります．授業でも取り上げられるはずです．

この節での最後の話題として，次の定理を考えてみてください．

定理 ■ $(a_n)\to\infty$ であれば，$\left(\dfrac{1}{a_n}\right)\to 0$.

この定理の証明も，きっと授業で取り上げられるでしょう．この逆は成り立つでしょうか？

この質問についても，私の 200 人のクラスの意見が真っ二つに分かれました．多少の議論をし，答えを考え直す機会を与えた後でさえ，イエスとノーが半々だったのです．ですから，見落としがないかどうかよく考えてから，読み進めてください．

この場合も，逆は成り立ちません．ゼロに近づく数列の一部については，その逆数が無限大に近づきます．例を挙げましょう．

$$\left(\frac{1}{n}\right) \to 0 \text{ であって } \left(\frac{1}{\frac{1}{n}}\right) = (n) \to \infty.$$

しかしこれは，そのようなすべての数列について成り立つわけではありません．例を挙げましょう．

$$\left(\frac{-1}{n}\right) \to 0 \text{ であるが } \left(\frac{1}{\frac{-1}{n}}\right) = (-n) \to -\infty.$$

さらにひどい例もあります．

$$\left(\frac{(-1)^n}{n}\right) \to 0 \text{ であるが } \left(\frac{1}{\frac{(-1)^n}{n}}\right) = ((-1)^n n)$$
$$= -1,\ 2,\ -3,\ 4,\ -5,\ 6,\ \ldots.$$

これはどんな極限にも近づきません．

あなたの答えが間違っていたとしても，気にしないでください．正の数についてだけ考えてしまい，負の数では違うことが起きる可能性を忘れてしまうことは，人間にはとてもよくあることだからです(とはいえ，このことから教訓を得て，同様の問題に答えるときにはもっと気をつけるようにしてください)．実際，あなたの解析の講師がそれなりに創造力のある人であれば，間違った答えをしてしまうような問題をたくさん出してくるはずです．解析の定理には，その逆がいかにも正しそうで実際には間違っているものがたくさんあり，講義や演習で学生を考えさせるための格好の正誤問題となるのです．一般的に言えることですが，間違えることを恐れてはいけません．私はいつも授業で言っているのですが，私は誰かが正解したとか間違えたとかいうことは気にしません．私はクラスの全員に，よく考え，そしてきちんと理由が示されたら素直に意見を変えられるようにしてほしいのです．

5.12 今後のために

ここまでの節では，数列を扱う解析の講義で勉強することになる題材のうち，ごく一部を取り上げたにすぎません．例えば5.4節の定理の候補について，全部は検討しませんでした．通常の講義であれば，定理として成り立つものすべてについて証明するはずです．また，(x^n) や $(x^{\frac{1}{n}})$ や (n^α) などといった，「標準的」な数列についてもかなりの時間をかけるはずです．これらは，n が無限大に近づくとき極限を持つでしょうか？ その答えは，x や α の値によって異なるでしょうか？ また，$\left((3^n+7^n)^{\frac{1}{n}}\right)$ のような数列についてはどうでしょうか？

そして，収束の定義からほとんど直接的に証明できる，より一般的な定理があります．例えば，よく見かける例は，数列の極限は一意的でなくてはならないことの証明です．どんな数列も，2つ以上の極限に近づくことはないのです．この章で取り上げた他の結果と同様に，このことは完全に明らかなことなので，あなたが学ぶべきことは定式的理論の中でそれを証明する方法です．同様に，おそらく次の定理の証明も見ることになるでしょう．

定理（はさみうちの原理）▪ $(a_n)\to a$ かつ $(c_n)\to a$ であり，$\forall n\in\mathbb{N}$，$a_n\leqq b_n\leqq c_n$ とする．このとき $(b_n)\to a$ である．

あなたが収束の定義を理解していて，いくつか図を描いたり多少の代数計算をすることをいとわなければ，おそらくこの定理を今ここで証明できるはずです．また同じ方針に沿って，無限大に近づく数列についての**比較判定法**を考え出すことができるでしょうか？ これらの原理や法則を，標準的な数列に関する知識と組み合わせて使えば，さらにはるかに多数の数列の極限に関するふるまいを知ることができます．

多くの講義では，**コーシー列**についても学びます．その定義を示しておきましょう.

定義 ● (a_n) がコーシー列であるための必要十分条件は

$$\forall \varepsilon > 0\ \exists N \in \mathbb{N} \text{ s.t. } \forall n, m > N,\ \ |a_n - a_m| < \varepsilon$$

である.

収束の定義は項が極限に近くなることについて述べていましたが，コーシー列の定義は項が互いに近くなることについて述べています．コーシー列は収束すると思いますか？　またその逆は？

最後に，多くの数列に関する講義は級数の取り扱いへと進んでいきます．これは偶然ではありません．数列の収束は級数の理論のカギとなるからです．これについては，次の章で説明することにしましょう.

6 級 数

この章では，まず等比級数を取り上げ，公式を利用して無限和が計算できる条件について考えます．また記法とグラフ表現について説明し，部分和と級数の収束の定義を行ってこれらを調和級数に適用してみます．そして級数の収束判定法をいくつか紹介し，これらの間の関係について述べるとともに，無限級数の中に非常に奇妙なふるまいを示すものがあることを示します．最後の 3 つの節では，べき級数について，テイラー級数について，そしてテイラー級数と関数との関係について考察します．

6.1 級数とは何か？

級数とは，以下に示すような無限和のことです．

$$1+\frac{1}{3}+\frac{1}{9}+\frac{1}{27}+\frac{1}{81}+\cdots$$

今まで通り，最後の省略記号は「(永遠に)以下同様」という意味です．この級数は公比 $\frac{1}{3}$ の**等比級数**であり，あなたはこの和が $\dfrac{1}{1-\frac{1}{3}}=\dfrac{3}{2}$ となることを知っているかもしれません．

これが正しいかどうか，公式を知っていてもチェックしてみましょう．公式を当てはめることに慣れると，その意味を考えなくなってしまうことがあるからです．この例では，数直線上で考えてみるのが役に立ちます．

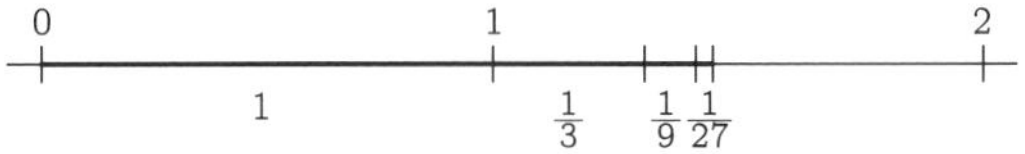

この図をじっと眺めれば，和が $\frac{3}{2}$ になることは正しそうに思えてくるでしょう．

またあなたは以下のような議論を見たことがあって，等比級数の和の公式を導出する方法も知っているかもしれません(ここでは，議論をわかりやすくするために $1+\frac{1}{3}+\frac{1}{9}+\frac{1}{27}+\frac{1}{81}+\cdots$ を $1+\frac{1}{3}+\frac{1}{3^2}+\frac{1}{3^3}+\frac{1}{3^4}+\cdots$ と書き換えてあります)．

主張 ■ $1+\frac{1}{3}+\frac{1}{3^2}+\frac{1}{3^3}+\frac{1}{3^4}+\cdots=\frac{3}{2}.$

証明 ▶ $$S=1+\frac{1}{3}+\frac{1}{3^2}+\frac{1}{3^3}+\frac{1}{3^4}+\cdots$$

と置く．すると $$\frac{1}{3}S=\frac{1}{3}+\frac{1}{3^2}+\frac{1}{3^3}+\frac{1}{3^4}+\cdots.$$

したがって $$S-\frac{1}{3}S=1,$$

すなわち $$\left(1-\frac{1}{3}\right)S=1.$$

したがって $$S=\frac{1}{1-\frac{1}{3}}=\frac{3}{2}.$$

私はこれを，きれいにまとまった証明だと思います．まず和に S と名前をつけ，次に級数が無限個の項からなるという事実をエレガントに利用して乗算を行い，それから S について整理して間接的に和を求めています．この証明を一般化することも簡単です．等比級数の初項を a，公比を r とすれば，同様の議論を用いてより一般的な定理が証明できます．

定理 ■ $a+ar+ar^2+ar^3+ar^4+\cdots=\frac{a}{1-r}.$

証明 ▶ $$S=a+ar+ar^2+ar^3+ar^4+\cdots$$

と置く．すると $$rS=ar+ar^2+ar^3+ar^4+\cdots.$$

したがって $$S-rS=a,$$

すなわち $$(1-r)S=a.$$

したがって $$S=\frac{a}{1-r}.$$

数学のすばらしいところは，これが常に成り立つということです．

でも，本当にそうでしょうか？

初項が 1 で，公比が 3 だったら？ 公式を当てはめるとこうなります．

$$1+3+9+27+81+\cdots=\frac{1}{1-3}=\frac{1}{-2}=-\frac{1}{2}$$

これは明らかに間違いです．無限和 $1+3+9+27+81+\cdots$ と数 $-\frac{1}{2}$ が等しいなんてことはあり得ないでしょう．この級数の和は有限の数にはなりませんし，ましてや負の数になどなるわけがありません．

では公比が -1 だったら？ この場合，公式を当てはめるとこうなります．

$$1-1+1-1+1-\cdots=\frac{1}{1-(-1)}=\frac{1}{2}$$

しかし実際には，この級数の和はどんな数にもなりません．和は 1 になったり 0 になったりを永遠にくり返すからです．これがどういうわけか $\frac{1}{2}$ に等しいと言うのは，通常の級数の和の意味ではありえないことです．

ですから，公式がいつも使えるわけではありません．いつも使えるわけではまったくないのです．

高等数学になじみのない学生は，このような問題に気づかないかもしれません．これまでの数学では，標準的な手法が適用できるような問題や演習しかしないことが多いからです．あなたはたぶん，この公式は $|r|<1$ の場合にしか適用すべきではない，ということを「知っていた」と思います．そのような公比にだけ，この公式を適用するように言われてきたからです．ありとあらゆる公比について適用できるものではないことは，それほど深く考えなくてもわかるでしょう．しかしここから，興味深い問題と注意すべき点が提起されます．

興味深い問題とは，証明のどこがいけなかったのかということです．この証明はすべての公比について成り立つように見えますが，そうではありません．推論中には隠れた仮定が存在し，その仮定は常に成り立つものではないのです．その仮定がどういうものなのか，わかりますか？ 問題が起こるのは，$S-rS$ という引き算をしているところです．$ar+ar^2+ar^3+ar^4+\cdots=C$ であれば，$S-rS=a+C-C$ となることに注意してください．これは a と等しくなるように見えますし，実際に C が有限の数であればそうなります．しかし C が無限大の場合には，「$a+\infty-\infty$」となりますが，これは意味のある式ではありません．「$\infty-\infty$」には意味がないからです．例えば，自然数の個数から平方数の個数を引くことを考えてみてください(その答えは $+\infty$ となるはずです)．次に自然数の個数から整数の個数を引くことを考えてください(その答えは $-\infty$ となるはずです)．このような場合には，引き算は **well-defined でない**(うまく定義できない)のです．有限の対象物に関する知識は必ずしも無限の対象物について一般化できるものではありませんし，この章では無限級数と有限和とで結果が異なる場合が大部分です．

注意すべき点は，高等数学では計算を行って答えを求めることはあまり重視されず，結果や公式が成り立つ条件を見つけ出すことのほうが重視されるということです．等比級数の場合には，こんなことが問われることになるでしょう．

- どんな a と r の値について，$a+ar+ar^2+ar^3+\cdots=\dfrac{a}{1-r}$ が成り立つのか？

この種の質問は級数の数学ではいたるところに出てきます．また任意の級数について問うことができる，これに対応する一般的な質問

- この和は，有限の数になるか？

に答えるための判定法は，たいていの解析の講義で取り上げられます．6.4 節では等比級数に関する疑問に答え，その後の節では利用可能な判定法をいくつか紹介します．しかしまず，級数の取り扱いを容易にするため，専門的な道具立てを整えておきましょう．

6.2 級数の記法

級数は概念的に難しいものではありませんが，さまざまな記法にとり囲まれているため複雑に見えます．このため，試験では級数に関する問題を避けようとする学生もいるようですが，実際にはそのような問題が最も簡単であることが多いのです．ですから，簡単な試験問題を避けるようなことをしなくてもいいように，級数の記法になじんでおきましょう．

読者のみなさんの中にも，「シグマ記法」を使って級数が表現できることを知っている人は多いでしょう．このように呼ばれるのは，大文字のギリシャ文字シグマ「Σ」が使われるためです．次のような書き方をします．

$\sum_{n=1}^{\infty} \frac{1}{3^{n-1}}$ 「3の n マイナス1乗分の1の n イコール1から無限大までの和」

この記法を展開する際には，n の値を1ずつ増やしながら対応する項を足し合わせていきます．ですからこれは，最初にお見せした級数を表現するもう1つの方法ということになります．

$$\sum_{n=1}^{\infty} \frac{1}{3^{n-1}} = \frac{1}{3^{1-1}} + \frac{1}{3^{2-1}} + \frac{1}{3^{3-1}} + \cdots = 1 + \frac{1}{3} + \frac{1}{3^2} + \cdots$$

シグマ記法は最初は面倒に感じられるかもしれませんが，大きな利点がいくつかあります．第1に，級数の各項を一般的な数式で定式化することによって，級数の構造が明確に見て取れるようになることです．これはシンプルな等比級数の場合にはあまりありがたみがないかもしれませんが，次のようにもっと複雑な級数を取り扱う際には役に立ちます．

$$\frac{1}{2} + 1 + \frac{9}{8} + 1 + \frac{25}{32} + \frac{9}{16} + \frac{49}{128} + \cdots = \sum_{n=1}^{\infty} \frac{n^2}{2^n}$$

第2に，$\sum$ の上下の値を変えることによって，別の値から「始まる」級数を表現したり，有限和を表現したりできることです．

$$\sum_{n=5}^{\infty} \frac{n^2}{2^n} = \frac{5^2}{2^5} + \frac{6^2}{2^6} + \frac{7^2}{2^7} + \cdots$$
$$\sum_{n=1}^{5} \frac{n^2}{2^n} = \frac{1^2}{2^1} + \frac{2^2}{2^2} + \frac{3^2}{2^3} + \frac{4^2}{2^4} + \frac{5^2}{2^5}$$

もちろん，有限和は級数ではありませんし，2，3個の項しかない有限和をこのように書くことにはあまり意味はないでしょう．しかし，例えば10個の関連する項の和を表現する際には，多少の労力を省くことができます．

$$\frac{1}{1!} + \frac{1}{2!} + \frac{1}{3!} + \frac{1}{4!} + \frac{1}{5!} + \frac{1}{6!} + \frac{1}{7!} + \frac{1}{8!} + \frac{1}{9!} + \frac{1}{10!} = \sum_{n=1}^{10} \frac{1}{n!}$$

また以下のように，関連する和をたくさん考えたいときにも，この記法を使う十分な理由があります．

$s_n = \sum_{i=1}^{n} \frac{1}{i}$ と置く．すると

$$s_1 = \sum_{i=1}^{1} \frac{1}{i} = \frac{1}{1}$$

$$s_2 = \sum_{i=1}^{2} \frac{1}{i} = \frac{1}{1} + \frac{1}{2}$$

$s_3 = \sum_{i=1}^{3} \frac{1}{i} = \frac{1}{1} + \frac{1}{2} + \frac{1}{3}$，等々となり，一般に

$$s_n = \sum_{i=1}^{n} \frac{1}{i} = \frac{1}{1} + \frac{1}{2} + \frac{1}{3} + \cdots + \frac{1}{n}.$$

ここでは，2つの変数が用いられていることに注意してください．1つは**添え字変数** i で，各項でそれに対応する数に置き換えられます．もう1つは n で，これは停止変数とでも呼ぶべきものです．この節の最初のほうでは，n が添え字変数として使われていました．これは単なる名前なので問題ありません．どんな文字や記号を使ってもよいのです．しかし級数を取り扱う際には，これらの変数を両方とも考慮する場合があり，区別できるようにしておくと便利なので，両方とも必要な場合には添え字変数として i を，停止変数として n を使うことにします．また，ここでは主に無限級数を取り扱うため，(上下に何も指定しない) $\sum a_n$ で無限級数 $a_1 + a_2 + a_3 + \cdots$ を表すという標準的な慣習も採用します．

いずれにせよ，シグマ記法はとてもコンパクトです．慣れた人にとってはコンパクトであることは利点になります．しかしコンパクトな記法は多くの意味を隠してしまうので，学生たちにとってはシグマ記法を使った数式が意味のない記号の羅列のように見えることもあるようです．こういうときに役立つ格言があります．

- よくわからなければ，具体的に書いてみること．

身もふたもない言い方に聞こえることはわかっていますが，これはまじめなメッセージです．シグマ記法で書かれた級数(または有限和)に出くわしたときには，最初の数項を具体的に書いてみると，どんなものを取り扱っているかより良く理解できることが多いのです．

6.3　部分和と収束

任意の級数について問われる一般的な質問を思い出してみましょう．それは

- この和は，有限の数になるか？

というものでした．先ほどはそうなる例や，和が無限大になるためそうならな

い例，そして意味のある和を持たないためそうならない例を見てきました．

$$\sum_{n=1}^{\infty}\frac{1}{3^{n-1}} \qquad \sum_{n=1}^{\infty}3^n \qquad \sum_{n=1}^{\infty}(-1)^{n-1}$$

また，答えが簡単には出せない例も見てきました．例えば，前節に出てきたこの級数についてはどうでしょうか？

$$\sum_{n=1}^{\infty}\frac{n^2}{2^n}=\frac{1^2}{2^1}+\frac{2^2}{2^2}+\frac{3^2}{2^3}+\frac{4^2}{2^4}+\frac{5^2}{2^5}+\cdots$$

すべての項は正ですから，和は無限大か，有限の正の数のいずれかになるはずです．どちらになると思いますか？ 答えは6.6節で示しますが，その前にこの一般的な質問が複雑なものとなりうることを理解してもらいたいのです．そのために役立つ，いくつかの記法と**部分和**の概念，そしてグラフを用いた表現を紹介しましょう．

級数一般について論じるために，次のような記法を使うことにします．

$$\sum_{n=1}^{\infty}a_n=a_1+a_2+a_3+a_4+\cdots$$

ここで，級数と数列の違いを明確にしておくのがよいでしょう．日常の英語では，級数(series)と数列(sequence)は区別なく使われる傾向にあります．しかし数学では，数列は無限に続く**リスト**

$$(a_n)=a_1,\ a_2,\ a_3,\ a_4,\ a_5,\ a_6,\ \ldots$$

であり，級数は**無限和**

$$\sum a_n=a_1+a_2+a_3+a_4+a_5+a_6+\cdots$$

なのです．明らかにこれらはまったく違うものなので，言葉を正しく使うことが重要です．ここで特にそれが重要になってくるのは，数学者は級数とその**部分和の数列**とを関連づけるためです．

定義● 級数 $\sum_{i=1}^{\infty}a_i$ の第 n **部分和**とは，$s_n=\sum_{i=1}^{n}a_i$ のことである．

したがって $s_1=\sum_{i=1}^{1}a_i=a_1$

$s_2=\sum_{i=1}^{2}a_i=a_1+a_2$

$s_3 = \sum_{i=1}^{3} a_i = a_1 + a_2 + a_3$，等々となり，一般に

$$s_n = \sum_{i=1}^{n} a_i = a_1 + a_2 + a_3 + \cdots + a_n.$$

これが**部分和**と呼ばれる理由がわかりますか？ これはひっかけ問題ではありません．定義を丸暗記しなくてもよいように，名前の由来について考えてみてほしいというだけのことです．また，言葉をきちんと使い分けることがなぜ重要なのか，理解できますか？ 部分和を考えることで数列 (s_n) ができるので，どの級数もそれに付随する数列を持つことになるため，どの記法がどちらに対して使われているのか知っておくことが重要になるのです．

私の意見では，n に対して s_n を図示したグラフを見れば，その関係はより明白になると思います．下の図は与えられた級数に対するグラフを，その最初の数個の部分和とともに示したものです．このグラフでは，曲線ではなくドットを使って s_n の値を示しています．数列と同様に s_n の値も n が自然数の場合にだけ存在するからです．

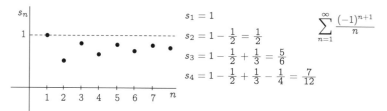

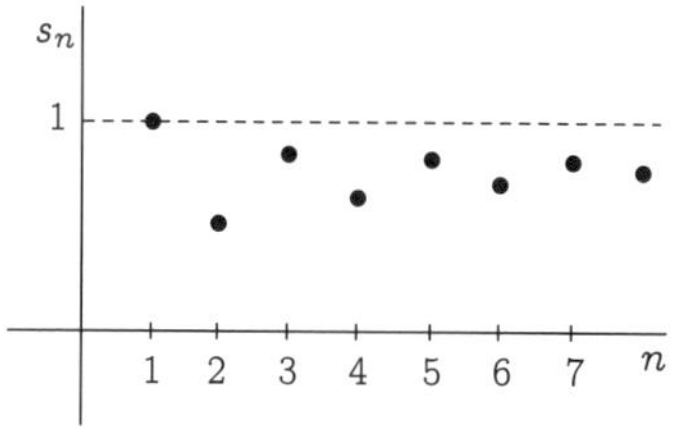

$s_1 = 1$

$s_2 = 1 - \frac{1}{2} = \frac{1}{2}$

$s_3 = 1 - \frac{1}{2} + \frac{1}{3} = \frac{5}{6}$

$s_4 = 1 - \frac{1}{2} + \frac{1}{3} - \frac{1}{4} = \frac{7}{12}$

$$\sum_{n=1}^{\infty} \frac{(-1)^{n+1}}{n}$$

このグラフには a_n が明示的にはプロットされていませんが，それは s_{n-1} と s_n との垂直方向の差として「見える」ことに注意してください．また，級数の和が有限の値となるための必要十分条件は数列 (s_n) がある極限に収束することである，ということにも注意しましょう．グラフを見て，その理由を考えてみてください．このことから，以下の定義が導かれます．

定義 • $\sum_{i=1}^{\infty} a_i$ が収束するための必要十分条件は，(s_n) が収束することである．ここで $s_n = \sum_{i=1}^{n} a_i$.

この定義は，何のことを言っているのかちょっとわかりにくいかもしれません．ここで本当に知りたいのは，級数を足し合わせていった結果が有限の数に

なるかどうか，ということなのですが，級数は無限に続くものなので，部分和の数列を通してこの問題にアプローチしているのです．このようにすると，収束の概念を用いて級数のふるまいを表現できるようになります．もちろん部分和を使った定式的な定義を知っておく必要はありますが，概念的には次のようにまとめることができます．

- 級数を足し合わせていった結果が有限の数になる場合，その級数は収束するという．
- そうならない場合，その級数は発散するという．

6.4 再び等比級数について

部分和を利用すると，級数に関する問題が数列に関する問題に変換されます．この方法を使って，等比級数に関する前出の問題に正確に答えることができます．

- どんな a と r の値について，$a+ar+ar^2+ar^3+\cdots=\dfrac{a}{1-r}$ が成り立つのか？

部分和を利用するということは，部分和 s_n におなじみの議論が適用できるということです．部分和は有限なので，和が無限大になるとか定義されないといった問題に遭遇することはありません．次に，n が無限大に近づくとき s_n がどうなるのか，と問うことができます．実質的に無限和についての問題を，有限和と極限についての問題に変換しているわけです．この議論全体を，定理と証明の形で以下に示します．

定理 ▪ $a\neq 0,\ r\neq 1$ のとき，$a+ar+ar^2+ar^3+ar^4+\cdots=\dfrac{a}{1-r}$ となるための必要十分条件は，$|r|<1$ である．

証明 ▸

$$s_n = a+ar+ar^2+\cdots+ar^{n-1}$$

とおく．すると

$$rs_n = ar+ar^2+\cdots+ar^{n-1}+ar^n.$$

したがって

$$s_n-rs_n = a -ar^n,$$

すなわち　　$(1-r)s_n = a - ar^n$.

したがって　　$s_n = \dfrac{a(1-r^n)}{1-r}$.

ここで，$r \neq 1$ なので，(r^n) が収束するための必要十分条件は $|r|<1$ である.

したがって (s_n) が収束するための必要十分条件は $|r|<1$ である.

この場合，$(r^n) \to 0$ なので $(s_n) \to \dfrac{a}{1-r}$.

このことを確かめたところで，いくつかの級数について視覚的な表現を楽しみましょう．例えば，次の図で外側の正方形の面積が 1 であると考えてください．一番大きな黒い正方形の面積はどうなるでしょうか？　次に大きな黒い正方形は？　この図を使って和が説明できるでしょうか？

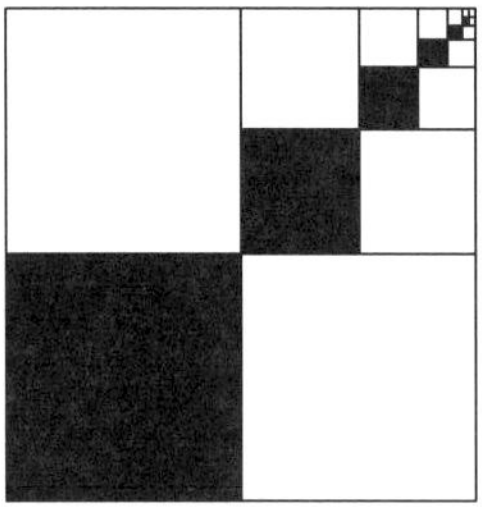

$$\frac{1}{4} + \frac{1}{4^2} + \frac{1}{4^3} + \frac{1}{4^4} + \cdots = \frac{1}{3}$$

見たことがある人もいるかもしれませんが，コッホ雪片と呼ばれる図形があります．これは，まず正三角形の各辺に小さな三角形を付け加えて六芒星を作り，そしてまた各辺に小さな三角形を付け加え，という操作を繰り返すことによって構築される図形です．最初の三角形の面積を 1 とすれば，六芒星の面積はどうなるでしょうか？　次の段階の図形の面積は？　この構築プロセスにはどんな等比級数が対応するでしょうか，そしてその和(最終的な図形の面積)は？　また，これはもう少し難しい問題ですが，この図形の周囲長はどうなるでしょうか？

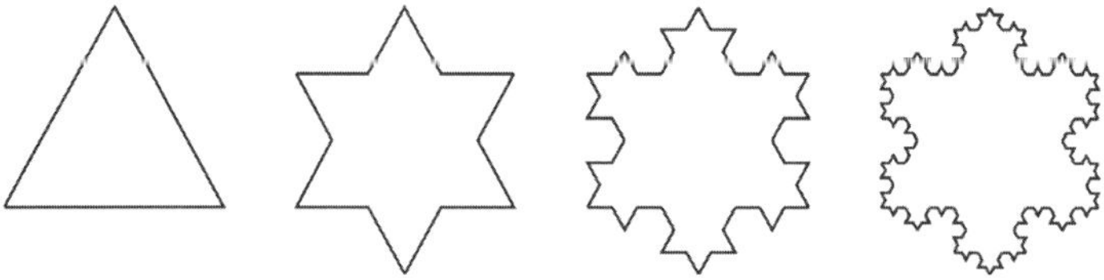

6.5 びっくりする例

等比級数の公式の証明は，数列 (r^n) がゼロに近づくのは $|r|<1$ の場合のみである，という事実を利用していました．一般的な級数 $\sum a_n = a_1 + a_2 + a_3 + \cdots$ が収束するためには，n が無限大に近づくにつれて a_n がゼロに近づく必要があることは明らかでしょう．このことを述べているのが，次の定理です．

> **定理**■ $\sum a_n$ が収束するならば，$(a_n) \to 0$.

この定理は，**ゼロ列判定法**と呼ばれることがあります．その対偶[*1]が，収束しないことの判定法として使えるからです．

▸（対偶）$(a_n) \not\to 0$ であれば，$\sum a_n$ は収束しない．

この定理の逆は，どうなるでしょうか？

▸（逆）$(a_n) \to 0$ であれば，$\sum a_n$ は収束する．

条件文とその逆が違う（2.10 節を参照してください）ということを知っていても，これが真であると思ってしまう人は多いようです．項がゼロに近づくなら，その級数の和が有限になるはずだ，と思うのは直観的に自然なことです．しかし実は，以下の反例が示すように，これは真ではないのです．私は最初にこれを見たとき，とても興味をそそられました．その結果が私にとって驚きだったと同時に，これに伴う議論がとてもエレガントで説得力のあるものに思えたからです．

調和級数を考えます．

$$\sum_{n=1}^{\infty} \frac{1}{n} = 1 + \frac{1}{2} + \frac{1}{3} + \frac{1}{4} + \frac{1}{5} + \frac{1}{6} + \cdots.$$

最初のいくつかの部分和と，そのグラフを次ページに示します．

初めてこの情報を提示されたら，この級数は有限の値に収束すると思う人がほとんどでしょう．その値はたぶん 3 から 5 の間，多く見積もっても 10 と答

*1 「A ならば B」という条件文の**対偶**は「B でないならば A でない」です．ある条件文が真であるならば，その対偶は必ず真となります．大学数学の入門書か，[6] の 4.6 節を参照してください．

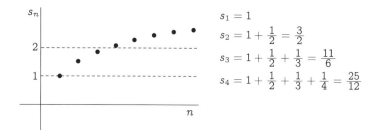

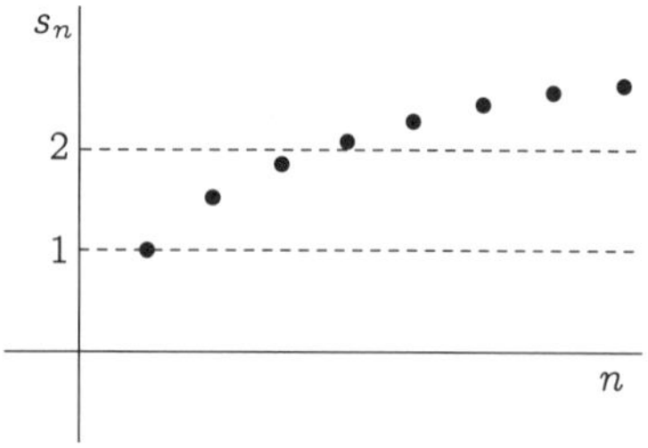

$$s_1 = 1$$
$$s_2 = 1 + \frac{1}{2} = \frac{3}{2}$$
$$s_3 = 1 + \frac{1}{2} + \frac{1}{3} = \frac{11}{6}$$
$$s_4 = 1 + \frac{1}{2} + \frac{1}{3} + \frac{1}{4} = \frac{25}{12}$$

えるのではないでしょうか．しかし，それは間違いです．この和が無限に大きくなるということは，以下のようにして示すことができます．

この級数の初項は1で，$\frac{1}{2}$ よりも大きいです．第2項は $\frac{1}{2}$ と等しいです．第3項は，それ自身は $\frac{1}{2}$ よりも大きくも等しくもありませんが，次の項とまとめると $\frac{1}{3}+\frac{1}{4}>\frac{2}{4}=\frac{1}{2}$ となります．同様に，次の4つの項をまとめると $\frac{1}{5}+\frac{1}{6}+\frac{1}{7}+\frac{1}{8}>\frac{4}{8}=\frac{1}{2}$ となります．そして次の8項をまとめるともう1つ $\frac{1}{2}$ ができ，その次の16項，さらに次の32項，等々と続けていくことができます．$\frac{1}{2}$ よりも大きなものを次々に加えていくわけですから，全体の和は無限大となります．

この議論を次のように書き表すこともあります．

$$1+\frac{1}{2}+\underbrace{\frac{1}{3}+\frac{1}{4}}_{>\frac{1}{2}}+\underbrace{\frac{1}{5}+\frac{1}{6}+\frac{1}{7}+\frac{1}{8}}_{>\frac{1}{2}}$$
$$+\underbrace{\frac{1}{9}+\frac{1}{10}+\frac{1}{11}+\frac{1}{12}+\frac{1}{13}+\frac{1}{14}+\frac{1}{15}+\frac{1}{16}}_{>\frac{1}{2}}+\cdots$$

講義や教科書では，これを定式化した形で次のような主張がなされているかもしれません．

$$\forall n \in \mathbb{N}, \quad s_{2^n} > \frac{n+1}{2}.$$

これが真である理由を理解できますか？　ここでも，「よくわからなければ，具体的に書いてみること」という格言が役に立ちます．私なら，いくつかの n の値について次のような不等式を書いてみることでしょう．

$$s_{2^1} = s_2 > \frac{1+1}{2} = 2 \times \frac{1}{2} \quad \text{なぜならば}\ s_2 = 1 + \frac{1}{2}$$

$$s_{2^2} = s_4 > \frac{2+1}{2} = 3 \times \frac{1}{2} \quad \text{なぜならば}\ s_4 = 1 + \frac{1}{2} + \underbrace{\frac{1}{3} + \frac{1}{4}}_{> \frac{1}{2}}$$

$$s_{2^3} = s_8 > \frac{3+1}{2} = 4 \times \frac{1}{2} \quad \text{なぜならば}\ s_8 = 1 + \frac{1}{2} + \underbrace{\frac{1}{3} + \frac{1}{4}}_{> \frac{1}{2}} + \underbrace{\frac{1}{5} + \frac{1}{6} + \frac{1}{7} + \frac{1}{8}}_{> \frac{1}{2}}$$

これで私はこの主張が正しいことに納得します．これが示せたら，数列 $\left(\frac{n+1}{2}\right)$ が無限大に近づくことから数列 (s_n) もまた無限大に近づくはずだ，ということがわかります．(s_{2^n}) は (s_n) の部分列ですから，細かい点を詰める必要はありますが，議論の大筋はこのようなものです．詳細については，おそらく解析の授業で学ぶことになるでしょう．

調和級数が発散することは，グラフや有限の場合に基づいた直観を無限の場合に一般化する際には細心の注意が必要だということを示す良い例です(最初の 100 万項について，n に対する s_n のグラフがどうなるか，想像してみるのも良いかもしれません)．またこの事実は，無限大が**本当に**大きいものだ，ということを理解するためにも役立ちます．調和級数の各項はどんどん小さくなっていきますが，ものすごく数が多いので合計すると無限大になってしまうのです．最後に，見た目には同じような級数でも劇的に違うふるまいを示すことがある，という事実も浮き彫りにしてくれます．

$$\left(\frac{1}{2^n}\right) \to 0 \quad \text{であって} \quad \sum_{n=1}^{\infty} \frac{1}{2^n} \ \text{は収束しますが，}$$

一方

$$\left(\frac{1}{n}\right) \to 0 \quad \text{であって} \quad \sum_{n=1}^{\infty} \frac{1}{n} \ \text{は発散するのです．}$$

他の級数がどうなるか，知りたくなってくるでしょう．例えば

$$\left(\frac{1}{n^2}\right) \to 0 \text{ ですが，} \sum_{n=1}^{\infty} \frac{1}{n^2} \text{ はどうなるでしょうか？}$$

この級数は $\sum 1/n$ に少し「似た」ところがありますから，発散するかもしれません．でもずっと速く小さくなるので，収束するかもしれません．答えは，講義に出てくるときまでのお楽しみにしておきましょう．

6.6 収束の判定法

どんな解析の講義でも，この章でこれまで考察してきたような「標準的」な級数の収束や発散を判定することになるでしょう．また，もっと複雑そうに見える級数に適用できる収束判定法もたくさん導入し証明するはずです．ここではあまり多くの証明は行いませんが，いくつかの判定法について述べますので，それらの間の関係について関心を持ってもらえれば幸いです．例えば，次のような判定法があります．

定理（級数のシフト法則）■ $N \in \mathbb{N}$ とする．このとき $\sum a_n$ が収束するための必要十分条件は，$\sum a_{N+n}$ が収束することである．

これが**シフト法則**と呼ばれる理由がわかりますか？　例えば $N=10$ とすると，$a_1+a_2+a_3+\cdots$ が収束するための必要十分条件は $a_{11}+a_{12}+a_{13}+\cdots$ が収束することだ，ということになります．これらが同じ数に収束するという意味ではありません．最初の 10 項がなくなることによって級数の和はもちろん違う値になるでしょうが，それによって収束する級数が発散するようになる（あるいはその反対）ということはないのです．その理由を考えてみてください．

もう 1 つ判定法の例を挙げましょう．

定理（級数の比較判定法）■ $0 \leqq a_n \leqq b_n\ \forall n \in \mathbb{N}$ とする．このとき

1. $\sum b_n$ が収束するならば，$\sum a_n$ も収束する．
2. $\sum a_n$ が発散するならば，$\sum b_n$ も発散する．

これは直観的には自然に感じられます．あまりに自然なので，これを 6.5 節

で使っていることに，あなたはおそらく気づいていなかったでしょう．具体的にどこで使っているか，わかりますか？ 実はこれと関係する比較判定法はいくつかあります．一例を以下に挙げます．

定理（極限比較判定法）■ $a_n, b_n > 0\ \forall n \in \mathbb{N}$ かつ $\left(\dfrac{a_n}{b_n}\right) \to l \neq 0$ とする．このとき $\sum a_n$ が収束するための必要十分条件は，$\sum b_n$ が収束することである．

極限比較判定法は，複雑そうに見える級数に関する結果を，何らかの意味で「似た」よりシンプルな級数と関連づけることによって，導き出すために役立ちます．例えば

$$a_n = \frac{n^2+6}{3n^3-4n}$$

とおくと，$\sum a_n$ は発散します．なぜならば $\sum b_n = \sum 1/n$ は発散し，また $n \to \infty$ のとき

$$\frac{a_n}{b_n} = \frac{n^3+6n}{3n^3-4n} = \frac{1+\dfrac{6}{n^2}}{3-\dfrac{4}{n^2}} \to \frac{1}{3}$$

となるからです．これが判定法の主張とどのように関連しているか，よく理解しておいてください．

極限比較判定法は2つの異なる級数の対応する項の比を使いますが，**比による判定法**では同一の級数の隣接項の比を使います．

定理（級数の比による判定法）■ $a_n > 0\ \ \forall n \in \mathbb{N}$ かつ $n \to \infty$ のとき $(a_{n+1}/a_n) \to l$ とする．このとき

1. $l < 1$ であれば，$\sum a_n$ は収束する．
2. $l > 1$ ($l = \infty$ の場合も含む)であれば，$\sum a_n$ は発散する．

ここで2つのことをしてみましょう．この判定法を具体的な級数に適用することと，証明を考えてみることです．適用するのは，6.3節で紹介した以下

の級数です．どう思いますか？　この級数は収束するでしょうか，それとも発散するでしょうか？

$$\sum_{n=1}^{\infty}\frac{n^2}{2^n}=\frac{1^2}{2^1}+\frac{2^2}{2^2}+\frac{3^2}{2^3}+\frac{4^2}{2^4}+\frac{5^2}{2^5}+\cdots.$$

比による判定法を使うためには，a_{n+1}/a_n について考える必要があります．この級数の形から，分子と分母の一部が打ち消し合うことがわかります．

$$\frac{a_{n+1}}{a_n}=\frac{(n+1)^2}{2^{n+1}}\cdot\frac{2^n}{n^2}=\frac{1}{2}\left(\frac{n+1}{n}\right)^2=\frac{1}{2}\left(1+\frac{1}{n}\right)^2.$$

$n\to\infty$ のとき $\left(1+\frac{1}{n}\right)^2\to 1$ となりますから，$\frac{1}{2}\left(1+\frac{1}{n}\right)^2\to\frac{1}{2}$ となります．極限 $l<1$ なので，比による判定法からこの級数が収束することがわかります．要は比による判定法を適用するだけなのですが，これをややこしいと感じる人もいるようです．私が思うにその理由は，級数の項の比からなる数列の極限から，もとの級数に関する情報が得られるという論理展開が複雑なせいでしょう．いま私が言ったことが理解できるかどうかチェックして，それから比による判定法を適用することによって以下の級数が収束するかどうか判定してみてください．

$$\sum_{n=1}^{\infty}\frac{2^n}{n!}=\frac{2^1}{1!}+\frac{2^2}{2!}+\frac{2^3}{3!}+\frac{2^4}{4!}+\frac{2^5}{5!}+\cdots.$$

この場合には，もっとうまく打ち消し合いますが，それはなぜでしょうか？またが a_n/a_{n+1} ではなく a_{n+1}/a_n を使うことが重要なのは，どうしてでしょうか？

比による判定法が成り立つ理由を理解するには，証明が必要です．ここで比による判定法を再び示すとともに，1 つ目の場合についての証明を示します．私はこの証明が好きですが，それはこれが理論構築の良い例となっているからです．ここでは数列 (a_{n+1}/a_n) について収束の定義(5.5 節と 5.6 節を参照してください)と等比級数の収束に関する結果(6.4 節)，そして比較判定法とシフト法則(この節)が使われています．また $l<1$ であることを利用して，1 未満の数を賢く作り出しています．次の図が理解の助けになるでしょう．

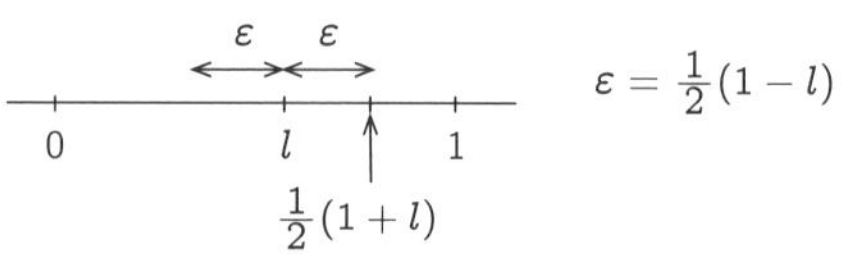

これまで説明したことを念頭に置きながら，証明を読んでみてください（3.5 節の自己説明の訓練を忘れずに）．

定理（級数の比による判定法）■ $a_n > 0\ \forall n \in \mathbb{N}$ かつ $n \to \infty$ のとき $(a_{n+1}/a_n) \to l$ とする．このとき

1. $l < 1$ であれば，$\sum a_n$ は収束する．
2. $l > 1$（$l = \infty$ の場合も含む）であれば，$\sum a_n$ は発散する．

証明（1 つ目の場合について）▶ $a_n > 0\ \forall n \in \mathbb{N}$ かつ $(a_{n+1}/a_n) \to l < 1$ とする．

すると，$(a_{n+1}/a_n) \to l$ の定義に $\varepsilon = \frac{1}{2}(1-l)$ を使って次のことが言える．

$\exists N \in \mathbb{N}$ s.t. $\forall n > N$,

$$\left|\frac{a_{n+1}}{a_n} - l\right| < \frac{1}{2}(1-l) \Rightarrow \frac{a_{n+1}}{a_n} < l + \frac{1}{2}(1-l) = \frac{1}{2}(1+l) < 1$$

これは $\forall n > N$，$a_{n+1} < \frac{1}{2}(1+l)a_n$ を意味する．

特に

$$a_{N+2} < \frac{1}{2}(1+l)a_{N+1}$$

であり，また

$$a_{N+3} < \frac{1}{2}(1+l)a_{N+2} < \left(\frac{1}{2}(1+l)\right)^2 a_{N+1}$$

であるから，帰納法により

$$a_{N+n} \leqq \left(\frac{1}{2}(1+l)\right)^{n-1} a_{N+1} \quad \forall n \in \mathbb{N}.$$

ここで $\sum \left(\frac{1}{2}(1+l)\right)^{n-1} a_{N+1}$ は公比が 1 未満の等比級数であるから，収束する．

したがって級数の比較判定法により，$\sum a_{N+n}$ は収束する．

したがって級数のシフト法則により，$\sum a_n$ は収束する．

いつものように，だれかほかの人にこの証明を説明しているつもりになってみてください．うまく説明できなかったところがあったとすれば，それはどこ

ですか？ それについてメモを取っておき，講義でどんな説明を講師がするか聞いてみましょう．うまく説明できた人は，同じ議論をアレンジして 2 つ目の場合についても証明できるでしょうか？ どちらにしても，これらの判定法やその他の判定法を適用する練習をたくさんしてみることをお勧めします．

6.7 交代級数

これまで扱ってきた級数の多くは項がすべて正のものでしたが，1 つだけ正負の項を持つものがありました．

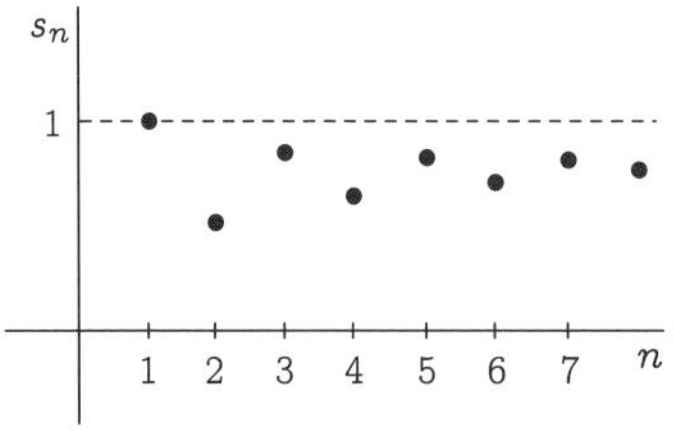

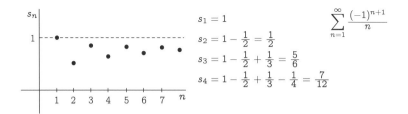

$$s_1 = 1$$
$$s_2 = 1 - \frac{1}{2} = \frac{1}{2}$$
$$s_3 = 1 - \frac{1}{2} + \frac{1}{3} = \frac{5}{6}$$
$$s_4 = 1 - \frac{1}{2} + \frac{1}{3} - \frac{1}{4} = \frac{7}{12}$$

$$\sum_{n=1}^{\infty} \frac{(-1)^{n+1}}{n}$$

このグラフから明らかなように，この級数は収束します．実は，収束する値は $\ln 2$*2になります．これは妥当に思えるでしょうか？ この問いに答えるためには $\ln 2$ のおおよその値を知る必要がありますが，多くの学部生は電卓でこれを計算してから，少しばつの悪い思いをすることになります．ちょっと考えればわかることだからです．私ならこう考えます．$x = \ln 2 \Leftrightarrow \mathrm{e}^x = 2$ であり，e は約 2.7 なので，x は 1 よりも少し小さくなるはずです．ですから，この結論は妥当に思えます．

ここでは，この級数が $\ln 2$ に収束することは証明しません．そのためには多少の準備が必要だからです．しかし，この級数が収束するということは，以下の 3 つのことを観察すれば，かなり簡単に証明できます．

- (s_n) の奇数項がなす $(s_{2n-1}) = s_1, s_3, s_5, \ldots$ という単調減少な部分列は下に有界であり，したがって収束するはずである*3．
- (s_n) の偶数項がなす $(s_{2n}) = s_2, s_4, s_6, \ldots$ という単調増加な部分列は上

*2　訳注：$\ln x$ は自然対数を表します．$\log x$ と書くこともよくあります．

*3　5.4 節に出てきた定理の候補の 1 つは「すべての有界単調数列は収束する」というものでした．これは真であり，10.5 節でさらに議論します．

に有界であり，したがって収束するはずである．

▶ $(1/n) \to 0$ なので，これらの部分列の各項は互いに限りなく近づいていく．

下記の証明は，これらの観察を定式化したものです．この証明を読むことは，部分和について考える良い練習になるでしょう．代数の部分に疑問を感じたら，具体的な n の値について s_{2n+1} を書き出して，それについて考えてみてください(例えば $n=3$ の場合には，$s_7 = 1-\frac{1}{2}+\frac{1}{3}-\frac{1}{4}+\frac{1}{5}-\frac{1}{6}+\frac{1}{7}$ となります)．

主張 ■ $\sum \frac{(-1)^{n+1}}{n}$ は収束する．

証明 ▶ いつものように，$s_n = \sum_{i=1}^{n} \frac{(-1)^{i+1}}{i}$ とおく．

すると $\forall n \in \mathbb{N}$,

$s_{2n+1} - s_{2n-1} = -\frac{1}{2n} + \frac{1}{2n+1} < 0$ なので (s_{2n-1}) は単調減少し，

$s_{2n+2} - s_{2n} = \frac{1}{2n+1} - \frac{1}{2n+2} > 0$ なので (s_{2n}) は単調増加する．

よって $\forall n \in \mathbb{N}$，$s_2 \leqq s_{2n} < s_{2n-1} \leqq s_1$．

よって (s_{2n-1}) と (s_{2n}) は両方とも単調かつ有界であり，したがって収束する．

最後に，$\lim_{n\to\infty} s_{2n-1} = s$ とする．

すると $\lim_{n\to\infty} s_{2n} = \lim_{n\to\infty} \left(s_{2n-1} - \frac{1}{2n}\right) = s - 0 = s$.

したがって $(s_n) \to s$ であり，この級数は収束する．

このような級数は**交代級数**と呼ばれます．正と負の項が交互に現れるからです．発散する交代級数がどこで出てきたか，覚えていますか？ 収束する交代級数は，そのふるまいによって2種類に分けられます．収束する交代級数の中には，各項の絶対値を取ってできる級数が収束するものがあります．例えば，

$$\sum(-1)^n \left(\frac{3}{4}\right)^n \text{ と } \sum\left(\frac{3}{4}\right)^n \text{ は，両方とも収束します．}$$

また収束する交代級数の中には，各項の絶対値を取ってできる級数が発散するものもあります．例えば，

$$\sum \frac{(-1)^n}{n} \text{ は収束しますが，} \sum \frac{1}{n} \text{ は発散します．}$$

このことから，以下の 2 つの定義が得られます．

定義• $\sum a_n$ が**絶対収束**するための必要十分条件は，$\sum |a_n|$ が収束することである．

定義• $\sum a_n$ が**条件収束**するための必要十分条件は，$\sum a_n$ は収束するが $\sum |a_n|$ は収束しないことである．

条件収束する級数は，とても奇妙な性質を持っています．これについては，次節で説明しましょう．

6.8 本当にびっくりする例

級数 $\sum a_n = 1-1+\frac{1}{2}-\frac{1}{2}+\frac{1}{3}-\frac{1}{3}+\frac{1}{4}-\frac{1}{4}+\frac{1}{5}-\frac{1}{5}+\cdots$ を考えます．

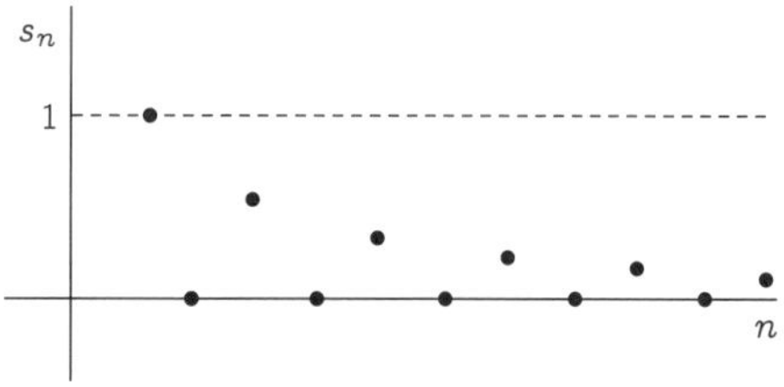

この級数は，ゼロに収束します(部分和 (s_n) の数列がゼロに近づくため)．

次に，級数 $\sum b_n = 1+\frac{1}{2}-1+\frac{1}{3}+\frac{1}{4}-\frac{1}{2}+\frac{1}{5}+\frac{1}{6}-\frac{1}{3}+\cdots$ を考えます．

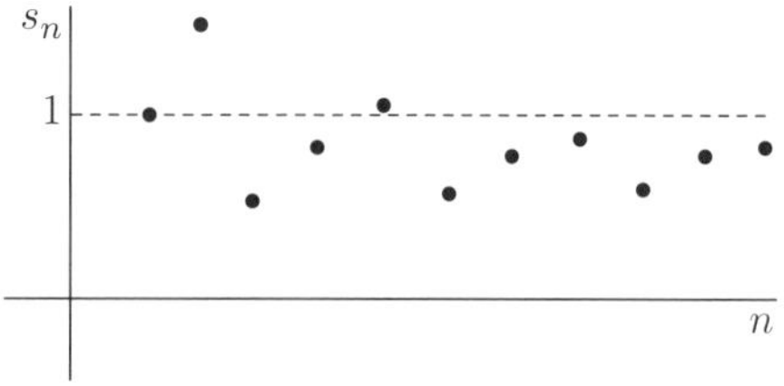

この級数の各項は $\sum a_n$ と同じものですが，順番が並べ替えられています．抜けている項がないことを確かめてください．次に，項を 3 つずつグループ分けすると，$\sum b_n$ は次のようにシンプルな形に書き換えられることに注目してください．

$$\begin{aligned}\sum b_n &= \left(1+\frac{1}{2}-1\right)+\left(\frac{1}{3}+\frac{1}{4}-\frac{1}{2}\right)+\left(\frac{1}{5}+\frac{1}{6}-\frac{1}{3}\right)+\cdots\\&=\left(1-\frac{1}{2}\right)\quad+\left(\frac{1}{3}-\frac{1}{4}\right)\qquad+\left(\frac{1}{5}-\frac{1}{6}\right)\qquad+\cdots\end{aligned}$$

こうして得られた級数は 6.7 節に出てきた交代級数であり，$\ln 2$ に収束します．つまり，項の順番を並べ替えると，**異なる和が得られる**のです．

これは手品ではありません．この級数の項の順番を並べ替えて足し合わせると，違う合計を得ることが本当にできるのです．これまで無限和のふるまいは有限和のふるまいと異なるということに納得していなかった人でも，これを見れば納得してくれるでしょう．

私はこれを，初等解析の最も奇妙で最も直観に反する結果だと思っていますし，またそのために級数は私にとって教えるのが楽しい話題となっています．これに私が魅力を感じるのは，私がびっくりさせられることが好きで，またそのような直観に反する結果が生じる過程を理解することが特に好きだからです．これがあまり好きでない学生もいます．直観に反する結果によって自分の理解が疑われ，少し不安になるからです．読者のみなさんには，不安ではなく魅力を感じてもらえるように説明したいと思います．

まず，パニックにならないでください．$3+5=5+3$ であることは変わりませんし，実際にはどんな有限和でも順番は入れ替え可能です．100 万個の数であっても，足し合わせる順番にかかわらず同じ結果が得られます．奇妙なふるまいが生じるのは無限級数，それも条件収束する級数の場合だけです．あなたの解析の講師は，その理由を説明するために完全に代数的な議論を組み立てることになると思いますが，条件収束する級数の重要な性質を理解すれば要点をつかむことができます．

条件収束する級数の場合，その項はゼロに近づいていきます．それが言えるのは，条件収束数列は収束するので 6.5 節に出てきたゼロ列判定法を満たすことになるからです．また，正の項だけを足し合わせると $+\infty$ に，負の項だけを足し合わせると $-\infty$ になります．このことは，この節に出てきた級数についてチェックすることもできますし，またきっと授業でも証明することになるでしょう．しかしこのことは，条件収束級数が本当に驚くべきものであることを示しているのです．例えば，c を任意の実数とします．このとき，条件収束数列の正の項を足し合わせると $+\infty$ になることから，それらの順番を保ちつつ c を超えるまで足していくことができます．次に，負の項を足し合わせると $-\infty$ になることから，それらの順番を保ちつつ c 未満となるまで足していくことができます．それから再び c を超えるまで正の項を足し，等々という操作を続けていきます．項の順番を保っているので必ずすべての項が含まれることになり，この級数の並べ替えによって得られる級数には，もとの級数と同一の項が含まれることになります．そして項がゼロに近づいていくという事実から，このプロセスによって c に収束する級数が作り出されるということが言えます．つまり，条件収束する級数を並べ替えることによって，**どんな数にでも収束するようにできる**，ということです．なんということでしょうか．

6.9 べき級数と関数

この章の残りの節では，べき級数について見ていきます．べき級数は，あらゆる数学分野に現れます．一部の講義では，べき級数の取り扱いや，それを実際の問題に適用する方法を学ぶことになるでしょう．また解析を含めたそれ以外の講義では，理論についてさらに学ぶことになります．ここでは，べき級数とは何なのか，これまでに見てきたテクニックがどう利用できるのか，そして関数とどのような関係があるのかを，しっかりと理解していきましょう．

定義● a **のまわりのべき級数**とは，次のかたちをした級数である．

$$\sum_{n=0}^{\infty} c_n(x-a)^n = c_0 + c_1(x-a) + c_2(x-a)^2 + c_3(x-a)^3 + \cdots.$$

特に 0 のまわりのべき級数は，次のかたちをした級数となります．

$$\sum_{n=0}^{\infty} c_n x^n = c_0 + c_1 x + c_2 x^2 + c_3 x^3 + \cdots.$$

すべての項が，$c_n x^n$ または $c_n(x-a)^n$（ここで c_n は係数）のかたちをしていることに注意してください．x または $(x-a)$ のべき乗が現れることから，「べき級数」という名前がついています．また，べき級数は通常 $n=0$ から始まることにも注意してください．こうすると定数項を含められるようになり，べき級数が無限多項式のようなかたちになって便利だからです．

シンプルなべき級数の一例として，$\sum_{n=0}^{\infty} x^n = 1+x+x^2+x^3+\cdots$ があります．

これは初項1，公比 x の等比級数にほかなりません．すでに微積分を勉強したことがあれば，次のようなべき級数にもなじみがあるはずです(それぞれについて係数 c_n は何になるでしょうか？)．

$$1+x+\frac{x^2}{2!}+\frac{x^3}{3!}+\cdots, \qquad 1-\frac{x^2}{2!}+\frac{x^4}{4!}-\frac{x^6}{6!}+\cdots$$

最初のものは $f(x)=\mathrm{e}^x$ として得られる関数 $f:\mathbb{R}\to\mathbb{R}$ のマクローリン級数で，2番目は $g(x)=\cos x$ として得られる関数 $g:\mathbb{R}\to\mathbb{R}$ のマクローリン級数です．しかし，ある級数がある関数のマクローリン級数である，ということの意味を，あなたは本当にわかっているでしょうか？　多くの学生はそれがわかっていないので，これからきちんと説明します．最初は，そのような級数の収束に関する問題を解明するところから始めましょう．

再び，級数 $\sum_{n=0}^{\infty} \frac{x^n}{n!} = 1+x+\frac{x^2}{2!}+\frac{x^3}{3!}+\cdots$ について考えます．

この級数は，すべての実数 x について収束します(比による判定法を使ってチェックできます)．つまり，すべての x について和は有限の数になるのです．$x=2$ について和はある数となり，$x=-5$ について和は別の数になる，といった具合です．このことから，この級数を x の関数として扱い，$f:\mathbb{R}\to\mathbb{R}$ を

$$f(x) = \sum_{n=0}^{\infty} \frac{x^n}{n!}$$

で定義することができます．

この級数は x の無限多項式なので，このことは非常に自然に思えるでしょう．

ここで，再び級数 $\sum_{n=0}^{\infty} x^n = 1+x+x^2+x^3+\cdots$ を考えます．

これもまた x の無限多項式と考えることができますが，この級数は x のすべての値について収束するわけではありません．具体的には，和が有限の数となるのは $x\in(-1, 1)$ の場合だけです．したがって，これらの値についてのみ

定義される x の関数として扱い，$f:(-1, 1)\to\mathbb{R}$ を

$$f(x)=\sum_{n=0}^{\infty}x^n$$

で定義することができます．

定義域が異なるのは，この関数が $x\in(-1, 1)$ についてのみ定義されているからです．

これで，べき級数を関数として扱うということの意味はわかったと思いますが，$g(x)=\cos x$ として与えられる $g:\mathbb{R}\to\mathbb{R}$ のようななじみ深い関数とこのような関数を関係づける方法については説明していませんでした．これは，部分和を考えることによって説明できます．

級数 $1-\dfrac{x^2}{2!}+\dfrac{x^4}{4!}-\dfrac{x^6}{6!}+\cdots$ について，最初の数個の部分和は以下のようになります．

$$1,\qquad 1-\frac{x^2}{2!},\qquad 1-\frac{x^2}{2!}+\frac{x^4}{4!},\qquad 1-\frac{x^2}{2!}+\frac{x^4}{4!}-\frac{x^6}{6!}.$$

これらはすべて，x の関数と考えることもできます．ですから，これらを g と一緒にグラフとしてプロットしてみましょう．どのグラフがどの部分和のものでしょうか？〔次ページの図〕

多くの項からなる部分和ほど，関数の良い近似になっていることに注意してください．曲線のより多くの部分で「一致」しているのです．グラフ描画機能つきの電卓や数式処理システムを使える人なら，より高次の n のべきについてもグラフをプロットしてみてください．これを行う一方法についてはこの章の最後に説明しておきましたし，ここでページをめくって 8.7 節のグラフを見ておくのもよいでしょう．そこではテイラーの定理を取り扱う過程で，もう一度この話題を取り上げています．

6.10　収束半径

ここまで，べき級数の中にはすべての $x\in\mathbb{R}$ について収束するものもあれば，そうでないものもあることを見てきました．解析で取り扱う問題の 1 つに，べき級数が収束するような x をどうやって求めるか，というものがあります．この問題についての手がかりを得るため，実例を考えてみましょう．そのために，以下に示す比による判定法の拡張バージョンを使います．

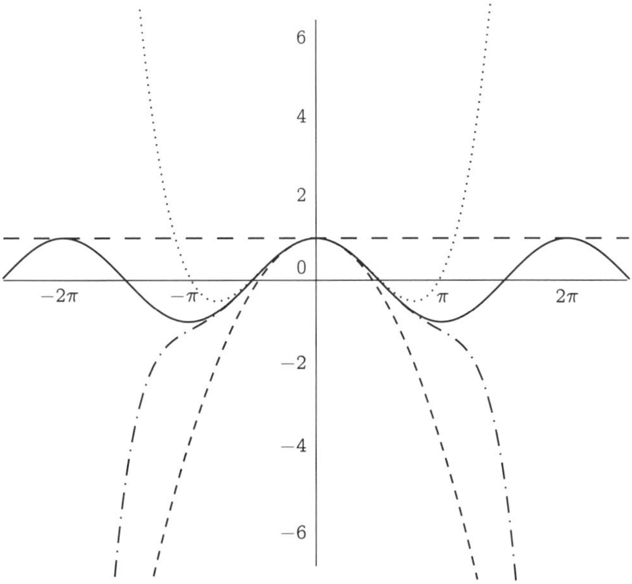

定理(級数の比による判定法) ■ $n \to \infty$ のとき $|a_{n+1}/a_n| \to l$ とする．このとき

1. $l<1$ であれば，$\sum a_n$ は収束する．
2. $l>1$ ($l=\infty$ の場合も含む)であれば，$\sum a_n$ は発散する．

これをべき級数 $\sum_{n=0}^{\infty} \dfrac{(x-3)^n}{2n}$ に適用すると

$$\left|\frac{a_{n+1}}{a_n}\right| = \left|\frac{(x-3)^{n+1}}{2(n+1)} \cdot \frac{2n}{(x-3)^n}\right| = \left|(x-3)\left(\frac{n}{n+1}\right)\right|$$

となり，$n \to \infty$ のとき $|x-3|$ に近づきます(なぜでしょう？)．したがって，比による判定法から，この級数は $|x-3|<1$ の場合に収束し $|x-3|>1$ の場合に発散すること，つまり $2<x<4$ の場合に収束し $x<2$ または $x>4$ の場合に発散することがわかります．

これ以外のべき級数についても，同じようなことが起こります．おそらくあなたの授業にも，たくさん例が出てくるでしょう．この結果を一般化すると，次の定理となります．

定理 ■ べき級数 $\sum_{n=0}^{\infty} c_n(x-a)^n$ について，次のうちどれか1つだけが成り立つ．

1. べき級数は $\forall x \in \mathbb{R}$ について収束する．
2. べき級数は $x=a$ の場合にのみ収束する．
3. $\exists R>0$ s.t. べき級数は $|x-a|<R$ の場合に収束し $|x-a|>R$ の場合に発散する．

数 R は，べき級数の**収束半径**と呼ばれます．

鋭い学生なら，ここで2つの質問を投げかけてくることでしょう．最初の質問は，$|x-a|=R$ の場合はどうなるか，というもの．比による判定法は，この場合についてはっきりした情報を与えてくれないのです．その理由を探るためには，さっき調べたべき級数について，$x=2$ の場合と $x=4$ の場合にどうなるか，考えてみてください．

2番目の質問は，円と関係ないのになぜ収束**半径**と呼ばれるのか，というもの．この質問への答えはとても面白いものです．収束半径は円と関係してはいるのですが，その円は隠れているのです．この節で述べたことはすべて，x が複素数の場合にも成り立ちます．複素平面において，$|x-a|<R$ は a を中心とする半径 R の円を定義します．実数を取り扱う際には，そのうち実軸と重なる部分だけが見えているのです．

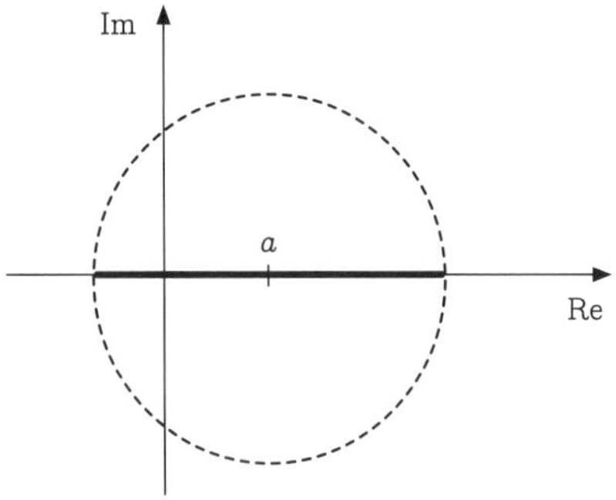

6.11 テイラー級数

6.9 節に出てきたマクローリン級数を知っている読者は多いでしょうし，一般的な関数 f のテイラー級数が，次の式で与えられることを知っている読者も多いことでしょう（ここで $f^{(n)}(a)$ は a における f の n 次導関数を意味するものなので，$f(a)$ の n 乗あるいは $\underbrace{f(f(\ldots(f}_{n\text{ 個}}(a))\ldots))$ を意味する $f^n(a)$ とはきちんと区別するようにしてください）．

$$f(x)=f(a)+f'(a)(x-a)+\frac{f''(a)}{2!}(x-a)^2+\cdots+\frac{f^{(n)}(a)}{n!}(x-a)^n+\cdots.$$

この公式を導出するために，f がべき級数として表現できる，つまり次のように書けると考えてください．

$$f(x)=\sum_{x=0}^{\infty}c_n(x-a)^n=c_0+c_1(x-a)+c_2(x-a)^2+c_3(x-a)^3+\cdots.$$

ここから係数を求める必要がありますが，1 つはすぐにわかります．$x=a$ と置くと $f(a)=c_0$ となりますから，これで c_0 が得られました．

これ以外の係数は，微分と代入を賢く行えば得られます．両辺を微分すると

$$f'(x)=c_1+2c_2(x-a)+3c_3(x-a)^2+4c_4(x-a)^3+\cdots$$

となり，$x=a$ と置くと $f'(a)=c_1$ となるので，c_1 が得られました．

もう一度微分すると

$$f''(x)=2c_2+3\cdot 2c_3(x-a)+4\cdot 3c_4(x-a)^2+5\cdot 4c_5(x-a)^3+\cdots$$

となり，再び $x=a$ と置けば $f''(a)=2c_2$ となるので，$c_2=\dfrac{1}{2}f''(a)$ が得られます．

だんだんわかってきましたか？ もう 1 回やってみましょう．

$$f^{(3)}(x)=3\cdot 2c_3+4\cdot 3\cdot 2c_4(x-a)+5\cdot 4\cdot 3c_5(x-a)^2+6\cdot 5\cdot 4c_6(x-a)^3+\cdots.$$

ここで $x=a$ と置けば $f^{(3)}(a)=3\cdot 2c_3$ となるので，$c_3=\dfrac{f^{(3)}(a)}{3\cdot 2}$ が得られます．

数を掛け算しなかったのは，そのほうが構造が理解しやすいからです．あといくつかやってみれば，ここから

$$c_n = \frac{f^{(n)}(a)}{n \cdot (n-1) \cdot \cdots \cdot 3 \cdot 2} = \frac{f^{(n)}(a)}{n!}$$

が導かれ，この級数がテイラー級数

$$f(x) = f(a) + f'(a)(x-a) + \frac{f''(a)}{2!}(x-a)^2 + \cdots + \frac{f^{(n)}(a)}{n!}(x-a)^n + \cdots$$

そのものであることがわかります．

さて，この導出は見事ですし，たくさん微積分をやってきた読者はこれを前にも見たことがあるかもしれません．しかし解析では，単なる微分や代数以上のことを行います．どのような条件の下で，議論が成り立つかを考えるのです．この導出は，もしある関数が点 a において 1 つのべき級数と等しいならば，そのべき級数はテイラー級数でなくてはならない，ということを示しています．しかし，どんな条件下でこの「もし」が成り立つのか，ということは教えてはくれません．これまでに見てきた例では(ほかにもいくつかご存知かもしれません)完全なテイラー級数は x のすべての値について関数と完全に等しくなります．しかし私たちは，これが成り立たない関数も見てきました．$f(x)=1/(1-x)$ として与えられる関数と $a=0$ について上記の微分と代入のプロセスをたどってみると，

$$\frac{1}{1-x} = 1 + x + x^2 + x^3 + \cdots$$

が得られます．しかし，この等式が $x \in (-1, 1)$ についてのみ成り立つということを私たちは知っています．関数 $f(x)=1/(1-x)$ は x の他の多くの値について問題なく定義されますが，それらの値についてはこのべき級数と等しくはなりません．また，$x=a$ 以外ではまったくテイラー級数と等しくならない関数も存在します．そのような関数は本書の範囲外ですが，ここで学ぶべきことはたくさんあるということは，ここまでの説明で十分わかってもらえたと思います．

6.12 今後のために

前章と同様，ここまでの節では解析で今後勉強する題材のうち，ごく一部を取り上げたにすぎません．級数を扱う講義では，

$$\sum x^n \text{ および } \sum \frac{1}{n^\alpha}$$

などの「標準的」な級数の収束性に関する完全に定式的な取り扱いと，比較判定法や絶対収束と条件収束に関する結果など，この章で触れた多くの結果の証明が行われることになります．また**積分判定法**も学ぶことになるでしょう．これは級数とグラフの下の面積とを関連づけるものです．ここで積分判定法を，$f(x)=1/x$ という特別な場合を示す図とともに提示します．この図を調べて，この判定法が成り立つ理由(長方形の面積はどうなるでしょうか？)を考えてみてください．9 章で取り上げる積分可能性で使われる概念を，先取りして経験できるでしょう．

定理(積分判定法) ■ $f:[1,\infty)\to\mathbb{R}$ を，正の値を取る減少関数とする．このとき $\sum_{n=1}^{\infty} f(n)$ と数列 $\left(\int_1^n f(x)\mathrm{d}x\right)$ は，両方とも収束するか，両方とも無限大に近づくかのどちらかである．

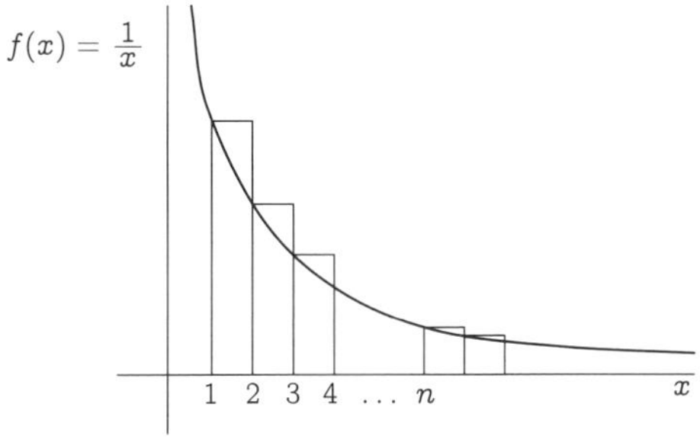

このような法則や判定法は，いくつかの標準的な級数に関する知識と組み合わせることによって，他の多くの級数の収束性を判定するために使うことができます．そしてあなたは，一般的な級数の収束性を証明したり，べき級数の収束半径を求めたりするために，どの判定法を適用すべきか考える演習をたくさん行うことになるでしょう．

級数に関するアイディアは，より高度な講義やより応用的な講義でも使われます．例えばフーリエ解析は，無限級数を用いて関数を近似するというアイディアを発展させ，特にコサイン関数とサイン関数を組み合わせることによってそれ以外の周期関数を近似します．複素解析は，級数やべき級数の結果の多くを複素数の項を許すように一般化し，級数と関数を結びつける奥深い結果を導き出します．この本では実数のみを取り扱いますが，そのような結びつきについては8章で再び取り扱うことになります．さて，6.9節でお約束したコサイン関数の多項式近似のグラフを作成する方法を以下に説明しておきましょう(⟨https://www.geogebra.org⟩ から無料でダウンロードできる geogebra を使って)．

1. 最下部の入力行に，$f(x)=\cos(x)$ と入力してリターンキーを押します．
2. 上にならんでいるボタンの右から2番目をクリックして，スライダーを追加します．画面上のスライダーを追加したい場所をクリックします．名前に「n」と入力し，最小0から最大100まで増分1で変化するように設定し，「OK」をクリックします．
3. 最下行に Taylorpolynomial[f,0,n] と入力してリターンキーを押します．こうすると，点 $a=0$ に関する $f(x)=\cos(x)$ のべき級数近似の n 番目の部分和のグラフが作成されます．
4. 左上のボタンをクリックしてポインターを表示させ，それを使ってスライダーで n を変化させます．これはとても面白いですが，画面上に表示されるものについて考えることを忘れないようにしてください．
5. ズームアウトしたければ，右上のボタンをクリックしてそのオプションを探してください．スケッチブック上の拡大鏡のカーソルをクリックすると，使えるようになります．
6. もちろん，さまざまに入力を変化させ，別の関数や点や部分和について調べてみることもできます．

7 連続性

この章ではまず，連続性の直観的な理解について述べ，これまでの数学でよく見かけたものとは異なる関数を紹介します．連続性の定義を説明し，それを使って関数がある点において連続であることの証明や，連続な関数に関するより一般的な定理の証明を行う方法を示します．最後に連続性を極限へ，さらに不連続に関する証明へと関連づけます．

7.1 連続性とは何か？

解析の受講者の大部分は連続性に関して役立つ直観的知識を多少は持っているのですが，現代の数学者の利用する洗練された概念化を十分に理解するためには，たいていの学生は自分の考え方を修正し進化させる必要があります．

直観的なアイディアのよくある一例は，関数を「紙からペンを離さずに描くことができれば」連続だというものです．これは第一近似としては悪くありませんし，多くのシンプルな関数では正しい結論が得られます．しかしこれは自明な意味で限られた事実しかとらえられていませんし，もっと深刻な意味で限られた役にしか立たないのです．限られた事実しかとらえられていないというのは，グラフでは実数から実数への関数の有限の部分しか示せないためです．私たちはたいてい，原点 (0, 0) 周辺のわずかな部分のグラフを描きます．ですからこれは，グラフ全体が「1 つに連結している」だろうと信じている，ということに過ぎません．もっと深刻な問題は，グラフを描くことは物理的な行為なので実用的だと思われがちですが，数学的推論には使えないということです．例えば，f と g が連続関数であれば $f+g$ は連続である，という解析の定理があります．たぶんあなたには，この定理が本当らしく思われるでしょう(しかし，いつものように，最初の直観的反応を超えて考えるべきです——これが成り立たないような奇妙な例を思いつかないのはなぜでしょうか？)．しかし，f と g のグラフが「紙からペンを離さずに描くことができる」というアイディアから，どうやってこの定理を証明できるというのでしょうか？ それはできません．このアイディアは操作可能な記号的定義ではなく，関数の加法と結びつけることはできないからです．ですから私たちには，もっと数学的で厳密な定義が必要になります．

数学的定義への賢明な第一歩は，連続性を関数全体の性質として考えることをやめ，関数がある点において持ちうる性質として考えることです[*1]．あなたはきっと，すでにそのような考え方をしていることでしょう．例えば大部分の人は，次の図のように区分的に定義された関数が $x=1$ において連続でなく，それ以外のいたるところで連続であることに同意するはずです．

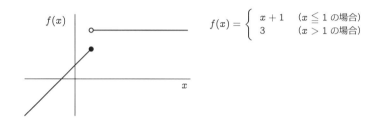

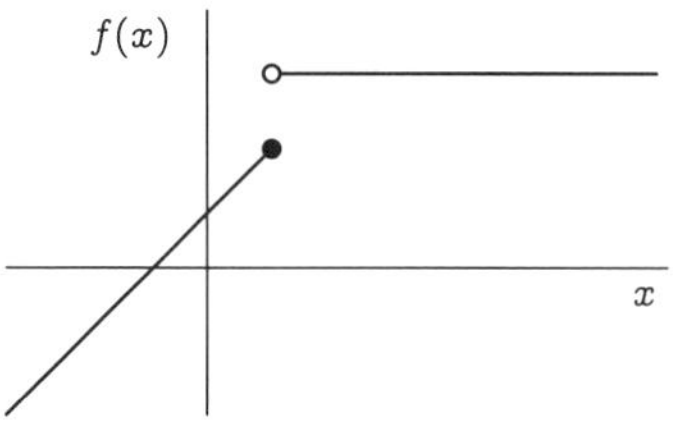

$$f(x) = \begin{cases} x+1 & (x \leqq 1 \text{ の場合}) \\ 3 & (x > 1 \text{ の場合}) \end{cases}$$

数学者はここを出発点として，関数がある点において連続であるという意味を定義してから，いたるところで連続な関数についての議論を始めるのです．

7.4 節と 7.5 節では，非定式的な議論を通して連続性の定義を作り上げてから，定義を出発点として連続性の意味を説明します．私は 5 章でも数列の収束の定義に関して同じことをしましたし，その章と同様にここでも逆の順番で 2 つの節を読んだほうがいいかもしれません．すでに 5 章を読んだ人であれば，収束と連続性の定義が密接に関連した構造をしていることにも気がつくことでしょう．これは都合のよいことです．解析には論理的に複雑な定義が含まれますが，それらはかなり似通っているので，定義を 1 つ使いこなすコツをつかめば，他の定義はより簡単になります．これは収束と連続性が密接に関係しているからで，その関係については 7.6 節で，連続性の定義のよく見かけ

*1　訳注：関数全体の性質として連続性を定義する(すべての開集合の逆像が開集合であるような関数を連続関数と呼ぶ)ことも可能です．

るバリエーションについての情報とともに考察します.

7.10 節ではもう 1 つの密接に関係する定義を示し，極限について論じます．たぶんあなたの講義や教科書では，最初に極限を取り扱い，それから連続性へと進んでいくことになるでしょう．しかし私は順番を逆にすることにしました．私にとっては連続性の概念のほうが，直観的に自然なものだからです．しかし定義を見ていく前に，関数の記法についていくつか情報を提供し，これまで見たことがないかもしれない関数を紹介しましょう.

7.2 関数の例と規定

数学を勉強する大部分の学生は，解析を勉強する前に標準的な関数を大量に学びます．標準的な関数には，次のようなものが含まれるのが普通です.

- 2 次関数，例えば $f(x)=x^2-3x+10$
- 3 次関数，例えば $f(x)=-6x^3+5x^2-3x+10$
- 次のかたちをした高次の多項式関数．$f(x)=a_0+a_1x+a_2x^2+\cdots+a_nx^n$
- 有理関数，例えば $f(x)=\dfrac{2x^2-3x}{x^2-5x+6}$
- 指数関数，例えば $f(x)=\mathrm{e}^x$ や $f(x)=2^x$
- 対数関数，例えば $f(x)=\ln x$ や $f(x)=\log_{10} x$
- 三角関数，例えば $f(x)=\sin x$
- 逆三角関数，例えば $f(x)=\tan^{-1} x$ （よく $f(x)=\arctan x$ と書かれます）

大部分の学生は，これらの関数をさまざまなかたちであやつることができますが，導関数や不定積分がうまく思い出せなかったり，グラフを見分けたり描いたりするのが不得意な人もいます．もしそれが自分に当てはまると感じたら，教科書を見つけて練習してみることをお勧めします．今後もずっと公式集と首っ引きでいることもできますが，基本的なところで手間取らないほうが楽に数学ができるはずです．ここでは，高等数学で使われる関数の表記法について説明します.

高等数学では一般的なことですが，特に解析では関数の定義域を気にします．これは，数学的対象物を適切に規定するという一般的な傾向の一部だと考えてください．例えば，2 章にはこのようなフレーズがありました.

▶ $f:[0, 10] \to \mathbb{R}$ とする.

これを声に出して読むときには，次のように読みます.

▶「f を閉区間 $[0, 10]$ から実数への関数とする.」

定義域 $[0, 10]$ は，規定の中でコロンの後，矢印の前に明示されています. 2.5 節では，その理由の 1 つを説明しました．関数は定義域が異なると，異なる性質を持つことがあるのです．例えば，

▶ $f(x)=x^2$ として与えられる $f:[0, 10] \to \mathbb{R}$ は上に有界ですが，
▶ $f(x)=x^2$ として与えられる $f:\mathbb{R} \to \mathbb{R}$ は上に有界ではありません.

このように定義域を気にするということは，例を挙げよと言われた場合，適切に定義された関数を挙げるように注意しなくてはならない，という意味でもあります．例えば，私が解析の学生に「ゼロにおいて不連続な関数 $f:\mathbb{R} \to \mathbb{R}$ の例を挙げてください」と言ったとき，最もよくある答えは $f(x)=1/x$ です. 確かにこの関数はゼロにおいて不連続なように見えます．しかし残念ながら，これは $\mathbb{R}$ から $\mathbb{R}$ への関数ではないのです．具体的には，この関数はゼロにおいて定義されません．例えば次のように修正して，ゼロにおける値を規定すれば大丈夫です.

$$f(x) = \begin{cases} 1/x & (x \neq 0 \text{ の場合}) \\ 0 & (x = 0 \text{ の場合}) \end{cases}$$

この関数はゼロにおいて不連続であり，いたるところで定義されています．すべての講師がこういうことをあげつらうわけではありませんが，こういうことに注意を払わないと数学をよくわかっていないように思われるはずです.

事情はもっと複雑にもなります．学生はよく(気持ちはよくわかるのですが)関数の像あるいは値域についても同様に注意を払っているつもりで，次のように書くのは間違いだと言います.

▶ $f(x)=x^2$ として与えられる $f:\mathbb{R} \to \mathbb{R}$.

彼らは，この関数が負の値を取らないので次のように書くべきだと考えるのです.

▸ $f(x)=x^2$ として与えられる $f:\mathbb{R}\to[0,\infty)$.

実際には，最初の書き方でも問題はありません．数学者は，**終域**(定義域の値を関数がどの集合の値にうつすか)と，**像**(関数が実際に「取る」値の集合)を区別します(「値域」という言葉のほうがなじみ深いかもしれませんが，あいまいに使われる場合があるので私は避けています)．解析においては，像について問われる機会は少ないので，普通はどんな関数にも「$\to\mathbb{R}$」と書いて大丈夫です．

ところで，$[0,\infty)$ という記法に疑問を持ちませんでしたか？　無限大へ至る区間を指定したいときには丸カッコを使います．∞ は数ではないため，区間内の「最大の数」となるどころか，区間「内」に存在するとさえ言えないからです．

より厳密に終域を規定する場合もありますが，考え方は同じです．例えば，次のような定理を見かけることがあるかもしれません．

定理 ▪ $f:[0,1]\to[0,1]$ が連続であるとする．
このとき，$\exists c\in[0,1]$ s.t. $f(c)=c$.

よく学生たちは，この定理の前提を，この関数が $[0,1]$ 内のすべての値を取らなくてはならないという意味だと解釈して，いちばん左の図の関数には当てはまるが右側の 2 つには当てはまらないと思ってしまいます．

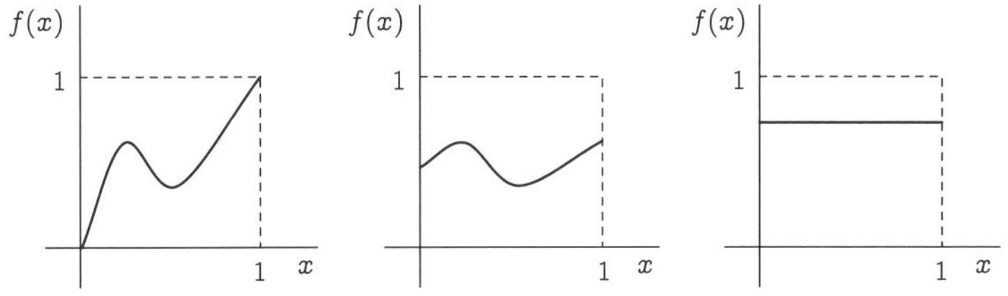

この認識は正しくありません．矢印の後の $[0,1]$ は像ではなく終域を示しているので，この前提はあらゆる $f(x)$ が $[0,1]$ 内になくてはならないという意味であり，図の 3 つの関数すべてについて真となります．数学用語を使って

言えば，f が**全射**である必要はない，ということです．

ちなみに，この定理の結論は**不動点**の存在について述べています．点 c が，そのように呼ばれる理由がわかりますか？ また，なぜこの主張が成り立つと言えるのでしょうか？

7.3 より興味深い関数の例

解析には関数一般についての定理がたくさん出てきますが，そのような関数は，たいていシンプルに f とか g と書き表されます．あなたがそのような記法を見かけてシンプルななじみ深い関数だけを思い浮かべるとすれば，その定理についてのあなたの理解は限られてしまうことでしょう．定理は前提を満たすあらゆる関数に当てはまるからです．その中には次の図のように私が作り上げた，奇妙な関数も含まれます．

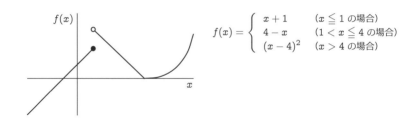

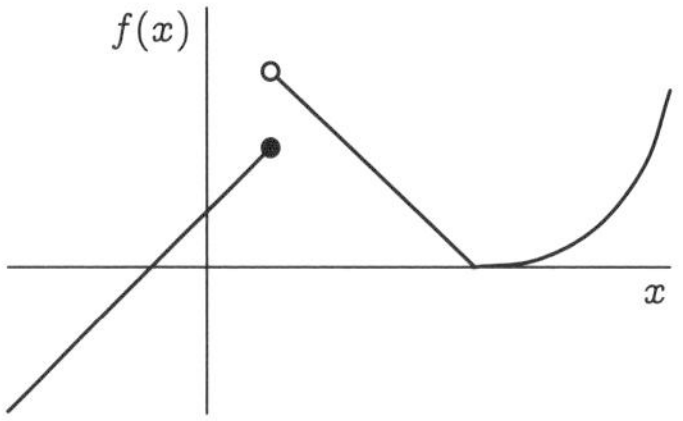

$$f(x) = \begin{cases} x+1 & (x \leqq 1 \text{ の場合}) \\ 4-x & (1 < x \leqq 4 \text{ の場合}) \\ (x-4)^2 & (x > 4 \text{ の場合}) \end{cases}$$

この関数は区分的に定義されていますが，あらゆる $x \in \mathbb{R}$ について唯一の値 $f(x)$ を割り当てる，1 つの関数です．さらには，すべての $x \in \mathbb{R}$ に任意の値を割り当てる関数を作り上げることさえできます．もちろん，そのような関数は取り扱いが難しいので，あまり見かけることはないでしょう．しかし定理は，前提さえ満たされていれば関数の詳細については気にしませんし，また関数は 1 つのシンプルな数式で規定される必要はなく，またまったく数式を使わなくてもかまわないのです．

とはいえ，具体的な関数について考えることが役立つこともよくあります．この文脈で役立つ関数は，127 ページに列挙したなじみ深いものとは違うというだけです．具体的には，リスト中の関数にはいたるところで定義されてはいないものもありますが，定義されているところでは連続です(チェックして確かめてみてください)．この性質を満たさない関数もあります．例えば次の関数は，無限に多くの点で不連続です(「$\mathbb{Z}$」は，すべての整数の集合を表します)．

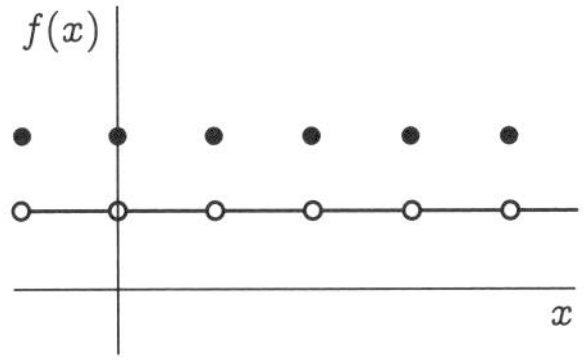

$$f(x) = \begin{cases} 2 & (x \in \mathbb{Z} \text{ の場合}) \\ 1 & (x \notin \mathbb{Z} \text{ の場合}) \end{cases}$$

それでは，この関数はどうでしょうか？

$$f(x) = \begin{cases} 1 & (x \in \mathbb{Q} \text{ の場合}) \\ 0 & (x \notin \mathbb{Q} \text{ の場合}) \end{cases}$$

この関数は，x が**有理数**かどうか，つまり p/q (ここで $p, q \in \mathbb{Z}$ かつ $q \neq 0$，10.2 節を参照してください)というかたちで表現できるかどうかに応じて，違った方法で定義されています．有理数と無理数は，数直線上に入り組んだかたちで分布しています．どんな有理数を選んでも，その好きなだけ近くに無理数が存在しますし，その逆もまた成り立つのです．ですからこの関数はいたるところで不連続であり，このグラフを現実的な方法で描くことは不可能です．しかし，$f(x)=0$ と $f(x)=1$ に点線を描くことによって，おおまかに表現することはできます．このグラフが本当は正確でないことを忘れなければ，これで十分でしょう．

ちょっとインチキでも理解に役立つグラフを，次の関数についてはどう描きますか？

$$f(x) = \begin{cases} x & (x \in \mathbb{Q} \text{ の場合}) \\ 0 & (x \notin \mathbb{Q} \text{ の場合}) \end{cases}$$

数学者が解析の授業でこのような例を使うのは，連続性や微分可能性といった概念の意味をわかりやすく説明するためです．しかし，よりシンプルな関数でもこの目的にかなうものはあります．例えば，以下の関数を考えてみてください．それぞれ，ゼロにおいて連続だと言えるでしょうか？　ゼロにおいて微分可能でしょうか？

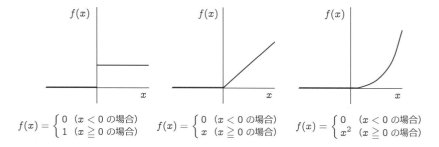

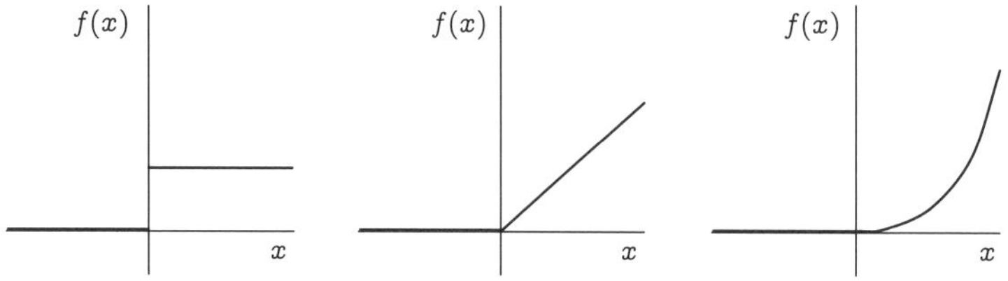

$$f(x) = \begin{cases} 0 & (x < 0 \text{ の場合}) \\ 1 & (x \geqq 0 \text{ の場合}) \end{cases} \quad f(x) = \begin{cases} 0 & (x < 0 \text{ の場合}) \\ x & (x \geqq 0 \text{ の場合}) \end{cases} \quad f(x) = \begin{cases} 0 & (x < 0 \text{ の場合}) \\ x^2 & (x \geqq 0 \text{ の場合}) \end{cases}$$

自信を持って答えられなかったかもしれませんが，それはあなただけではありません．このような例を見せられて，これらの概念を十分に把握していないと気がつく学生は大勢いるのです．微分可能性は次章で取り扱います．この章では，次に連続性の定義を調べていきましょう．

7.4　連続性——直観を先に

この節では，最初に連続性の非定式的な記述を示し，そこから定義を作り上げていきます(先に 5.5 節を読んでいれば，すんなりと論理の流れを追うことができるでしょう)．最初に定義を見てからどう理解するかの説明を読みたい人は，この節の前に 7.5 節を読んだほうがいいかもしれません．

まず，数学者は連続性を点において定義することを覚えておきましょう．f が a において連続であり，そこで f が $f(a)$ という値を取ると想像してください．どのようにすれば，その概念をとらえることができるでしょうか？　多くの人は，「x が a に近づくにつれて $f(x)$ が $f(a)$ に近づく」みたいなことを言います．これは出発点としては役に立ちますが，十分ではありません．そのことは，a において連続な関数と連続でない関数を示した下の図を見れば理解できるでしょう．どちらの場合も，x が a に近づくにつれて $f(x)$ が $f(a)$ に近づくことは同じです．右側の図では，十分に近くはならないというだけのことです．これは困りました．

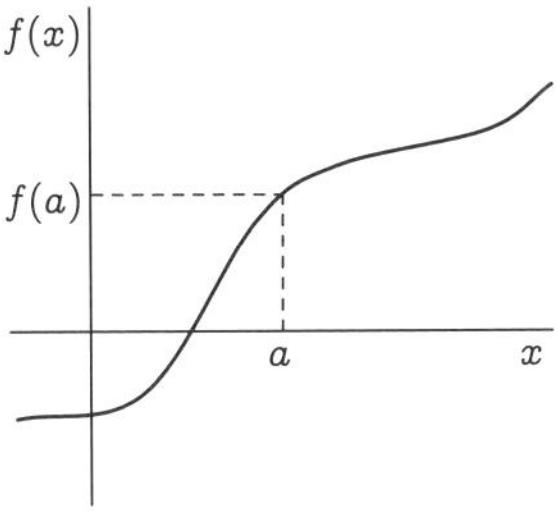

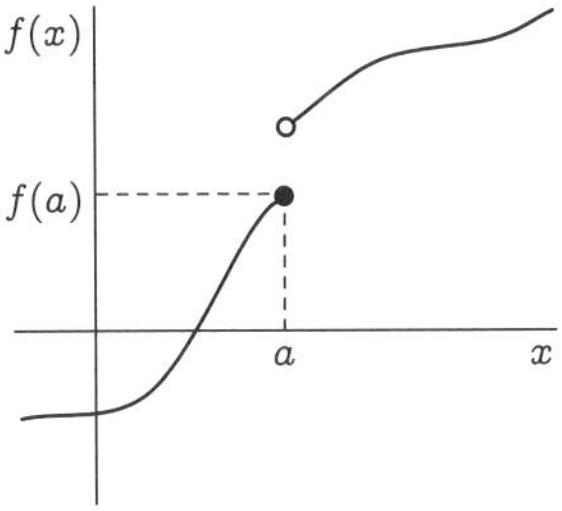

これを改善するために，非定式的ですが数学的には適切な記述を次のようにまとめてみましょう．

非定式的な記述■ 関数 f が a において連続であるための必要十分条件は，
x を a に十分近くすることによって，$f(x)$ を好きなだけ $f(a)$ に近くできることである．

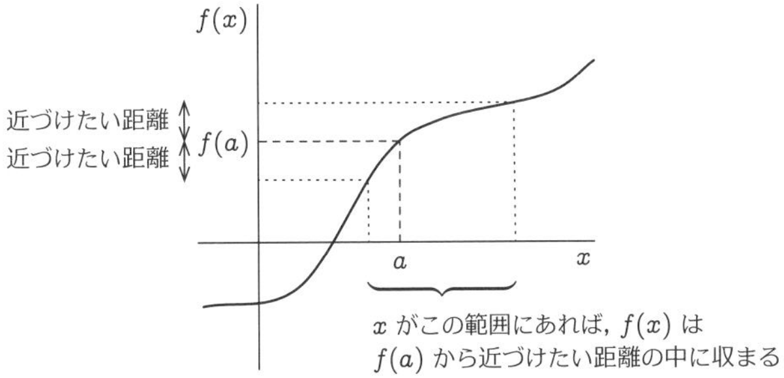

望む距離が小さいほど，x を a に近くする必要があることに注意してください．また，この記述によって先ほどの不連続な関数が除外されます．a の右側では，たとえ x をどれだけ a に近くしたとしても，垂直の「ギャップ」があるため $f(x)$ を $f(a)$ に「好きなだけ近く」できないからです．

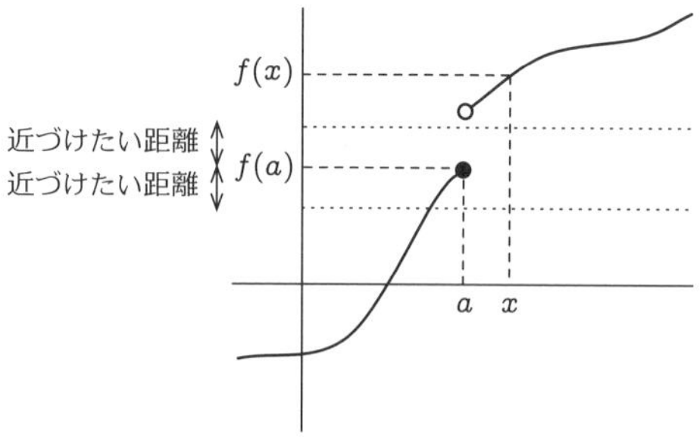

この非定式的な記述を定式的な定義に変換するには，「近く」という概念を代数的に取り扱えるようにする必要があります．ここで $f(x)$ を，$f(a)$ から距離 ε 以内に収めたいとしましょう(5.5 節で述べたように，「ε」はギリシャ文字イプシロンであり，文字「e」と混同しないようにしてください)．

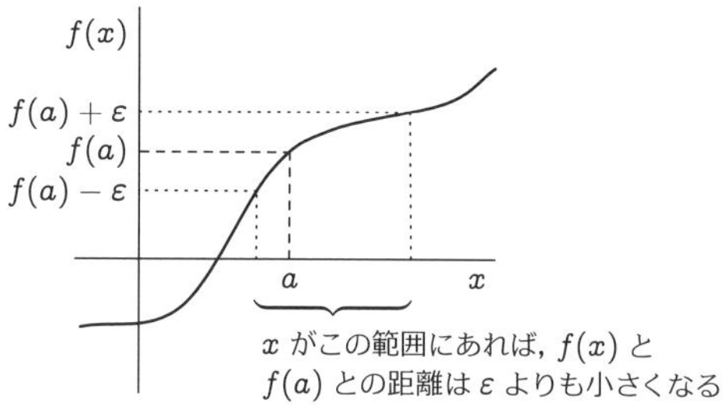

$f(a)-\varepsilon<f(x)<f(a)+\varepsilon$ としたいわけですが，これはより簡潔な形で $|f(x)-f(a)|<\varepsilon$ と書き表すことができます．なぜならば

$$
\begin{aligned}
|f(x)-f(a)|<\varepsilon &\Leftrightarrow -\varepsilon<f(x)-f(a)<\varepsilon \\
&\Leftrightarrow f(a)-\varepsilon<f(x)<f(a)+\varepsilon
\end{aligned}
$$

となるからです．この文脈では，私はいつも $|f(x)-f(a)|<\varepsilon$ を「$f(x)$ と $f(a)$ との距離は ε よりも小さい」と読みます．

それでは，「…x を a に十分近くすることによって，$f(x)$ を好きなだけ $f(a)$ に近くできる」という記述について考えてみましょう．この「十分近く」という概念をとらえるために，数学者は次のように書きます(「δ」はギリシャ文字デルタです)．

$$\exists\delta>0 \text{ s.t } |x-a|<\delta \text{ ならば } |f(x)-f(a)|<\varepsilon^{*2}.$$

この記号交じりの文を声に出して読み，各部分が図とどのように対応しているのか，考えることを忘れないようにしてください．私はこのように考えます．

$\exists\delta>0$	s.t.	$\lvert x-a\rvert<\delta$ ならば	$\lvert f(x)-f(a)\rvert<\varepsilon$.
デルタという距離が存在して		x と a の距離がデルタよりも小さいならば	$f(x)$ と $f(a)$ の距離がイプシロンよりも小さくなる．

次の図では，2 つある距離 δ の候補のうち，小さい方が採用されています．大きいほうの距離を使うと，$|f(x)-f(a)|\not<\varepsilon$ となるような x の値が a の左側に含まれることになってしまいます．

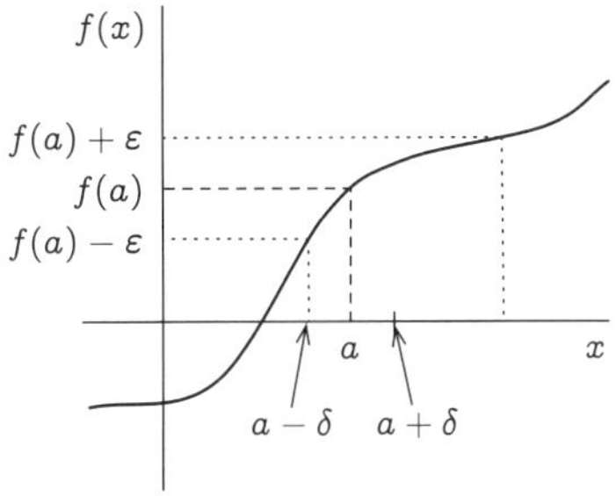

しかし，このことは ε の 1 つの値についてのみ，言えることです．小さな ε の値を想像すれば，x を a に近くすることによって $f(x)$ を $f(a)$ に近くできるという概念をとらえたことになるでしょう．しかし，それでは**好きなだけ近く**できるという概念をとらえたことにはなりません．そのために，ε がどんどん小さくなっていくことを考えてみてください．x を十分 a に近くすることによって $f(x)$ と $f(a)$ との距離を ε よりも小さくできるということが，あらゆる $\varepsilon>0$ について成り立つことが必要です．このことから，完全な定義が導かれます．

定義● 関数 $f:\mathbb{R}\to\mathbb{R}$ が $a\in\mathbb{R}$ において連続であるための必要十分条件は

*2 訳注：これは「$\exists\delta>0$ s.t. ($|x-a|<\delta$ ならば $|f(x)-f(a)|<\varepsilon$)」という意味であり，「($\exists\delta>0$ s.t. $|x-a|<\delta$)ならば $|f(x)-f(a)|<\varepsilon$」という意味ではありません．

$$\forall \varepsilon > 0 \, \exists \delta > 0 \text{ s.t. } |x-a| < \delta \text{ ならば } |f(x)-f(a)| < \varepsilon$$

である．

先ほどと同様に非定式的な思考を続けたいなら，次のように考えることができるでしょう．

定義 関数 $f:\mathbb{R}\to\mathbb{R}$ が $\boldsymbol{a}\in\mathbb{R}$ において連続であるための必要十分条件は

$\forall \varepsilon > 0$	$\exists \delta > 0$ s.t.	$\lvert x-a\rvert < \delta$ ならば	$\lvert f(x)-f(a)\rvert < \varepsilon$
どんなに小さなイプシロンについても	デルタという距離が存在して	x と a の距離がデルタよりも小さいならば	$f(x)$ と $f(a)$ の距離がイプシロンよりも小さくなること

である．

すでに解析の講義を受け始めている人は，この定義の少し違った形での表現や，極限や数列を含むバリエーションを見たことがあるかもしれません．これらについては 7.6 節で簡単に考察しますが，その前に定義を先に示した連続性の説明を行います．

7.5　連続性——定義を先に

この節では，まず連続性の定義を述べ，それからその定義をかみ砕いて理解する 1 つの方法を説明します．7.4 節を読んだ読者は同じアイディアが逆方向に再構築されていることがわかるでしょうし，この節は論理的な文章のかみ砕き方の習得に役立つかもしれません．以下に定義を示します．

定義 関数 $f:\mathbb{R}\to\mathbb{R}$ が $\boldsymbol{a}\in\mathbb{R}$ において連続であるための必要十分条件は

$$\forall \varepsilon > 0 \, \exists \delta > 0 \text{ s.t. } |x-a| < \delta \text{ ならば } |f(x)-f(a)| < \varepsilon^{*3}$$

---

*3　訳注：これは「$\exists \delta > 0$ s.t. ($|x-a| < \delta$ ならば $|f(x)-f(a)| < \varepsilon$)」という意味であり，「($\exists \delta > 0$ s.t. $|x-a| < \delta$) ならば $|f(x)-f(a)| < \varepsilon$」という意味ではありません．

である．

これは，f が a において連続であることを定義しています．ここで a は注目する固定点として取り扱われます．またこの定義には，一般的な点 x とそれに対応する値 $f(x)$ も含まれます．この記法はかなり標準的なものです．数学者は，アルファベットの最初のほうの文字を(少なくとも一時的には)定数であるものに使い，最後のほうの文字を変数であるものに使うことが多いのです．すでに5章を学んだ読者は，5.6節に戻って数列の収束の定義を参照してみるのが良いかもしれません．非常に似通った論理的構造をしているからです．この定義も，似通った方法でかみ砕いて理解していきましょう．最初からではなく，最後から読み解いていくのです．

最後の部分は $|f(x)-f(a)|<\varepsilon$ となっています．これは「$f(x)$ と $f(a)$ の間の距離はイプシロンよりも小さい」と読むことができます．なぜならば

$$\begin{aligned} |f(x)-f(a)|<\varepsilon &\Leftrightarrow -\varepsilon < f(x)-f(a) < \varepsilon \\ &\Leftrightarrow f(a)-\varepsilon < f(x) < f(a)+\varepsilon, \end{aligned}$$

したがって $f(x)$ は $f(a)-\varepsilon$ と $f(a)+\varepsilon$ の間にあるからです．その制約をグラフの縦軸に書き込み，点線を何本か追加して，どんな x の値について $|f(x)-f(a)|<\varepsilon$ が成り立つのか理解しやすいようにしてみました．下の図には連続性に関する重要なことがとらえられています．不連続な関数の場合，a の右側にはこれを満たす x の値が存在しません．

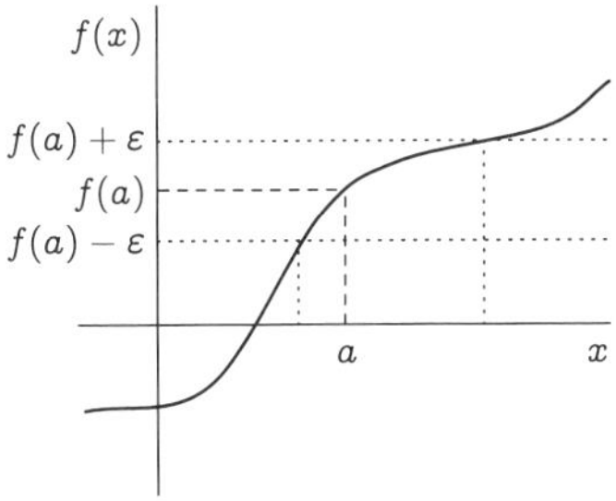

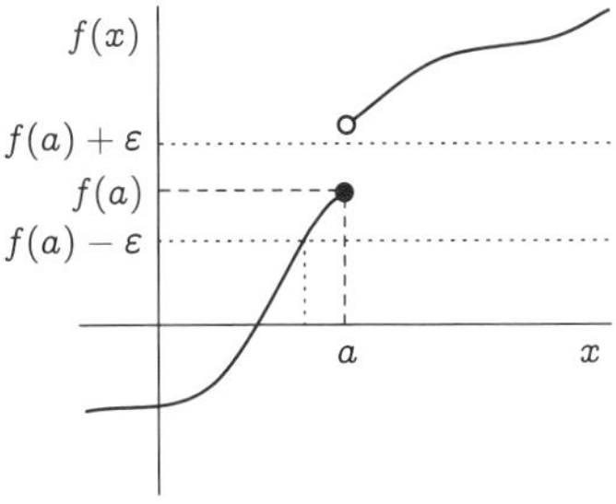

定義を1段階さかのぼると，次のようになります．

$$|x-a|<\delta \text{ ならば } |f(x)-f(a)|<\varepsilon.$$

普通の言葉でいえば，x と a の間の距離がデルタよりも小さければ，$f(x)$ と $f(a)$ との間の距離はイプシロンよりも小さい，ということになります．a において連続な関数の場合，次の図に示すように適当な δ を決めることができます．ここで，2 つあるように見える距離の候補から小さいほうを選んだことに注意してください．なぜでしょうか？ よくわからなければ，大きいほうを選んだとすれば a の左側ではどんなことになるかを考えてみてください．

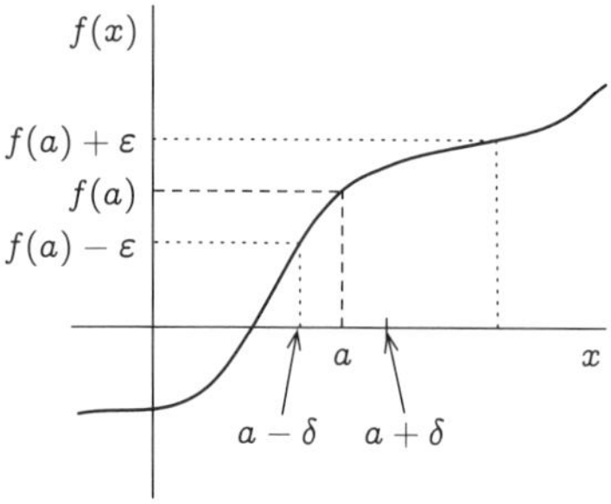

さらに定義をさかのぼると，次のようになります．

$$\exists \delta > 0 \text{ s.t. } |x-a| < \delta \text{ ならば } |f(x)-f(a)| < \varepsilon.$$

この意味を理解するには，a において不連続な関数の場合は適当な δ が存在しない可能性があることに注意してください．下の図で示された ε の値については，適当な δ が存在しません(a の右側では，どれだけ x が a に近くなっても，$|f(x)-f(a)|<\varepsilon$ が成り立ちません)．これは良いことです．期待していた通り，この定義でこれらの関数が区別できることになるからです．

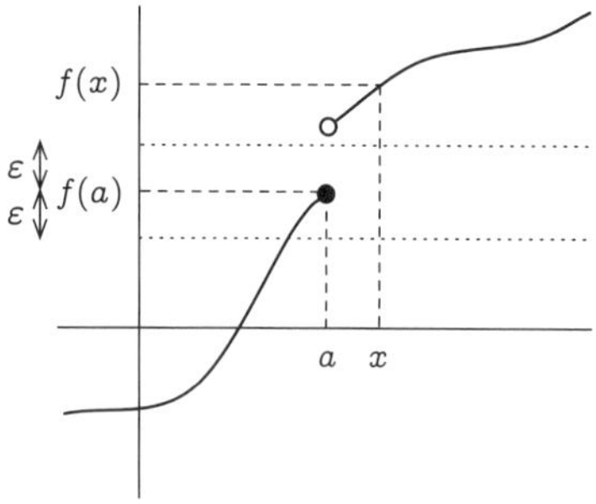

残りの部分についてはどうでしょうか？

$$\forall\varepsilon > 0\ \exists\delta > 0 \text{ s.t. } |x-a| < \delta \text{ ならば } |f(x)-f(a)| < \varepsilon.$$

これは，**0 よりも大きなすべてのイプシロンについて**，これまでに見てきたことが成り立つと言っています．連続な関数について，ε が変化することを想像してみてください．ε の値が小さくなるほど，δ の値を小さくする必要があるかもしれませんが，それでもこれを満たす値は必ず存在します．

まとめとして，非定式的なアイディアと定式的なアイディアとの関係をとらえるために，定義と図，そして以下の非定式的な解釈を考えてみましょう．

定義 関数 $f:\mathbb{R}\to\mathbb{R}$ が $\boldsymbol{a \in \mathbb{R}}$ において連続であるための必要十分条件は

$\forall\varepsilon > 0$	$\exists\delta > 0$ s.t.	$\lvert x-a\rvert < \delta$ ならば	$\lvert f(x)-f(a)\rvert < \varepsilon$
どんなに小さなイプシロンについても	デルタという距離が存在して	x と a の距離がデルタよりも小さいならば	$f(x)$ と $f(a)$ の距離がイプシロンよりも小さくなること

である．

7.6 定義のバリエーション

これまでに述べた定義は解析で標準的なものですが，違った書き方を見かけることがあるかもしれません．その中には，記法やスタイルが違うだけのものもありますが，より本質や細部に関わるものもあります．ここではそのようなバリエーションをいくつか説明しますが，あなたの講義での定義が多少違ったとしても，ほぼ確実に論理的構造は同じだということに注意しておいてください．注意深く見比べてもこのことが理解できなければ，講師かチューターに聞いてみるとよいでしょう．

第 1 に，もしかすると以下のように「…ならば～」という部分の書き方が異なるバリエーションを見かけるかもしれません．

定義 関数 $f:\mathbb{R}\to\mathbb{R}$ が $\boldsymbol{a \in \mathbb{R}}$ において連続であるための必要十分条件は

$$\forall\varepsilon > 0\,\exists\delta > 0 \text{ s.t. } |x-a| < \delta \Rightarrow |f(x)-f(a)| < \varepsilon$$

である．

定義• 関数 $f:\mathbb{R}\to\mathbb{R}$ が $\boldsymbol{a}\in\mathbb{R}$ において連続であるための必要十分条件は $\forall\varepsilon>0\ \exists\delta>0$ s.t. $|x-a|<\delta$ を満たす $\forall x\in\mathbb{R}$ について $|f(x)-f(a)|<\varepsilon$ となることである．

第 2 に，1 章で述べたように新しい概念と新しい記号を同時に学ぶことは混乱を招くと考える数学者もいるので，そういう人たちは量化子を避けて，すべてをこんな風に言葉で書き表すかもしれません．

定義• 関数 $f:\mathbb{R}\to\mathbb{R}$ が $\boldsymbol{a}\in\mathbb{R}$ において連続であるための必要十分条件はすべての $\varepsilon>0$ について $\delta>0$ が存在して $|x-a|<\delta$ ならば $|f(x)-f(a)|<\varepsilon$ となることである．

あなた自身が言葉による定義のほうが好きなら，それで問題ありません．論理さえ正しければ，だれも気にしないでしょう．

第 3 に，まったく反対にすべてを記号だけで書く人もいます．その場合，文章のさまざまな部分をカッコでくくって対応づけることになるでしょう．

定義• 関数 $f:\mathbb{R}\to\mathbb{R}$ が $\boldsymbol{a}\in\mathbb{R}$ において連続であるための必要十分条件は

$$(\forall\varepsilon>0)(\exists\delta>0)(|x-a|<\delta\Rightarrow|f(x)-f(a)|<\varepsilon)$$

である．

第 4 に，そしてより本質的なことですが，定義のこれまでのバージョンは f がすべての $x\in\mathbb{R}$ について定義されていると暗黙に仮定していました（$f(x)$ が定義されていない可能性に言及していませんでした）．この仮定を行わず，f を限定された定義域のみで定義するバージョンを見かけるかもしれません．

定義• 関数 $f:A\to\mathbb{R}$ が $\boldsymbol{a}\in\boldsymbol{A}$ において連続であるための必要十分条件は

$\forall \varepsilon > 0 \exists \delta > 0$ s.t. $x \in A$ かつ $|x-a| < \delta$ ならば $|f(x)-f(a)| < \varepsilon$

である.

たぶんこの定義のほうが優れているのでしょうが，ちょっと長いので，私はこれからも，いたるところで関数が定義されたシンプルなバージョンのほうを使い続けることにします.

第5に，このようなバージョンを見かけるかもしれません．ここで「$\lim_{x \to a} f(x)$」は「x が a に近づくときの $f(x)$ の極限」と声に出して読みます.

定義 関数 $f:\mathbb{R} \to \mathbb{R}$ が $\boldsymbol{a} \in \mathbb{R}$ **において連続**であるための必要十分条件は $\lim_{x \to a} f(x)$ が存在して $f(a)$ と等しいことである.

実際，あなたが微積分を勉強したことがあるのなら，すでにこの定義を見かけているかもしれません．これは私の与えた定義とは違って見えますが，実際には同じことを言っています．7.10 節で説明するように，極限の定義は連続の定義と密接に関係しているからです.

最後に，あなたの講義で数列と連続性を両方とも扱う場合には，このような定義を見かけるかもしれません.

定義 関数 $f:\mathbb{R} \to \mathbb{R}$ が $\boldsymbol{a} \in \mathbb{R}$ **において連続**であるための必要十分条件は $(x_n) \to a$ であるようなすべての数列 (x_n) について，$(f(x_n)) \to f(a)$ となることである.

この定義も妥当である理由が理解できますか？ 連続関数のグラフを描き，$(x_n) \to a$ となるような $x_1, x_2, x_3, \ldots$ を x 軸にプロットして，縦軸上の対応する $f(x_1), f(x_2), f(x_3), \ldots$ の値について考えてみてください.

7.7 関数が連続であることを証明する

講義では定義を紹介した後，それを満たす対象物の例を挙げて確かにそうであることを証明するのが普通です．ここでは，$f(x)=3x$ として与えられる関数 $f:\mathbb{R}\to\mathbb{R}$ が，すべての $a\in\mathbb{R}$ において連続であることを証明してみましょう．あなたが，この関数が連続であることを知っているのはわかっています．ここでは結果ではなく，理論の枠組みの中でどのように証明できるか，ということに重きを置いてほしいのです（考え方は 5.8 節と非常に良く似ています）．

人によって証明の構成アプローチは異なりますし，あなたやあなたの講師は純粋に論理的で代数的なアプローチをとるほうが好みかもしれません．しかし，ご存知のように私は図が好きなので，まず図を描いてみる傾向があります．以下に関数 f と点 a と ε の任意っぽい値とともに，定義を再び示します．

定義 ● 関数 $f:\mathbb{R}\to\mathbb{R}$ が $\boldsymbol{a\in\mathbb{R}}$ **において連続**であるための必要十分条件は $\forall\varepsilon>0\ \exists\delta>0$ s.t. $|x-a|<\delta$ ならば $|f(x)-f(a)|<\varepsilon$ となることである．

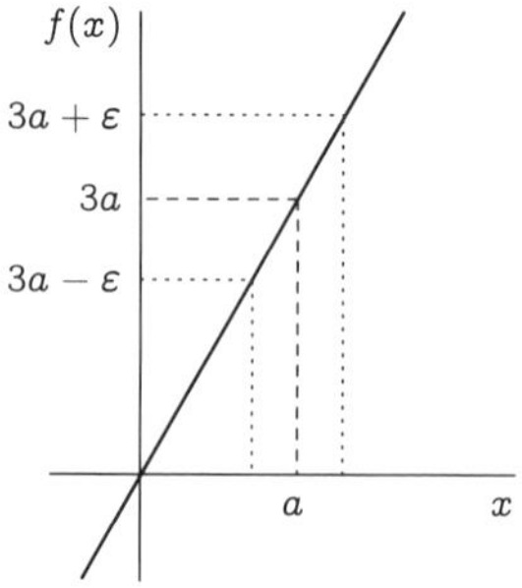

与えられた ε について，δ をどんな値に取れば「$|x-a|<\delta$ ならば $|f(x)-f(a)|<\varepsilon$」が確実に成り立つようにできるでしょうか？ すぐに答えが出せなければ，ε が 1 だったらどうなるだろうか？ ε が $\frac{1}{2}$ だったら？ などと自問自答してみてください．δ が ε に依存しているのは明らかです．ε が小さな値になればなるほど，δ を小さな値にする必要があるからです．実際にはこの関数によって「すべては 3 倍に引き伸ばされる」ので，$f(x)$ 軸上に取る区間の 3 分の 1 の大きさの区間を x 軸に取る必要があります．つまり，$\delta=\varepsilon/3$ なら大丈夫です．これが示せたら，次は定義の構造を手引きとして使って，証明を書いてみましょう．

証明したいのは，すべての $a \in \mathbb{R}$ について定義が成り立つということなので，a を任意に取るのがよさそうです(ここでの「任意」という言葉の意味は，性質に関して何も特別な仮定をせずに好きな a を選ぶということです)．この a について，$\forall \varepsilon > 0$ についてあることが成り立つことを示したいわけです．ですから，$\varepsilon > 0$ も任意に取ることにして，次のように証明を書き始めてみましょう．

主張 ▪ $f(x) = 3x$ によって与えられる $f: \mathbb{R} \to \mathbb{R}$ は，すべての $a \in \mathbb{R}$ において連続である．

証明 ▸ $a \in \mathbb{R}$ を任意に取り，$\varepsilon > 0$ を任意に取る．

この値の a とこの値の ε について，あることが成り立つような $\delta > 0$ の値が存在することを示したいわけです．何かが存在することを示す最も簡単な方法は実際にそれを作ってみることであり，それは上記の推論に基づいて行えます．

主張 ▪ $f(x) = 3x$ によって与えられる $f: \mathbb{R} \to \mathbb{R}$ は，すべての $a \in \mathbb{R}$ において連続である．

証明 ▸ $a \in \mathbb{R}$ を任意に取り，$\varepsilon > 0$ を任意に取る．
$\delta = \varepsilon / 3$ とする．

この後は，$|x - a| < \delta$ ならば $|f(x) - f(a)| < \varepsilon$ であることを示す必要があります．ここでは，$f(x)$ の値と $f(a)$ の値を $|f(x) - f(a)|$ に代入し，δ と ε の間の関係を利用して多少の計算を行うことによって，これを示すことができます．証明を読むときに，各等式・不等式が成立する理由をきちんと確認してください．

主張 ▪ $f(x) = 3x$ によって与えられる $f: \mathbb{R} \to \mathbb{R}$ は，すべての $a \in \mathbb{R}$ におい

て連続である．

証明▸ $a \in \mathbb{R}$ を任意に取り，$\varepsilon > 0$ を任意に取る．
$\delta = \varepsilon/3$ とする．
すると，$|x-a| < \delta$ ならば
$|f(x)-f(a)| = |3x-3a| = 3|x-a| < 3\delta = 3\varepsilon/3 = \varepsilon$ が成り立つ．

厳密には証明はもう終わっています．すべての $a \in \mathbb{R}$ について，定義が満たされていることを証明したからです．しかし，結論を 1 行書いておくのが親切でしょう．シンプルに「ゆえにすべての $a \in \mathbb{R}$ について f は連続である」と書いてもよいのですが，この議論を要約する 1 行を追加することもできます．

主張▪ $f(x) = 3x$ によって与えられる $f: \mathbb{R} \to \mathbb{R}$ は，すべての $a \in \mathbb{R}$ において連続である．

証明▸ $a \in \mathbb{R}$ を任意に取り，$\varepsilon > 0$ を任意に取る．
$\delta = \varepsilon/3$ とする．
すると，$|x-a| < \delta$ ならば
$|f(x)-f(a)| = |3x-3a| = 3|x-a| < 3\delta = 3\varepsilon/3 = \varepsilon$ が成り立つ．
ゆえに，すべての $a \in \mathbb{R}$ について以下のことが示された．

$$\forall \varepsilon > 0 \; \exists \delta > 0 \text{ s.t. } |x-a| < \delta \text{ ならば } |f(x)-f(a)| < \varepsilon.$$

したがって，すべての $a \in \mathbb{R}$ について f は連続であり，主張が示された．

もちろんこの証明は，3.5 節の自己説明に関するアドバイスに従いつつ，注意深く読むようにしてください．またさらに先を考えて，この証明をどのように変更できるか自分に問いかけてみてください．例えば，ここでは $\delta = \varepsilon/3$ としましたが，それは必要だったでしょうか？　その代わりに $\delta = \varepsilon/4$ としてはダメでしょうか？　$f(x) = 2x+2$ や，$f(x) = -3x$ の場合にも対応できるように，証明を変更するにはどうすれば良いでしょうか？　でも注意してください．負の数や絶対値を使って証明をいじくり回し，かえって難しいことにして

しまった人を見かけたことがあります．$f(x)=cx$（ここで c は定数）にも対応できるように変更するにはどうすれば良いでしょうか？ その変更は，c が負の値の場合でも有効でしょうか？ さらなる変更なしに，$c=0$ についても成り立つでしょうか？

最後に覚えておいてほしいこととして，あなたの講義ではこのような証明が違ったかたちで提示されるかもしれません．この証明の構造は定義の構造をそのまま反映しており，それは多くの場合に言えることです．ですから図を描く人もいますが，代数的に説明する人もいます．わざと等号の右辺を空けて「$\delta=$ 　とする」と書き，それから一連の不等式を作成して δ がどんな値になる必要があるのかを導き出し，そして最初に戻って δ の値の空白を埋める，というやり方をする講師も多いのです．

7.8 連続な関数の組み合わせ

前節における証明はシンプルな線形関数に関するものでしたが，それ以外の関数の場合はもっと複雑になってきます．例えば，$f(x)=x^2$ として与えられる $f:\mathbb{R}\to\mathbb{R}$ がすべての $a\in\mathbb{R}$ において連続であることを証明したいとしましょう．この証明にも定義が利用できるはずですが，どの部分が複雑になるでしょうか？

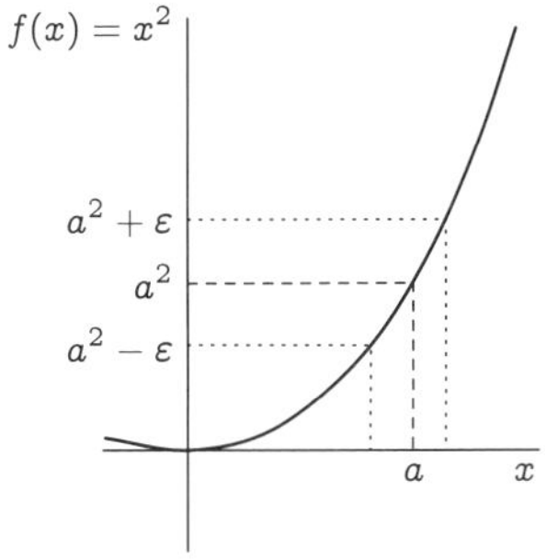

1つの問題は，グラフがカーブしているため，δ の適切な値が ε だけでなく，a にも依存してくることです．a が 0 から遠く離れるほど，δ を小さくする必要があるのです．具体的には，妥当な δ は $|\sqrt{a^2+\varepsilon}-a|$ と $|\sqrt{a^2-\varepsilon}-a|$ の小さ

いほうになります[*4](このことは $a<0$ の場合にも成り立つでしょうか？)．あなたの講義ではこれらの観察に基づいて証明を組み立てることになるかもしれませんが，それに代わる組織的なアプローチとして，積の法則を証明することもできます．

定理(連続関数の積の法則) ▪ $f:\mathbb{R}\to\mathbb{R}$ と $g:\mathbb{R}\to\mathbb{R}$ が両方とも $a\in\mathbb{R}$ において連続であるとする．
このとき fg は a において連続である．

この定理は $f(x)=x^2$ についての結果を得るために利用できます(どうやって？)が，明らかにもっと一般的な定理です．

ここでは積の法則は証明しません(典型的な証明は，収束する数列の積の法則の証明と同様です)．けれどもこの積の法則を使って，$f_n(x)=x^n$ という形をしたすべての関数はいたるところ連続であるという，さらに別の定理を証明する方法を示しておきましょう．これは帰納法による証明であり[*5]，$f_1(x)=x$ がいたるところ連続であるという主張(これはどうやって証明すればよいでしょうか？)も利用します．

定理 ▪ すべての $n\in\mathbb{N}$ について，$f_n(x)=x^n$ によって与えられる $f_n:\mathbb{R}\to\mathbb{R}$ はすべての $a\in\mathbb{R}$ において連続である．

証明 ▸ $a\in\mathbb{R}$ を任意に取る．
このとき $f_1(x)=x$ は a において連続である．
帰納法のため，f_k が a において連続であると仮定する．
$\forall x\in\mathbb{R}$，$f_{k+1}(x)=x^{k+1}=x^k x^1=f_k(x)f_1(x)$ であることに注意せよ．
よって $f_{k+1}=f_k f_1$ であり，したがって積の法則により f_{k+1} は a

*4　訳注：$\varepsilon>a^2$ のときは $\sqrt{a^2-\varepsilon}$ が実数でなくなってしまいますが，ε は十分小さいときだけ考えればよいので，$a>0$ のときはこのことは本質的ではありません．$a=0$ のときはどうなるか考えてみてください．
*5　大学数学の入門書か，[6] の 6.4 節を参照してください．

において連続である．

ゆえに，帰納法により，$\forall n \in \mathbb{N}$，$f_n(x)=x^n$ は a において連続である．

このように，a は任意に選ばれたのであるから，すべての $n \in \mathbb{N}$ について，$f_n(x)=x^n$ によって与えられる $f_n:\mathbb{R}\to\mathbb{R}$ はすべての $a \in \mathbb{R}$ において連続であることが証明された．

多くの学生がこの証明を理解するものの，なぜわざわざ帰納法を使う必要があるのだろうかと疑問に思います．彼らは積の法則から，この定理が直接証明されると思っているのです．しかし，それは間違いです．積の法則は，ちょうど 2 個の関数の掛け合わせについて述べているのであり，n 個どころか，3 個の関数の掛け合わせについても何も言っていません．定理はそこに書いてある通りのことを意味しており，それ以上のことは言っていないので，ここでは帰納法が必要となるわけです．

この節の最後に，いくつかの連続性に関する基本的な定理の間の重要な違いについて，読者の関心を引いておきたいと思います．まず，これは 7.7 節の結果を一般化した定理とその証明です．

定理 ▪ $c \in \mathbb{R}$ とする．このとき $f(x)=cx$ によって与えられる $f:\mathbb{R}\to\mathbb{R}$ は，すべての $a \in \mathbb{R}$ において連続である．

証明 ▸ $a \in \mathbb{R}$ を任意に取り，$\varepsilon > 0$ を任意に取る．

$\delta = \dfrac{\varepsilon}{|c|+1}$ とする．

すると $|x-a|<\delta$ ならば，

$$|f(x)-f(a)|=|cx-ca|=|c||x-a| \leqq |c|\delta = \frac{|c|\varepsilon}{|c|+1} < \varepsilon.$$

よって $\forall a \in \mathbb{R}$ について以下が示された．

$$\forall \varepsilon > 0\ \exists \delta > 0 \text{ s.t. } |x-a|<\delta \text{ ならば } |f(x)-f(a)|<\varepsilon.$$

したがって f はすべての $a \in \mathbb{R}$ において連続であり，主張が示された．

それほど難しくは思えないでしょう(でも「$|c|+1$」と「$+1$」しているのはゼロによる除算を防ぐためだ，ということは知っておいたほうがよいかもしれません)．しかし，これを別の定理やその証明と混同する人がよくいるのです．特に，前提と結論についてあまり明確に考えていない人に多く見受けられます．これがその別の定理です．

定理(連続関数の定数倍の法則) ▪ $f:\mathbb{R}\to\mathbb{R}$ が a において連続であり，$c\in\mathbb{R}$ とする．
このとき，cf は a において連続である．

証明 ▸ $\varepsilon>0$ を任意に取る．
すると[*6] $\exists\delta>0$ s.t. $|x-a|<\delta$ ならば $|f(x)-f(a)|<\dfrac{\varepsilon}{|c|+1}$.
よって $|x-a|<\delta$ ならば

$$|cf(x)-cf(a)|=|c||f(x)-f(a)|\leqq\frac{|c|\varepsilon}{|c|+1}<\varepsilon.$$

よって $\forall\varepsilon>0\ \exists\delta>0$ s.t. $|x-a|<\delta$ ならば $|cf(x)-cf(a)|<\varepsilon$.
したがって cf は a において連続である．

明らかに，解析を記号のパターンマッチングで学ぼうとするのはよくない考えです．見た目はよく似た2つの定理や証明も，実際には大きく違うかもしれません．ここでは最初の定理は $f(x)=cx$ によって与えられる $f:\mathbb{R}\to\mathbb{R}$ という特別な関数に関するものであり，証明はこの関数が連続の定義を満たすことを示すものでした．2番目の定理では，f が a において連続であるということが前提となっており，証明はこの前提から出発して cf もまた連続の定義を満たすことを確かめるものでした．2つの証明ではいくつか似通った概念が使われていますが，このように前提と結論が違うため，構造は異なっています．このことを心に留めながら，もう一度2つの定理と証明を読んでみるとよいでしょう．

---

*6　$\varepsilon>0$ ならば $\varepsilon/(|c|+1)>0$ なので，f が a において連続であることから，$\delta>0$ が存在して $|x-a|<\delta$ ならば $|f(x)-f(a)|$ がこの数 $\varepsilon/(|c|+1)$ よりも小さくなります．

7.9 他の連続性に関する定理

この本は，解析の講義に出てくるすべてのことをカバーするものではありません．しかし，他の章と同様に，ここでも講義に出てきそうなことをいくつか取り上げて，考え方の一例を示しておきましょう．最初は，よく積の法則と一緒に取り上げられる定理です．

定理（連続関数の和の法則）■ $f:\mathbb{R}\to\mathbb{R}$ と $g:\mathbb{R}\to\mathbb{R}$ が両方とも $a\in\mathbb{R}$ において連続であるとする．
このとき $f+g$ は a において連続である．

これを証明するには，どうすれば良いと思いますか？ インスピレーションが必要なら，5.10 節を見てください．

2 番目は，この便利な補題です．

補題■ $f:\mathbb{R}\to\mathbb{R}$ が $a\in\mathbb{R}$ において連続であって $f(a)>0$ であれば，$\exists\delta>0$ s.t. $|x-a|<\delta$ ならば $f(x)>0$.

この補題は，自分の理解を試す練習にぴったりです．この補題が何のことを言っているか，そしてそれが直観的に正しいと（あるいは自明であるとさえ）言える理由がすぐに理解できるでしょうか？ すぐに理解できなくても，理解に役立ちそうな図を描くことはできますか？ 2.4 節と 2.5 節に，そんな図の描き方に関するアドバイスがあります．この補題が正しいに違いないと確信できたら，連続の定義との関係について考え，どうすれば証明できるか試してみてください．

3 番目は，この自明な定理です．

中間値の定理■ f が $[a, b]$ において連続であり，y が $f(a)$ と $f(b)$ の間に存在するとする．

このとき $\exists c \in (a, b)$ s.t. $f(c) = y$.

この定理は，2.5 節のアドバイスに従って考えてみるのが良いでしょう．この定理は $f(a)$ と $f(b)$ の間に存在する y についてのみ述べていますが，この関数はその区間の外側の値を取ることもあるかもしれません．

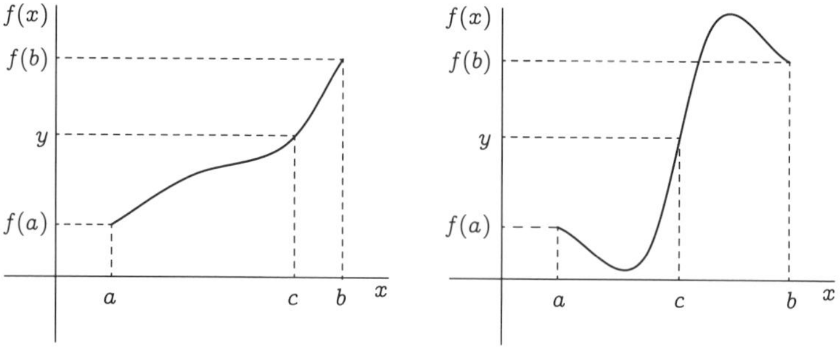

中間値の定理(intermediate value theorem, IVT)の証明には，実数の性質に関する精緻なアイディアがいくつか使われます．それについては 10.5 節で触れることとし，ここでは IVT の証明は行いません．しかし IVT を使って，7.2 節に出てきた不動点定理を証明することができます．

定理■ $f : [0, 1] \to [0, 1]$ が連続であるとする．
このとき，$\exists c \in [0, 1]$ s.t. $f(c) = c$.

証明▶ $f(0) = 0$ または $f(1) = 1$ であれば自明．
それ以外の場合について，関数 $h(x) = f(x) - x$ を考える．
和の法則により，h は $[0, 1]$ において連続である．
ここで $f(0) \in [0, 1]$ であるが $f(0) \neq 0$ なので $h(0) > 0$ が言え，
かつ $f(1) \in [0, 1]$ であるが $f(1) \neq 1$ なので $h(1) < 0$ が言える．
よって，中間値の定理により，$\exists c \in (0, 1)$ s.t. $h(c) = 0$.
しかし $h(c) = 0 \Rightarrow f(c) = h(c) + c = 0 + c = c$.
したがって $\exists c \in [0, 1]$ s.t. $f(c) = c$ であり，定理が示された．

図の助けを借りながら証明の道筋を追いたい人は，次の図を見てください．この図には前提を満たす関数と直線 $y=x$ が示されていて，両向き矢印は $h(x)$ を表しています．

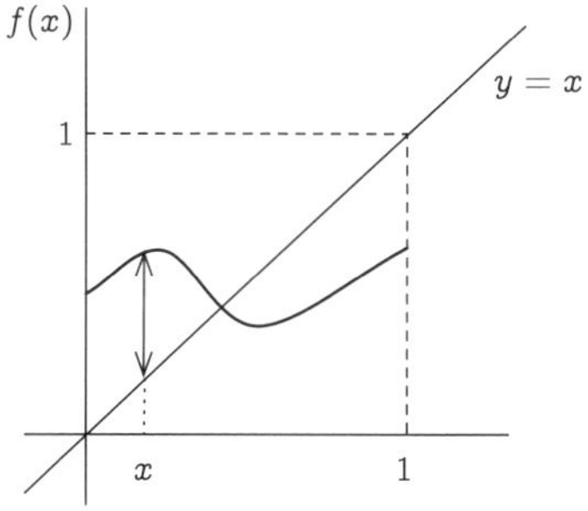

7.10 極限と不連続点

連続性は極限と密接に関係していますが，この節では関連する定義を比較しながらそのことを調べていきます．しかしいつものように，まずいくつか図を見てもらいましょう．下に示す 2 つの関数は，両方とも a において不連続です．しかし，その様子は異なっています．最初の関数には，x が a に近づくときの極限が存在しません．a の左側の点と右側の点とでは，関数の値が「かけ離れて」いるのです．2 番目の関数には，x が a に近づくときの極限が存在します．どちらの側から a に近づいた場合でも，関数の値は l という値に近づいていき，このことを数学者は「x が a に収束するとき $f(x)$ は l に収束する」と言います．$l \neq f(a)$ なのでこの関数は a において連続ではありませんが，極限は存在するのです．

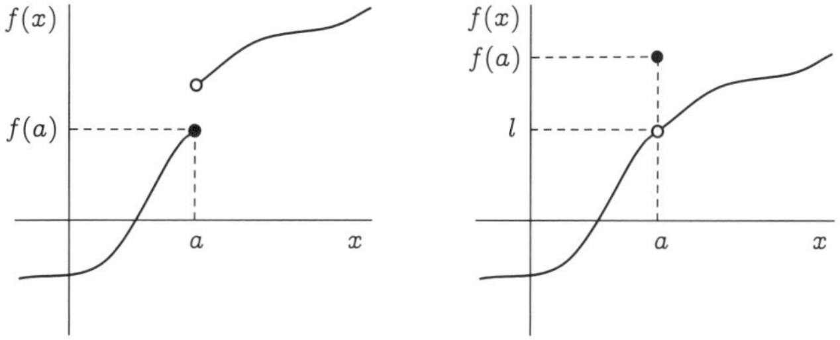

この図は，私にとって，極限と連続との関係について重要な洞察を提供し，連続の定義の1つのバリエーションを説明してくれるものです．

定義● 関数 $f:\mathbb{R}\to\mathbb{R}$ が $\boldsymbol{a}\in\mathbb{R}$ **において連続**であるための必要十分条件は $\lim_{x\to a} f(x)$ が存在して $f(a)$ と等しいことである．

つまり，連続であるためには極限が存在してその値 $f(a)$ が「正しい場所」にあることが必要なわけです．これは直観的です(少なくとも私は直観的に納得できますが，これで満足できない人は別の説明を探してみてください)．極限と連続の定義を以下に示すので，比べてみてください．

定義(極限)● $\lim_{x\to a} f(x)=l$ であるための必要十分条件は

$$\forall\varepsilon>0\,\exists\delta>0 \text{ s.t. } 0<|x-a|<\delta \text{ ならば } |f(x)-l|<\varepsilon$$

である．

定義(連続)● 関数 $f:\mathbb{R}\to\mathbb{R}$ が $\boldsymbol{a}\in\mathbb{R}$ **において連続**であるための必要十分条件は

$$\forall\varepsilon>0\,\exists\delta>0 \text{ s.t. } |x-a|<\delta \text{ ならば } |f(x)-f(a)|<\varepsilon$$

である．

極限の定義には，値 $f(a)$ ではなく一般的な極限 l が含まれます．それ以外の唯一の違いは，$|x-a|<\delta$ ではなく $0<|x-a|<\delta$ の場合に何かが成り立つ必要があることです．これがどう影響するのでしょうか？ 距離の観点から考えると，$0<|x-a|$ は x と a の距離が厳密にゼロよりも大きいことを意味しています．つまり $x\neq a$ なので，この定義は点 $x=a$ において起こることについては何も述べていません．つまり a における極限が存在する関数でも「正しい」$f(a)$ の値を持たないということがあり得ます．それどころか，$f(a)$ が定義されない場合であっても極限は存在し得るのです．

極限バージョンの連続性の定義を使うと，この章の最初のほうで引用したいくつかの関数についてシンプルに考えることができます．例えば以下に示す関数のうち，一番左のものだけがゼロにおいて連続ではありません．他の2つは両方ともゼロにおいて連続です．これらの関数はゼロの左側と右側とで違った定義がなされていますが，どちらも左からの極限と右からの極限が同じでこの極限が $f(0)$ に等しいからです．

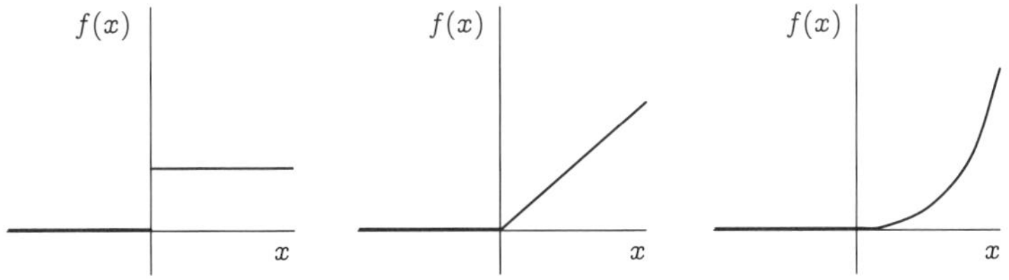

$f(x)=\begin{cases}0 & (x<0 \text{ の場合})\\ 1 & (x \geqq 0 \text{ の場合})\end{cases}$ $f(x)=\begin{cases}0 & (x<0 \text{ の場合})\\ x & (x \geqq 0 \text{ の場合})\end{cases}$ $f(x)=\begin{cases}0 & (x<0 \text{ の場合})\\ x^2 & (x \geqq 0 \text{ の場合})\end{cases}$

何を利用してこれを証明するかは，あなたの講義が何を重視しているかによって異なるかもしれません．初級の微積分の講義なら，単に左からの極限と右からの極限が同じか違うかを観察するだけで十分なことが多いでしょう．解析では，このような主張の証明は極限の定義から導き出すことが期待されます．極限の定義と連続の定義は似たような構造をしていますから，連続の定義の取り扱いに関するこの章の情報がその方法を考えるために役に立つはずです．

もう1つの方法は，もとの連続の定義が満たされないことを示すことによって，じかに不連続性を証明することです．ここでは，7.1節に出てきた次の関数を例に取ってみましょう．

$$f(x)=\begin{cases}x+1 & (x \leqq 1 \text{ の場合})\\ 3 & (x>1 \text{ の場合})\end{cases} \quad \text{で与えられる } f:\mathbb{R}\to\mathbb{R}.$$

この関数は，1において不連続です．$f(1)=2$ であることに注意すると，これを証明するためには以下が真では**ない**ことを証明すればよいことになります．

$$\forall \varepsilon>0\ \exists \delta>0 \text{ s.t. } |x-1|<\delta \text{ ならば } |f(x)-2|<\varepsilon.$$

これは「すべてのイプシロンについて，デルタが存在し～」と言っていますから，適当なデルタが存在しないようなイプシロンの存在を示すことによって，これが真ではないことを証明できます．ここで少し時間をかけて，このことを確実に理解しておいてください．この例では $\varepsilon = \frac{1}{2}$ とすると，適当な δ が存在しないことが言えます．以下に示す証明を見てください．定義を否定する必要があるためこの証明は多少論理的に複雑になっているので，すべての行を定義と関連づけたり，参考になるのであれば下の図と関連づけたりするために，じっくり時間をかけましょう．

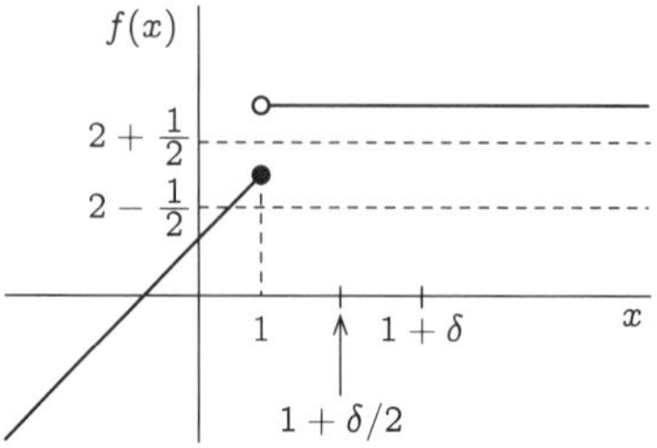

主張 ▪ $f(x) = \begin{cases} x+1 & (x \leqq 1 \text{ の場合}) \\ 3 & (x > 1 \text{ の場合}) \end{cases}$ で与えられる $f : \mathbb{R} \to \mathbb{R}$ は，1 において不連続である．

証明 ▸ $f(1) = 2$ であることに注意せよ．
$\varepsilon = \frac{1}{2}$ を考え，$\delta > 0$ を任意に取る．
すると $x = 1 + \delta/2$ は $|x-1| < \delta$ を満たすが，

$$|f(x) - f(1)| = |3-2| = 1 > \varepsilon.$$

よって，$\varepsilon = \frac{1}{2}$ については

$$|x-1| < \delta \text{ ならば } |f(x) - f(1)| < \varepsilon$$

を満たす $\delta > 0$ が存在しない．
したがって，f は 1 において不連続である．

いつものように，類似する例についてこの証明をどうアレンジすれば良いか考えてみてください．$f(1)$ の値が，グラフの左側ではなく右側の部分に「くっついて」いたらどうなるでしょう？　関数の「ジャンプ」がもっと小さい場

合には，どんな変更が必要になるでしょうか？

不連続に関する最後の注意として，下に示す2つの関数をもう一度考えてみましょう．左側の関数はいたるところ不連続ですが，これをどうやって証明すればよいか考えてみてください．右側の関数についてはどうでしょうか？大部分の人は，この関数もいたるところ不連続だと答えます．しかしそれは，定義ではなく直観に基づいた答えです．実はこの関数は，ゼロにおいて連続なのです．縦軸上に $|f(x)-f(0)|<\varepsilon$ を想像してみてください．$|x-0|<\delta$ ならば $|f(x)-f(0)|<\varepsilon$ であるような δ が確かに存在するので，連続の定義が満たされるのです．

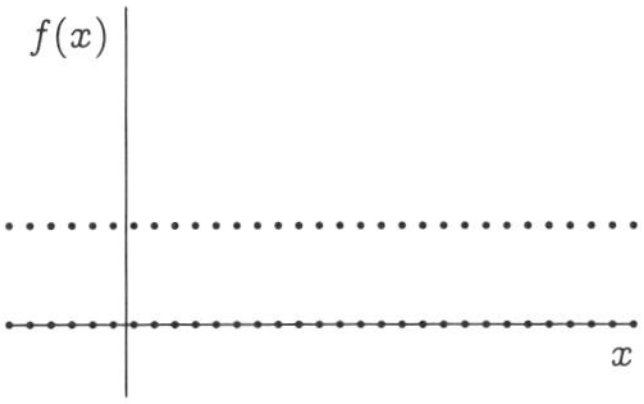

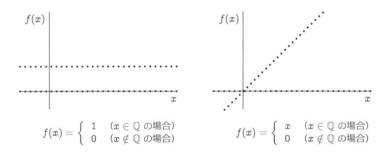

$$f(x)=\begin{cases} 1 & (x\in\mathbb{Q}\text{ の場合}) \\ 0 & (x\notin\mathbb{Q}\text{ の場合}) \end{cases}$$

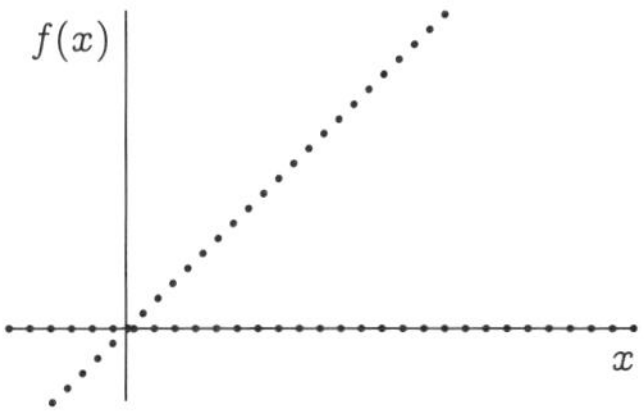

$$f(x)=\begin{cases} x & (x\in\mathbb{Q}\text{ の場合}) \\ 0 & (x\notin\mathbb{Q}\text{ の場合}) \end{cases}$$

これは，ある概念の数学的定式化が大部分の人の直観と一致する場合がほとんどであっても，いくつかの「境界」例についてはそうではないことを示す，良い例です．心配する必要はありません．このことを心に留めておき，定義に戻って考えるように心がければよいだけのことです．また，ちょうど2つの点で連続な関数を作り出すことはできるでしょうか？　ちょうど3つの点では？　ちょうど n 個の点では？

7.11　今後のために

連続性は重要な話題であり，またその中心となる定義が複雑なので，難しいと感じる人もいます．しかし，次のことは覚えておいてください．経験を積むほど定義の取り扱いが上手になるので，課題がたまっていく一方でもコツコツ取り組んでいれば次第に簡単に思えてくるはずです．また，たいてい解析の講義では連続性についてそれなりの時間をかけてから，微分可能性に進むということも知っておいてください．微分可能性は連続性よりも簡単なことが多いので，たとえ重要な連続性の証明につまずいてしまっても，やる気をなくすことはありません．きっと講義の途中から，新たなスタートが切れるはずです．

連続性を取り上げる講義では，おそらくここに示した材料をすべて取り扱うことになります．定数倍や和や積の法則など，連続な関数の組み合わせに関する定理の証明も行うでしょう(商の法則というものもありますが，これはどんなことを言っていると思いますか？)．多くの場合，これらは「連続な関数の四則演算」といった題目のもとにまとめられています．あるいは同様の結果をまず極限について証明してから，連続の定義の極限バージョンを利用して直接それを連続についても適用する，というやり方をするかもしれません．すべての多項式関数はいたるところ連続である，ということを述べた定理も出てくるかもしれません．今のあなたなら，和の法則と積の法則と帰納法による証明を使って，それを証明する方法を考え出すこともできるのではないでしょうか．中間値の定理の証明やさまざまな応用，そして極値定理(最大値・最小値の定理)の証明も行うことになるでしょう．

極値定理▪ $f:[a, b]\to\mathbb{R}$ が $[a, b]$ において連続であるとする．すると

1. f は $[a, b]$ において有界であり，
2. $\exists x_1, x_2\in[a, b]$ s.t. $\forall x\in[a, b],\ f(x_1)\leqq f(x)\leqq f(x_2)$.

この定理は，より簡潔に「閉区間において連続な関数は有界であり，最大値および最小値を取る」と述べられることも多いのですが，その理由がわかりますか？　また，これは定理を理解する練習にも適しています．いくつか図を描いて，これが成り立つ理由を自問自答してみてから，前提の 1 つを削ってみてください．関数が連続とは限らない場合にも，結論は成り立つでしょうか？関数が閉区間 $[a, b]$ ではなく開区間 (a, b) 上で定義されていたとしたらどうなるでしょうか？　また，これが極値定理と呼ばれる理由は何だと思いますか？

さらに進んだ講義では，これらの概念の高度なバージョンを学ぶことになるかもしれません．例えば閉区間は，より一般的な概念である**コンパクト集合**の一例です．トポロジーに関する講義では，コンパクト集合についてさらに学び，また関数の定義域が $\mathbb{R}$ の部分集合であるという制約なしに開集合や閉集合を利用して連続性を特徴づける方法についても学ぶかもしれません．さらに

進んだ解析の講義や距離空間に関する理論では，一様連続について学ぶかもしれません．これは，実数値関数については次のように定義されます．

定義● $f: A \to \mathbb{R}$ が A において一様連続であるための必要十分条件は

$$\forall \varepsilon > 0 \, \exists \delta > 0 \text{ s.t. } \forall x_1, x_2 \in A, |x_1 - x_2| < \delta \Rightarrow |f(x_1) - f(x_2)| < \varepsilon$$

である．

この定義は，普通の連続とはどう違うでしょうか？ 連続だが一様連続ではない関数，あるいはその反対の例は存在するでしょうか？

多変数の微積分では，連続性と極限の概念を，$f(x, y) = x^2 y$ によって与えられる $f: \mathbb{R}^2 \to \mathbb{R}$ のような，複数の変数を持つ関数に一般化します．そのような関数は，2 次元における曲線ではなく，3 次元における曲面を定義するものと考えることができます．そのような文脈で，連続性や極限がどのような役目をすると思いますか？ また次章で述べるように，極限は微分可能性の定義にも利用されます．

8 微分可能性

この章では，傾きと接線について論じ，よくある誤解の例とそれを避ける方法について説明します．微分可能性の定義をグラフ表現と関連づけ，シンプルな関数についてその適用方法を示し，関数が微分可能とならない場合を例示します．そして平均値の定理とテイラーの定理について述べ，これらをグラフや証明と関連づけます．

8.1 微分可能性とは何か？

この章では微分についてではなく，**微分可能性**について説明します．たぶんあなたは何年も微分を勉強しているでしょうし，あなたが標準的な関数を微分したり，公式を使って見たこともないような関数を微分したりできることは疑っていません(しかし，すばやく正確にそうできるようになりたいかもしれませんし，数学者はそれを期待するでしょう)．学部生向けの数学では，少なくとも 1 つの講義で，より複雑な関数を微分するための高度なテクニックを学ぶことになるでしょう．しかし解析は，そのための講義ではありません．

解析においては，微分を行うことではなく，関数が微分可能であるということが実際には何を意味するのか，という点に主な関心が向けられます．あなたはそれについてじっくり考えたことがあるかもしれませんし，少しは考えたけれども試験に出ないからという理由で忘れてしまったり，もしかすると導関数の表を使って微分することしか学ばなかったのでまったく考えたこともないかもしれません．それがどうあれ，この章では微分可能性についての直観的な考え方と定式的な考え方の両方について，あなたの知識を高め，双方のつながりがよくわかるようにすることを目的の 1 つとしています．まず，2.8 節で簡単に触れたアイディアを思い出しながら，直観的なアプローチから始めましょう．

大まかな第一近似のレベルでは，関数がある点において微分可能であるための条件は，その関数がその点においてある**傾き**(**勾配**)を持つと言えることです．同じことですが，関数がある点において微分可能であるための条件は，そのグラフ上でその点において接線が引けることだ，とも言えます．例えば，$f(x)=3x$ によって与えられる 1 次関数 $f:\mathbb{R}\to\mathbb{R}$ を考えてみてください．この関数は，いたるところ傾き 3 を持ちます．あなたはたぶん，1 次関数の接線についてあまり考えたことはないでしょう．接線に関心があるのは，直線ではなくカーブしているグラフの場合だけだからです．しかしこの直線のグラフの接線は，そのグラフそのものとなります(これを代数的に理解するには，どこか点を選んで接線を求めるための通常の手法を使ってみてください)．もちろん，このような関数は傾きを持つと言えます．

次に 1 次関数以外の関数，例えば $f(x)=x^2$ によって与えられる $f:\mathbb{R}\to\mathbb{R}$ を考えてみてください．もちろん，$y=mx+c$ のかたちをした関数に当てはまるような接線の概念は，この関数には当てはまりません．しかし，それを直観的に拡張した概念が適用できます．このグラフはカーブしていますが，どんどんズームインしていくと，どんどん直線のように見えてきます．実際に直線になることはありませんが，大部分の人は「極限において」このグラフ上に意味のある接線を引くことが可能だということに賛成してくれるでしょう．その点において(値が同じで傾きも同じだという意味で)この直線が関数と「一致」すると納得できるからです．

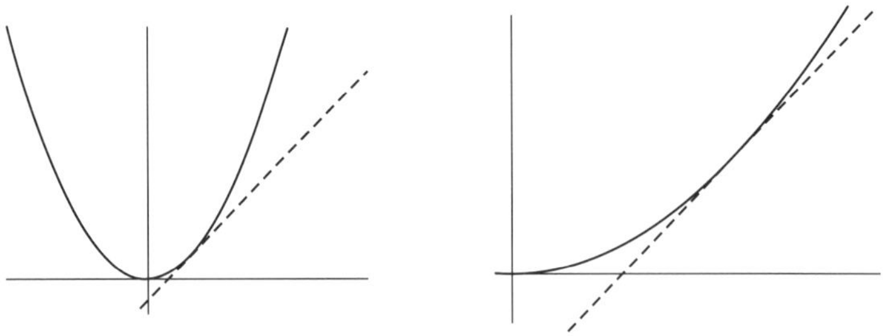

ですから，$f(x)=x^2$ のような関数では，グラフはカーブしていても傾きについて考えることには直観的な意味があります．**グラフの傾き**について考え

ることは，$f(x)=3x$ の場合にはできましたが，この場合にはできません．傾きは常に変化しているからです．しかし**ある点における傾き**を考えることはでき，それで十分なのです．

しかし，すべての関数についてこのようなことが言えるわけではありません．例えば，$f(x)=|x|$ として与えられる関数 $f:\mathbb{R}\to\mathbb{R}$ を考えてみてください．大部分の点で，この関数は意味のある傾きを持ちます．0 よりも左側では，傾きは -1 です．その右側では，1 です．しかし，点 $x=0$ では？ そこでズームインすると，何が起こるでしょうか？ 何かが違います．どれだけズームインしても，グラフが直線に近づくことはありません．どこまで行っても「角」があり，その角は鋭いままです．ですから，このグラフがゼロにおいて傾きを持つとは言えませんし，グラフに「一致」する接線を引くこともできないのです．

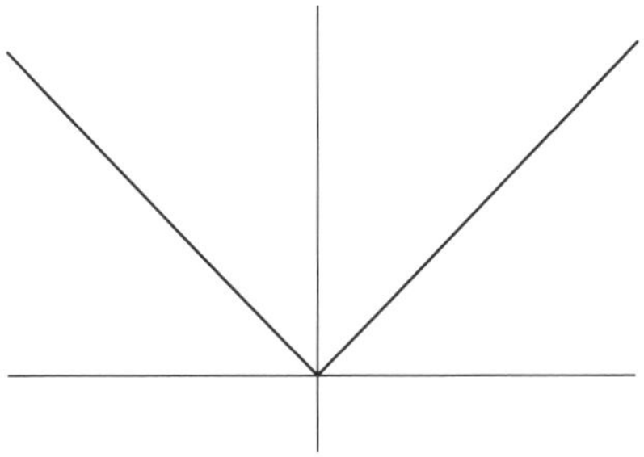

これが，微分可能性の意味です．非定式的に言えば，ある点で関数が微分可能であるための条件は，その点で傾きが特定できること，したがってその点において意味のある接線が考えられることです．「角」がある関数は，その点において微分可能ではありません．これは技術的な詳細やより洗練された考察を大幅に省いた説明ですが，これで微分可能性が有意義な概念だと感じてもらえればうれしいですし，出発点としては悪くないはずです．

8.2 よくある誤解

微分可能性の定義を見ていく前に，導関数や接線についてのよくある誤解に対して注意を喚起しておきたいと思います．あなたは何も誤解していないかもしれませんが，学部生は特に，このような考え方に陥りやすいものです．ですから，なぜそれが間違いなのかをはっきりさせ，そのような誤解を排除しておきましょう．

第1に，意味のある接線が存在しないようなグラフ上の点に，とにかく線を引いてみようとする人がときどきいます．「角」において，両側の接線の中間に「接線」を引こうとしたり，さらには複数の「接線」を，グラフの片側から反対側へ移動しながら点の周りを回転するがごとくに引こうとする人がいるのです．確立された数学理論に照らして，これは間違っています．どの点においても，グラフには唯一の意味のある傾き(したがって意味のある接線)が存在するか，まったく存在しないかのどちらかです．

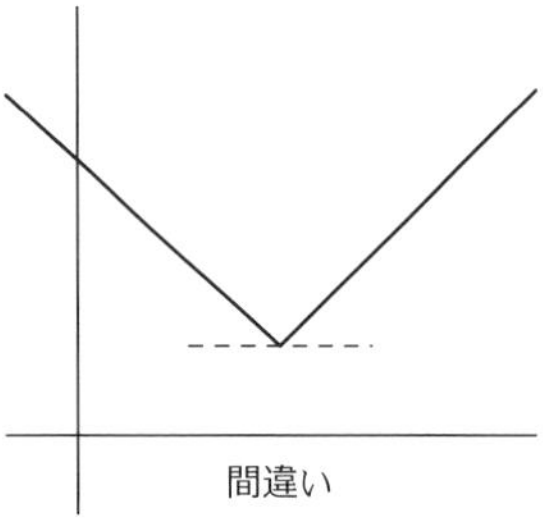

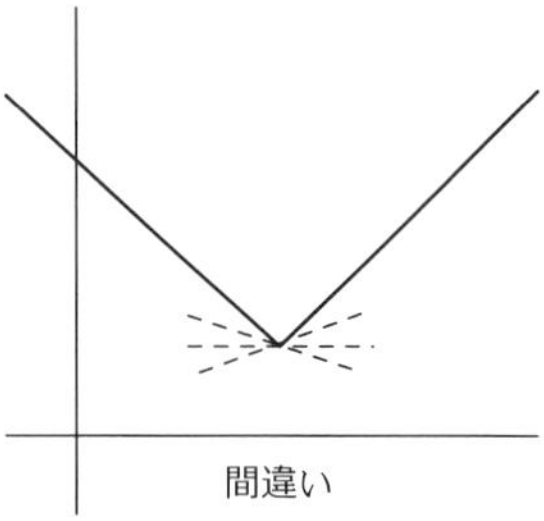

第2に，2.7節で誤解を招くグラフの描き方について述べたことを思い出してください．接線についても，同様のことが言えます．大部分の人が，$f(x)=\sin x$ によって与えられる関数 $f:\mathbb{R}\to\mathbb{R}$ のグラフを手描きすると，こんな感じになります[*1]．

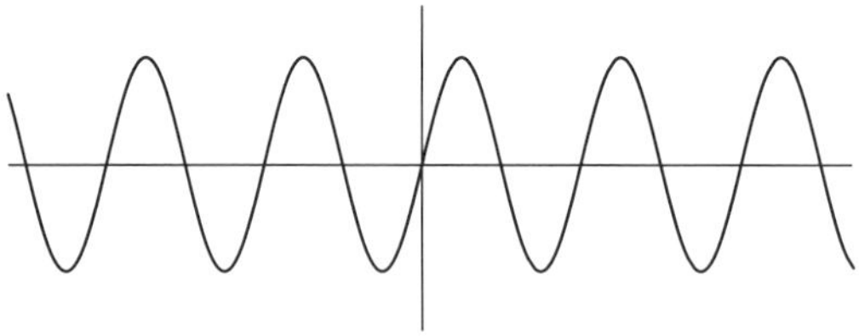

このグラフでは，例えば点 $x=2\pi$ における傾きが，とても大きく見えます．しかし，実際の傾きは最大でたったの1です(なぜでしょう？)．両方の軸を同じスケールにして f のグラフを描くと，次のようになります．

*1　実際には $x<0$ の部分を無視する人が多いのですが，それはやめてください．

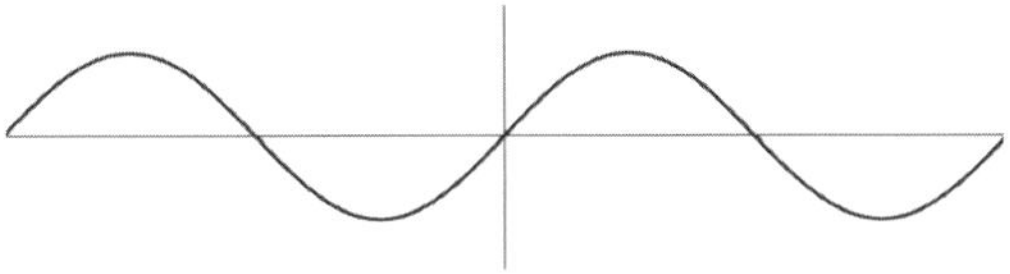

もとのグラフの描き方でも問題はありません．好きなように軸をスケーリングしてグラフを描いてかまわないからです．しかし，私たちは関数の性質を正しく反映してグラフを解釈するように(紛らわしいグラフによって関数についての直観が歪められることのないように)気をつけなくてはいけません．

第 3 に，関数ではなく円の接線と最初に出会う学生もいます．円の接線は円と 1 点のみで接し，接点において円を横切ることはありません(接線は接点の両側で円の「外側」を通ります)．このことは，次の図を見れば明らかでしょう．

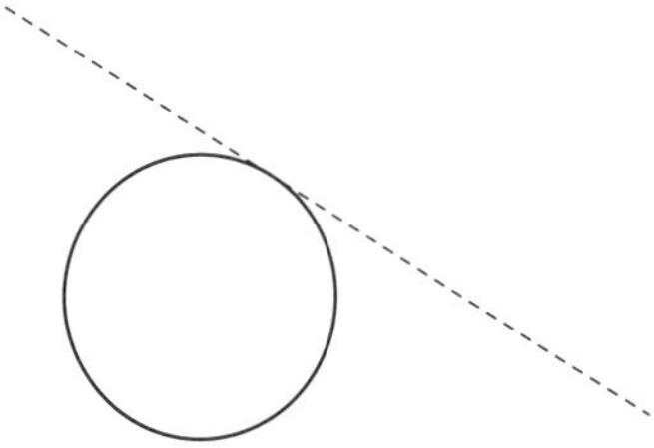

このどちらの性質も，関数のグラフの接線にはありません．接線が 2 点以上でグラフと交わることもあるでしょうし，接線が接点やそれ以外の点においてグラフを横切ることも十分あり得ます．例えば，$f(x)=\sin x$ として与えられる関数 $f:\mathbb{R}\to\mathbb{R}$ を再び考えてみましょう．接線が接点において曲線を横切るような点を見つけられますか？ 接点以外の点では？ 接線が無限に多くの点において曲線を横切るようなことがあるでしょうか？ たぶん，円の性質が関数のグラフにそのまま当てはまると明示的に考えている人はいないでしょうし，「円と関数は同じものだから接線がグラフを横切ることはない」などと独り言をつぶやく学生もいないでしょう．しかし，ある数学の分野で獲得した知識が別の分野にも適用できるとは限らない，ということは重要なので覚えておいてください．

第 4 に，この問題はゼロの導関数に関する誤解によって，さらに悪化することがあります．大部分の学生は，「関数 $f(x)=x^2$ の導関数は $x=0$ においてゼロとなる」のような文章を問題なく理解できます．しかし，例えば $g(x)=5$ によって与えられる関数 $g:\mathbb{R}\to\mathbb{R}$ の導関数について考え始めると，混乱する学生が多いのです．私は，少なくとも 3 つのあやふやな理解が，この混乱に関係していると思います．まず，$g(x)=5$ が本当に関数だということに，完全には納得していない人がいます．要するに 5 は単なる数なのだし，関数には「x が含まれていなければならない」はずだというわけです．この場合も，明示的にこのように考えている人はたぶんいないと思いますが，期待していたものと違った数式が出てくると，何となく不安を感じるものです．この種の混乱は，書き方を工夫することによって解消できることもあります．

- すべての $x\in\mathbb{R}$ について $g(x)=5$ によって与えられる関数 $g:\mathbb{R}\to\mathbb{R}$.

このような書き方をすれば，少しはましでしょう．

また，「数を微分することはできない」と考える人もいます．これは厳密には正しいのですが，そのような人の考えとは意味が違います．数を微分することは(適切な種類の対象物ではないので)できませんが，例えば $g(x)=5$ のように，いたるところ値としてその数を取る関数を微分することは**できる**のです．g の導関数はいたるところゼロです．g は定数関数なので，そのグラフは「平坦」になるからです．実際に，このような混乱に陥る人の大部分は，$h(x)=x^2+5$ によって与えられる $h:\mathbb{R}\to\mathbb{R}$ のような関数において「5 を微分する」ことは問題なくできるでしょう．彼らは「定数を微分するとゼロになる」ということは知っているのですが，関数全体が定数であるようなケースでは(無意識に，そして不必要に)当惑してしまうのです．

最後に，「ゼロは無である」という誤解が頭をもたげることも考えられます．定数関数のグラフを見たときでさえ「導関数は存在しない」と言いたくなる人はいるようですが，それはきっと導関数がゼロであることと導関数が存在しないということを混同しているのでしょう．この誤解がどこから生じているのかは，簡単に理解できます．私たちは最初この世界に存在するものをかぞえることによって数について学びますが，その場合には羊がゼロ匹いることと羊がいないということは同じ意味になります．しかし数学の世界では，ゼロは「無」とは違い，完全に意味のある数です．ある関数の導関数が 3 だと言ってよいのであれば，別の関数の導関数がゼロだと言ってもよいはずなのです．

これらの概念的な問題は，関数 $g(x)=x^3$ の点 $x=0$ における接線を水平に引くことへの抵抗につながっているのかもしれません．またこの例では，もう1つの問題にも直面することになります．例えば $f(x)=x^2$ によって与えられる $f:\mathbb{R}\to\mathbb{R}$ の場合，$x=0$ の左側の傾きは負であり，右側では正となるので，左から右へ移動する際に傾きが瞬間的にゼロになる点を通過するはずだという推測が成り立ちます(これには傾きが「なめらかに」変化するという仮定が必要ですが，これは妥当ですしだれもが直観的に行っている仮定です)．一方 $g(x)=x^3$ の場合は，$x=0$ の左側の傾きは正であり，右側の傾きも正なので，同様の論理的な後押しが得られず，ある点において傾きが「ゼロになるはず」と推論することができないのです．

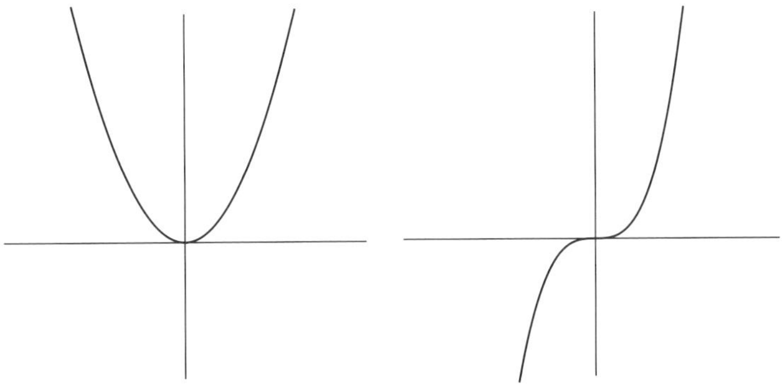

もちろん，実際には導関数はある点でゼロに**なる**のですが，いい加減に描いた図では導関数がゼロにならないということは理解しやすいでしょう．

つまり，導関数について正しく考えるためには，より深い，より定式的な意味での理解が必要なのです．しかし最初に1つだけコメントしておきましょう．鋭い読者は，この章にこれまで出てきた関数がすべて連続であることに気がついているはずです．7章でさまざまな不連続関数を見てきた読者は，微分可能性の概念がこれらの場合にどう適用されるのか疑問に思っているでしょう．特に「角」の概念は，関数がその点において連続でない場合は意味をなさないことに気づいているかもしれません．不連続関数では傾きや接線がどういう意味になるのか，ここで少し考えてみてください．微分可能性の定義について考察した後で，もう一度この問題に戻ってきましょう．

8.3　微分可能性——定義

単純に微分可能性の定義を示すのではなく，傾きの概念を自然に拡張するとどうなるのか，またそれが 8.2 節で展開した非定式的な考えとどう関係するのかを示したいと思います．先ほどと同様に，1 次関数から始めてみましょう．$f(x)=3x$ を例に取ることもできますが，もう少し抽象化した図を描いてみます．傾きとはインフォーマルに言えば，「右側に 1 単位進んだときに，何単位分だけ上に増えるか？」という質問への答えです(下に行くときには負の増分と考えます)．

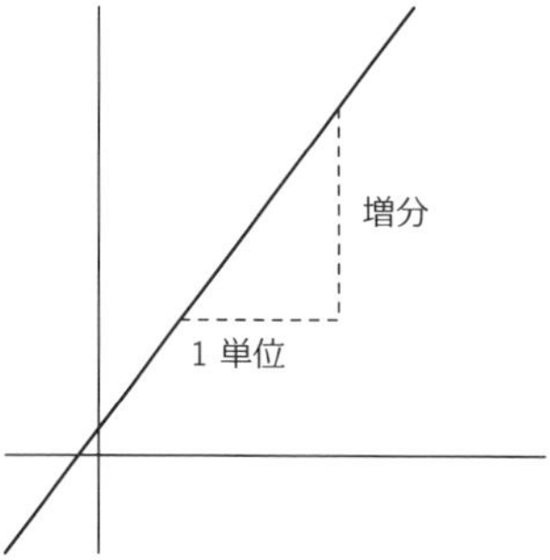

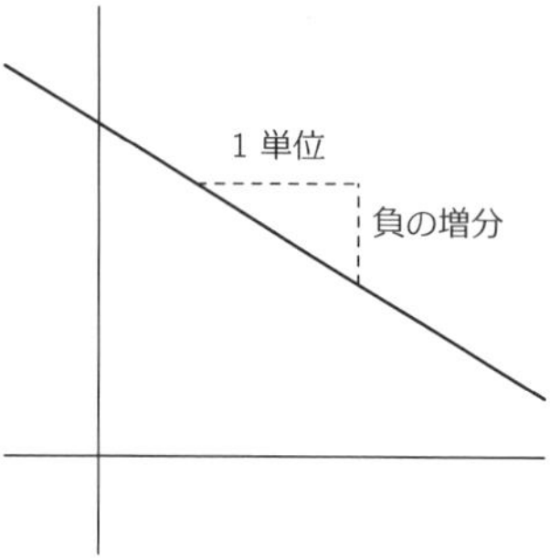

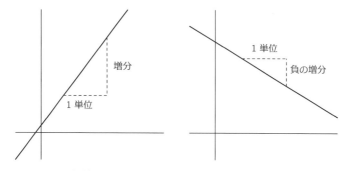

右にちょうど 1 単位進むというのは少し制約が厳しすぎますが，それにこだわる必要はありません．比の考えからいけば，グラフ上の任意の 2 点を取って「水平方向(右へ)の変化に対する垂直方向(上へ)の変化の比は？」と質問しても同じことです．

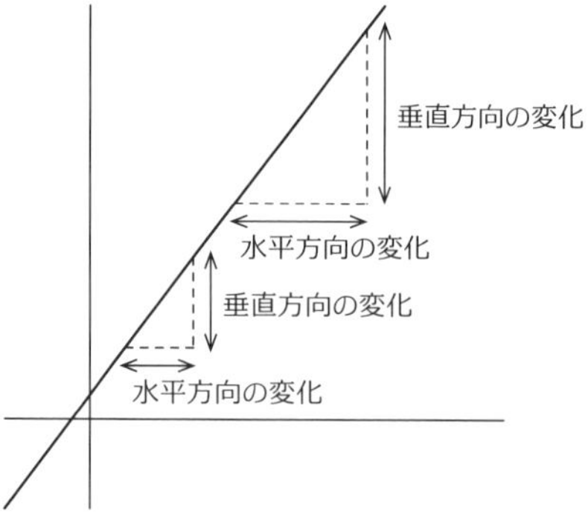

一般化する際にはラベルを付けるとわかりやすくなりますが，それには 2 つの流儀があります．1 つは「基準点」として a を，近傍の点として x を取る

方法です．もう1つは「基準点」として x を，近傍の点として $x+h$ を取る方法です．対応する f の値をラベル付けすると，それを使って傾きの式が書けます．

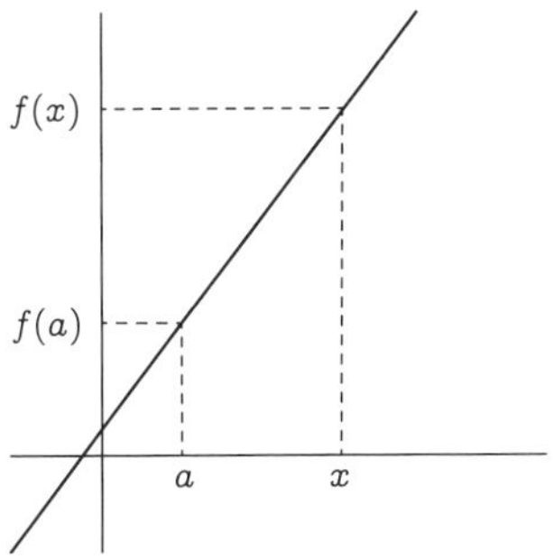

傾き $= \dfrac{f(x)-f(a)}{x-a}$

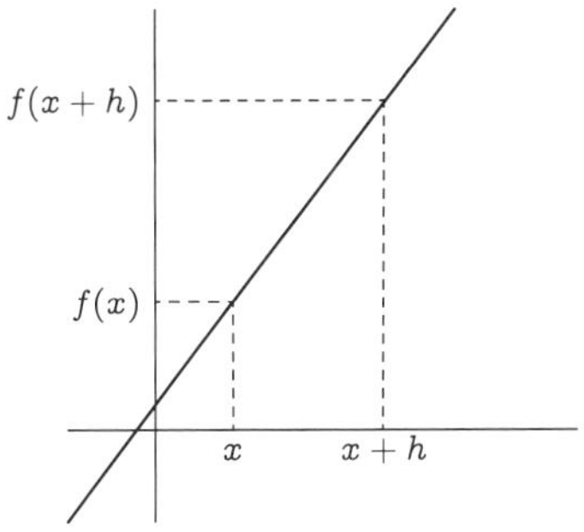

傾き $= \dfrac{f(x+h)-f(x)}{h}$

x が a の左側にあるとき(あるいは h が負のとき)にはどうなるでしょうか？同じ傾きが得られなくてはいけませんが，確かにそうなっていることがわかります．そのチェックは読者にお任せしましょう．もしわからなければ，例えば関数 $f(x)=3x$ に対して，代数的に確認してみてください．

一般化するために，カーブしたグラフ上に同じラベルを付けてみましょう(ここでも2通りのラベル付けの方法を示します)．

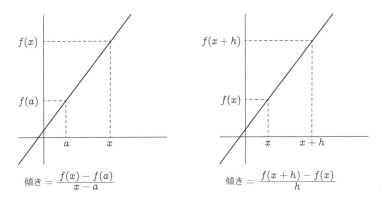

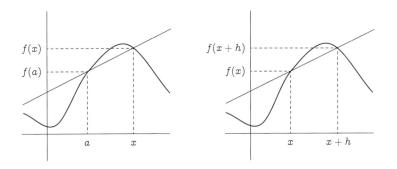

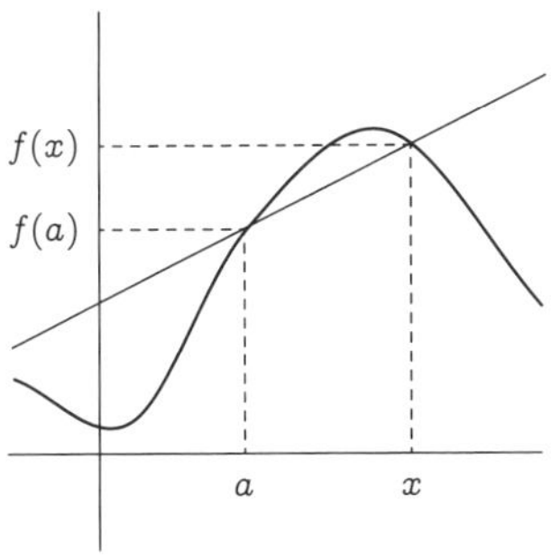

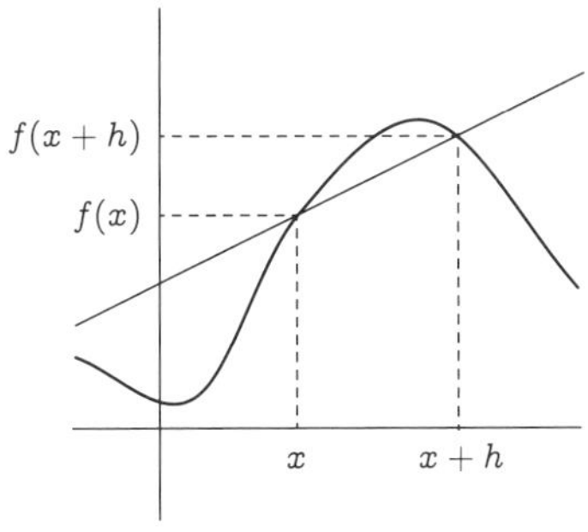

$(a,\ f(a))$ と $(x,\ f(x))$ を結ぶ線は，もはやグラフの接線ではない[*2]ので，割線(かっせん)という別の名前がついています．しかし，x を a に近づけていくと，割線は

*2　少なくとも一般的には，接線とはなりません．カーブしたグラフについて，これがたまたまある点の接線となっているような図は描けるでしょうか？

接線に「近い」ものとなっていきます(たくさん図を描いたので，ここではラベル付けの方法は1通りだけにしました).

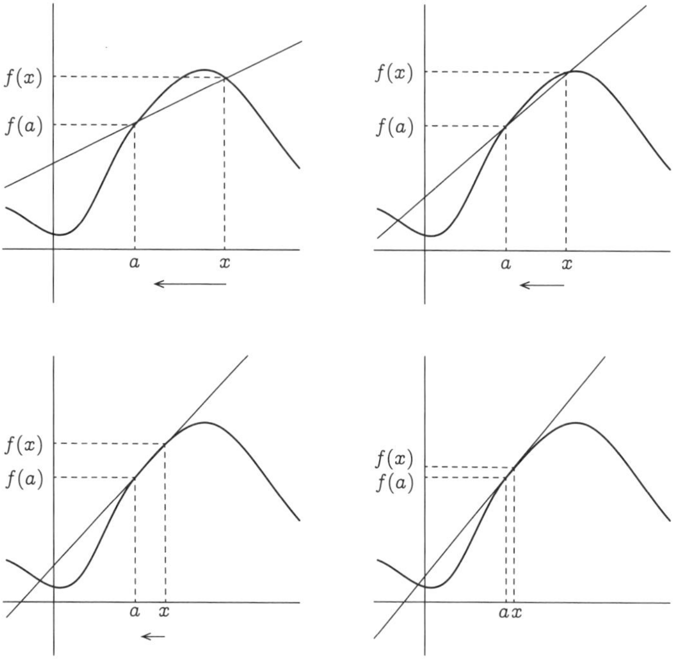

このように数学者は考えるのです．点をどんどん基準点に近づけていき，それに伴って割線も動くことを想像すると，最終的に**極限においては**，割線は接線に「一致」します．このことを，数学者は次のように書き表します．

$$f'(a)=\lim_{x\to a}\frac{f(x)-f(a)}{x-a}\quad \text{または}\quad \left.\frac{\mathrm{d}f}{\mathrm{d}x}\right|_a=\lim_{x\to a}\frac{f(x)-f(a)}{x-a}.$$

左側の式では，左辺は通常「f プライム a」あるいは「f ダッシュ a」と声に出して読みます．右側の式では，左辺は「ディー f ディー x の a における値」と読みます．どちらの場合も，右辺は

- 「x が a に近づくときの x マイナス a 分のエフ x マイナスエフ a の極限」

と読みます．別のラベル付けの方法を使って，同じ情報をどう書き表せばよいか試してみてください．

しかし，これで終わりではありません．この数式で導関数は得られますが，

解析で本当に興味があるのは微分可能性のほうです．そのため，実際に見かける定義は以下のいずれかのようになります．

定義• f が $\boldsymbol{a}$ **において微分可能**であるための必要十分条件は
$\displaystyle\lim_{x\to a}\frac{f(x)-f(a)}{x-a}$ が存在することである．

定義• $\displaystyle f'(a)=\lim_{x\to a}\frac{f(x)-f(a)}{x-a}$，**ただしこの極限が存在する場合に限る．**

最初の定義は極限の値そのものではなく，極限の**存在**を問題にしていることに注意してください．2 番目のものは導関数を定義していますが，解析では値を計算することよりも微分可能性のような性質の判定に重きを置くため，「ただしこの極限が存在する場合に限る」という言葉が重要になります．この定義は，この言葉がなければ完成しません．どちらの場合でも，もしあなたが微分可能性の定義を質問されて代数的な極限の部分だけを答えたとしたら，完全な定義を答えたことにはならないのです．

8.4 定義を当てはめる

つまり微分可能性は，極限が存在するかどうかの問題です．ですから，そのような極限が存在しない場合，つまり所与の点で関数が微分可能でないような場合を調べることによって，多くを学ぶことができます．しかし最初に，いくつかのなじみ深い微分可能な関数に定義を当てはめてみて，導関数が期待通り得られることを確かめてみましょう．

$f(x)=x^2+3x+1$ によって与えられる $f:\mathbb{R}\to\mathbb{R}$ を考えます．x と $x+h$ を使う流儀を採用して，この関数が $f'(x)=2x+3$ という導関数を持つという証明を書き下してみます(この証明を読みながら，3.5 節の自己説明の訓練を思い出してください)．

主張▪ $f(x)=x^2+3x+1$ ならば $f'(x)=2x+3$ である．

証明▸ $\forall x\in\mathbb{R}$ について，以下が成り立つ．

$$\begin{aligned}\frac{f(x+h)-f(x)}{h} &= \frac{(x+h)^2+3(x+h)+1-x^2-3x-1}{h}\\ &= \frac{x^2+2xh+h^2+3x+3h+1-x^2-3x-1}{h}\\ &= \frac{2xh+h^2+3h}{h}\\ &= 2x+h+3.\end{aligned}$$

したがって $\forall x\in\mathbb{R}$ について，以下が成り立つ．

$$f'(x)=\lim_{h\to 0}\frac{f(x+h)-f(x)}{h}=\lim_{h\to 0}(2x+h+3)=2x+3.$$

この証明の書き方について，注意してほしいことがいくつかあります．第 1 に，あらゆる $x\in\mathbb{R}$ について等式が成り立つということが 2 つの文章に明示的に書かれています．こうしたほうがよい理由は 2 つあり，1 つは x の値が異なると得られる結果が異なる場合があるため，もう 1 つはそのほうが読者に対して親切だからです．何について述べているのかは，しつこいくらい多くの場所で明示しておくのが良いでしょう．第 2 に，この証明では**差分商**(平均変化率) $(f(x+h)-f(x))/h$ に対する代数的操作をすべて示してから，その極限について説明しています．私はいつも学生たちに，このようなやり方をするようにアドバイスしています．こうしないと間違えてしまうことが多いからです．特に，最初の式の先頭に「lim」と書いたのに，それを忘れてしまって次のような書き方をする人が多いようです．

$$\lim_{h\to 0}\frac{f(x+h)-f(x)}{h}=\frac{(x+h)^2+3(x+h)+1-x^2-3x-1}{h}=\cdots$$

この等式は，もちろん間違いです．左辺の極限は，右辺と等しくありません．さらにひどい間違いとして，最後の式の先頭にまた「lim」を入れているのに，途中の式には入れていない例もよく見かけます．高いところからお説教をするつもりはありません．私自身，まさにこのような間違いをしてしまうことはありますし，最初に代数的操作を済ませてしまってから極限について述べるのが，そのような間違いを避ける最も簡単な方法だと気づいたのです(極限が存在することは実際には最後までわからないわけですから，専門的な意味からも望ましい書き方です)．第 3 に，ここで 2 番目の流儀を使った理由は特にありません．別のラベル付けの流儀を使ってみるのはよい練習になるでしょう．最後に，代数を勉強すればわかることですが，多項式では必ず項が打ち消し合うため期待通りの導関数が得られます．

さて，ここで別バージョンの定義を使って，$g(x)=x^3$ として与えられる $g\colon \mathbb{R}\to\mathbb{R}$ のゼロにおける導関数がゼロとなることを確かめてみましょう．役に立つテクニックを2つご紹介します．

まず，点 $a=0$ だけを特別に扱うことができます．

主張■ $g(x)=x^3$ ならば $g'(0)=0$.

証明▶ $\forall x\in\mathbb{R}$ について $\dfrac{g(x)-g(0)}{x-0}=\dfrac{x^3-0^3}{x-0}=\dfrac{x^3}{x}=x^2$ が成り立つことに注意せよ．

したがって $g'(0)=\lim_{x\to 0}\dfrac{g(x)-g(0)}{x-0}=\lim_{x\to 0}x^2=0.$

これはわかりやすく簡潔で，また1点での導関数だけに関心がある場合には定義を当てはめて関数全体の導関数を求める必要はない，ということを示しています．この例では，多くの項がゼロとなるため計算はとても簡単です．

もう1つの方法として，一般的に a における導関数を求め，それを $a=0$ の場合に適用することもできます．これから，多項式の割り算を手早く行う方法を実演しながら，これをやってみましょう．

$$\frac{g(x)-g(a)}{x-a}=\frac{x^3-a^3}{x-a}$$

であることに注意してください．私の見るところ，多くの人はこのような式を取り扱うのにずいぶん長い割り算を行っているようですが，私は大学入試のときにもっと簡単な方法を教わりました．その方法をここで説明しましょう．

問題は，$x-a$ に何を掛けると x^3-a^3 になるか，ということです．別の言い方をすれば，この式の中の「なにか」を求めることです．

$$x^3-a^3=(x-a)(\text{なにか}).$$

このカッコの中に入れるべきものを考えれば，答えは出てきます．x^3 の項を得るには，x^2 が必要です．

$$x^3 - a^3 = (x-a)(x^2 \qquad\qquad).$$

しかし右辺を掛け算すると，$-ax^2$ という項が出てきます．これは必要ないので，$+ax^2$ という項を作り出して打ち消す必要があります．つまりこうです．

$$x^3 - a^3 = (x-a)(x^2 + ax \qquad).$$

これを掛け算すると，今度は $-a^2x$ という項が出てきます．これも必要なく，やはり打ち消しが可能です．そうすると最終的な式が出てきます．うまいことに $x-a$ は x^3-a^3 の因子なので，余りは出ません．

$$x^3 - a^3 = (x-a)(x^2 + ax + a^2).$$

このように多項式の割り算をすると，大いに手間を省くことができます．具体的な数値の場合について練習してみたければ，$x^4-9x^2+4x+12$ を $x-2$ で割ることを試してみてください(それから同様にしてこの式を完全に因数分解できるかどうか，試してみてください)．因子ではない単項式で割った場合には，どうなるでしょうか？　どんな余りが出るでしょうか？

最初の問題に戻って，g の導関数について一般的な証明を書いてみましょう．

主張■ $g(x)=x^3$ ならば $g'(a)=3a^2\ \forall a\in\mathbb{R}$.

証明▶ $\forall a\in\mathbb{R}$ について $\dfrac{g(x)-g(a)}{x-a}=\dfrac{x^3-a^3}{x-a}=x^2+ax+a^2$ が成り立つ．
したがって $\forall a\in\mathbb{R}$，$g'(a)=\lim_{x\to a}(x^2+ax+a^2)=3a^2$.

主張と証明の両方で，一般性が保たれていることに注意してください．ほかの方法を思いつけるでしょうか？　また「特に，$g'(0)=3\cdot 0^2=0$.」という行を付け加えても良かったことにも注意してください．

より高次の n 乗についての一般的な結果は，定理として定式化可能です．

定理■ $n\in\mathbb{N}$ であって $f_n:\mathbb{R}\to\mathbb{R}$ が $f_n(x)=x^n$ で与えられるとする．

このとき $f_n'(x)=nx^{n-1}$.

この定理は通常，n についての帰納法と積の微分の法則を使って証明されます．証明は授業ですることになると思いますが，帰納法による証明のやり方を知っている人は，ここで試しにやってみても良いでしょう．

この節の最後に，グラフと関連づける意味についてコメントしておきたいと思います．$g(x)=x^3$ の導関数が $g'(x)=3x^2$ であるということは，実際には何を意味しているのでしょうか？ この質問をされたとき，何と答えてよいかわからない学生は多いようです．彼らは導関数をただ「知っている」だけで，その意味についてあまり考えたことがないか，まったく考えたこともないからです．

局所的には，与えられた任意の点 x について，g のグラフの傾きが導関数の値として求められる，ということを意味しています．ですから，例えば -4 における g の傾きは $g'(-4)=3\cdot(-4)^2=48$ (やや大きな正の数)となります．

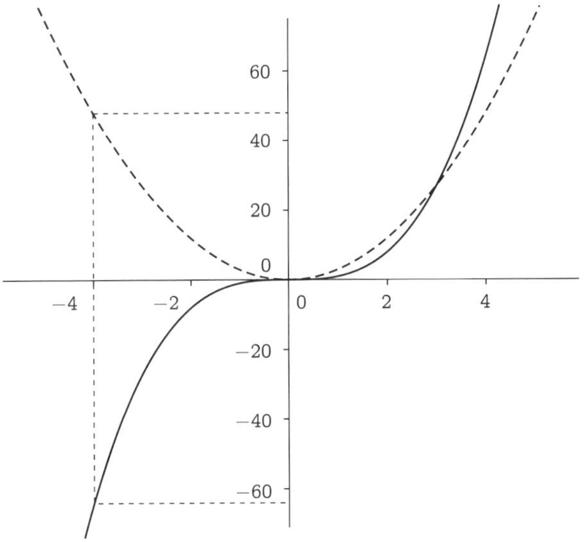

大域的には，g のグラフを左から右にたどっていくことを想像すると役立つでしょう．最初のうち，グラフは急勾配で上に向かっていて，このことは g' の値が大きな正の数であることに対応しています．g の勾配はだんだん減少し，瞬間的にゼロになりますが，このことは g' のグラフがゼロという値を取

ることに対応しています．それから再び g の勾配は最初はゆっくりと，その後速度を増しながら増えていきますが，このことは g' の値が最初はゆっくりと，その後速度を増しながら増加することに対応しています．

g と g' がゼロにおいて交わるのは，もちろん偶然です．関数 $h(x)=x^3-2$ のグラフは同じ導関数を持つので，これについても考えてみると良いかもしれません．また同様の説明を，例えば関数 $f(x)=x^2$ について行うと，どうなるでしょうか？　私がこのような質問をするのは，学生たちは導関数についてよく知っているのにその意味を忘れてしまっている(あるいは最初から知らない)ことが多いからです．そんなヒントは必要ないという人は，もちろんそれで結構です．

8.5　微分可能でないこと

8.4 節において考察した関数は微分可能であり，その導関数はそれぞれ単一の式で表現可能なものでした．したがって，「関数の導関数」といったものを考えることができ，関数を入力とし別の関数を出力として返す高レベルのプロセスとして微分を取り扱うことができます．しかし，微分可能性の定義は関数全体に適用されるものではなく，関数が**ある点において**微分できるかどうかを述べていることを思い出してください．このことは，もっと別の関数を考える際には重要になってきます．一部の点において微分可能でも他の点において微分可能でない関数は，たくさんあるからです．

8.1 節で触れたように，その古典的な例は $f(x)=|x|$ として与えられる関数 $f:\mathbb{R}\to\mathbb{R}$ です．この関数が 0 において微分可能でないことを証明するには，0 にどちらの方向から近づくかに依存して差分商が異なる極限に近づくことを示せばよいことになります(以下に示す証明には「$x\to 0^+$」という記法が使われていますが，これは「x が上からゼロに近づく」と声に出して読みます)．

主張■ $f(x)=|x|$ によって与えられる $f:\mathbb{R}\to\mathbb{R}$ は，0 において微分可能ではない．

証明▶ $x>0$ ならば $\dfrac{f(x)-f(0)}{x-0}=\dfrac{|x|-|0|}{x-0}=\dfrac{x}{x}=1.$

したがって $\lim_{x \to 0^+} \dfrac{f(x)-f(0)}{x-0} = 1.$

$x<0$ ならば $\dfrac{f(x)-f(0)}{x-0} = \dfrac{|x|-|0|}{x-0} = \dfrac{-x}{x} = -1.$

したがって $\lim_{x \to 0^-} \dfrac{f(x)-f(0)}{x-0} = -1.$

$1 \neq -1$ なので，$\lim_{x \to 0} \dfrac{f(x)-f(0)}{x-0}$ は存在しない．

したがって f は 0 において微分可能ではない．

この証明を途中まで読み進んで，$|x|$ が $-x$ で置き換えられているのを見て，一瞬混乱を感じませんでしたか？ 多くの人がそう感じます．この置き換えは $x<0$ の場合に行われ，$|x|$ は定式的に以下のように定義されるため，正しいのです．

定義 • $|x| = \begin{cases} x & (\ x \geqq 0 \text{ の場合}) \\ -x & (\ x<0 \text{ の場合}) \end{cases}.$

この定義を初めて目にした人は，それがあなたの現在の $|x|$ の理解と一致していることをチェックして(例えば $x=-2$ として)から，このことを心に留めながらもう一度証明を読んでみてください．

ちょうど良い機会ですから，$f(x)=|x|$ を取り上げたついでに，7 章を振り返ってみましょう．$f(x)=|x|$ はゼロにおいて連続であること，つまり(ほかにもありますが特に)ゼロにおいて極限を持つことを思い出してください．このことは，さっき述べたことと矛盾していないでしょうか？ いいえ，これら 2 つの極限は異なるので，矛盾はしていません．連続性を取り扱う際には，関数の値の極限を考えます．

定義 • f が $\boldsymbol{a}$ **において連続**であるための必要十分条件は，$\lim_{x \to a} f(x)$ が存在して $f(a)$ と等しいことである．

微分可能性を取り扱う際には，差分商の極限を考えます．

定義 f が a において微分可能であるための必要十分条件は，
$\displaystyle\lim_{x \to a} \frac{f(x)-f(a)}{x-a}$ が存在することである．

これらは同じ極限ではありません．このことをしっかりと理解してください．

また，ある点に違う方向から近づいていくと違う「傾き」が得られる場合，その点における導関数が存在しないという推論は一般的に正しいことにも注意してください．しかし，この推論には残念な副作用があり，下に示すような関数が点 a において導関数ゼロを持つと多くの人が思ってしまいます．

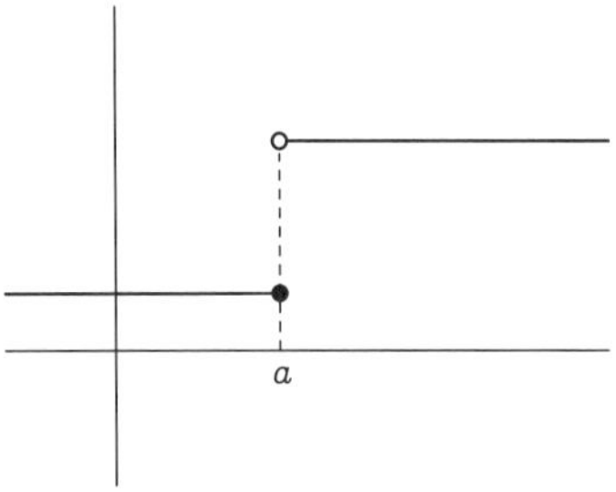

この誤解がどのように生じるかは，簡単に理解できます．このグラフは点 a の両側で「平坦」なので，点 a に左から近づこうが右から近づこうが導関数はゼロであるように見えます．しかし，これは完全な間違いです．それを理解するために，すべてに適切なラベル付けを行い，この思考を注意深く定義と関連づけてみましょう．まず，$f(a)$ は 2 つの値のうち小さいほうであることに注意してください．このことは，標準的な記法では黒丸によって示されます．ここで a と a の右側の点 x，そして $f(x)$ と $f(a)$ をラベル付けすれば，実際には何が起こるのか理解できるでしょう．x が上から a に近づくとき，割線の傾きはゼロどころか，無限大に近づいていきます．〔次ページの上の図〕

このアイディアと関連する定理に，以下のようなものがあります．

定理 f が a において微分可能ならば，f は a において連続である．

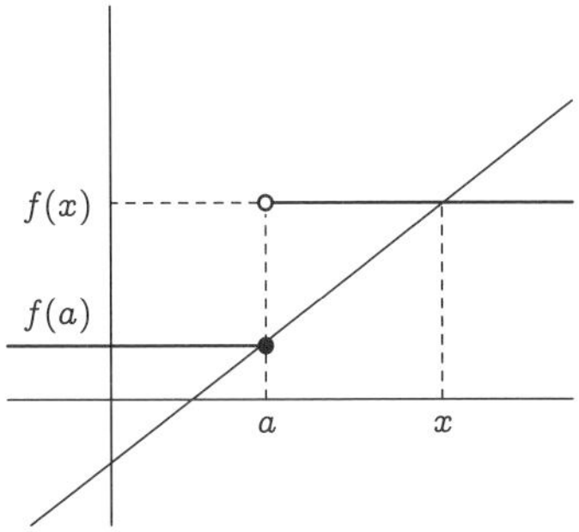

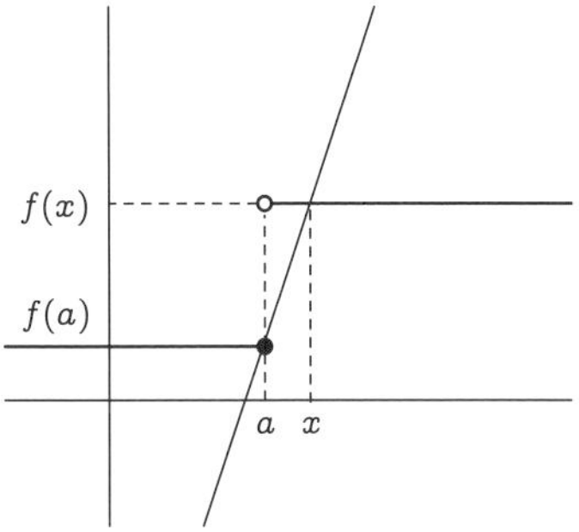

真である主張の対偶*3は常に真であり，この定理の対偶は「f が a において連続でないならば，f は a において微分可能ではない」となります．上の図の関数は a において連続ではないので，その点において微分可能でもないはずです．

これとは対照的に，真である主張の逆が真であるとは限りません．この定理の逆は，「f が a において連続ならば，f は a において微分可能である」となりますが，これは偽です．$f(x)=|x|$ によって与えられる関数 $f:\mathbb{R}\to\mathbb{R}$ が，反例となります．

7 章に出てきた以下の関数も思い出してみましょう．

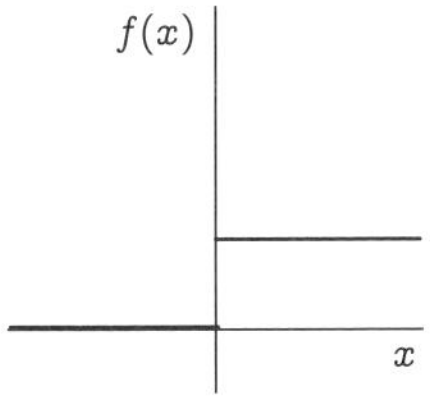

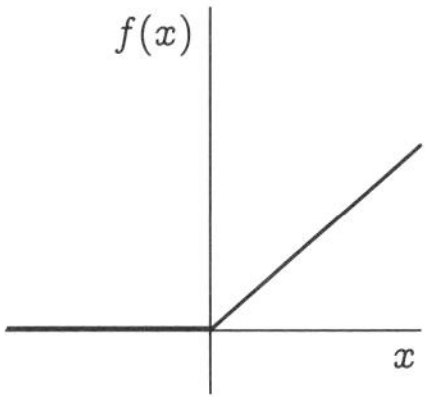

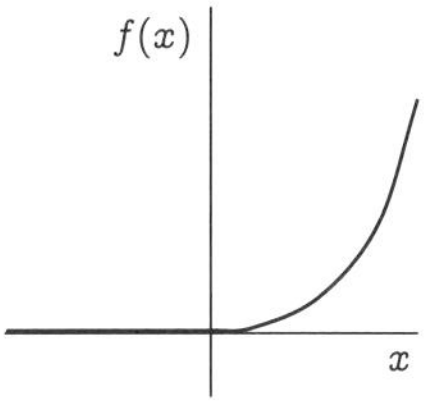

$$f(x)=\begin{cases}0 & (x<0\text{ の場合})\\ 1 & (x\geqq 0\text{ の場合})\end{cases}\qquad f(x)=\begin{cases}0 & (x<0\text{ の場合})\\ x & (x\geqq 0\text{ の場合})\end{cases}\qquad f(x)=\begin{cases}0 & (x<0\text{ の場合})\\ x^2 & (x\geqq 0\text{ の場合})\end{cases}$$

最初の関数はゼロにおいて連続でないので，ゼロにおいて微分可能ではあり得ません．2 番目の関数はゼロにおいて連続ですが，その点において微分可能ではありません．学生のみなさんは，このような例に気をつけてください．講

*3 「A ならば B」という条件文の対偶は「B でないならば A でない」となります．条件文や逆，裏，対偶に関するより詳細な議論については，大学数学の入門書か，[6] の 4.6 節を参照してください．

師がこのような関数を見せて，導関数が存在する場所でそれを示せ，という問題を出すことがよくあるからです．不注意な学生は微分可能性の問題を無視して，このように書いてしまいます．

$$f'(x) = \begin{cases} 0 & (x < 0 \text{ の場合}) \\ 1 & (x \geqq 0 \text{ の場合}) \end{cases}.$$

注意深い学生は，この関数がゼロにおいて微分可能でないことに気づき，こう書くでしょう．

$$f'(x) = \begin{cases} 0 & (x < 0 \text{ の場合}) \\ 1 & (x > 0 \text{ の場合}) \end{cases} \quad ; \quad f \text{ は } 0 \text{ において微分可能ではない．}$$

2番目の答えが正しい理由を確実に理解できるようにしておいてください．

3番目の関数についてはどうでしょうか？　この関数はゼロにおいて連続であり，またゼロにおいて微分可能です．左からゼロに近づくとき，関数の値と差分商は両方ともゼロに等しくなります．右から近づくとき，関数の値と差分商は両方ともゼロに近づきます．これを代数的にチェックしてみるのも良いでしょう．それによって，7.3節の最後に示した質問が解決します．

8.6　微分可能な関数に関する定理

解析では，微分可能性に関する数多くの定理と出会うはずです．例えば次のような定理として，まとめて提示されるものもあるでしょう．

定理（導関数の代数）▪ $c \in \mathbb{R}$ とし，$f : \mathbb{R} \to \mathbb{R}$ および $g : \mathbb{R} \to \mathbb{R}$ が $a \in \mathbb{R}$ において微分可能とする．

このとき

1. $f + g$ は a において微分可能であり，$(f+g)'(a) = f'(a) + g'(a)$．［和の法則］
2. cf は a において微分可能であり，$(cf)'(a) = cf'(a)$．［定数倍の法則］

わざわざこのようなことを書くのは奇妙だと感じる学生もいます．$(f+g)'(a)$ と $f'(a)+g'(a)$ が同じことは当たり前に思えるからです．しかし，実際にはこれは**演算の順序**に関する定理なのです．$(f+g)'(a)$ の場合，関数は加算されてからその結果が微分されます．$f'(a)+g'(a)$ の場合，関数は微分されてからその結果が加算されます．数学という広い世界の中では，演算の順序を入れ替えても結果が変わらないということは，当たり前ではないのです．この定理は，すべての導関数がちゃんと定義されていれば，導関数については順序の入れ替えができる，ということを言っています．

私はこの定理を使って，学生たちの常識を揺さぶるのが好きです．講義の中で，私はこの定理の 2 番目までを上のように書き，それから

3. fg は a において微分可能であり，$(fg)'(a)=\cdots$.

と書きます．それから学生たちに，「イコール」の後がどうなるか，声に出して答えてもらうのです．ほぼ全員が「$f'(a)g'(a)$」と答えます．もちろんこれは間違いです．あなたが何年も前から知っている通り，**積の法則**はこうだからです．

3. fg は a において微分可能であり，$(fg)'(a)=f(a)g'(a)+g(a)f'(a)$.

これで全員が目を覚まします．

積の法則の証明には面白いトリックが使われています[*4]が，これらすべての結果の証明は定義を直接利用して行われますし，論理的に難しいものでもないので，ここで紙面を費やすことはしません．しかしこれらの定理を使って，すべての多項式関数がいたるところで微分可能であることを証明できます．その証明がどのようなものになるか，考えてみるのも良いでしょう．

ここで，解析の重要な結果を生み出す定理をいくつか紹介しておきます．最初はロルの定理と平均値の定理(英語で mean value theorem というため，よく MVT と省略されます)です．

ロルの定理 ■ $f:[a,b]\to\mathbb{R}$ が $[a,b]$ において連続で，(a,b) において微分可能であり，$f(a)=f(b)$ とする．このとき $\exists c\in(a,b)$ s.t. $f'(c)=0$.

*4　[6] の 6.6 節を参照してください．

平均値の定理▪ $f:[a,b]\to\mathbb{R}$ が $[a,b]$ において連続であり，(a,b) において微分可能であるとする．このとき $\exists c\in(a,b)$ s.t. $f'(c)=\dfrac{f(b)-f(a)}{b-a}$.

ロルの定理は 2.7 節で説明しました．でも，まだそのページは見返さないでください．最初に，それぞれの定理が言っていることを示す図を描いてみましょう．平均値の定理の場合，結論をどう表現すればよいかわかりにくいかもしれませんが，すべてに適切なラベル付けをすればこの定理が何のことを言っているのか理解できるでしょうし，それが真である理由も直観的に理解できるはずです(それについてはこれから説明しますが，あなたが自分でやってみるに越したことはありません)．

こういうことをやってみると，あることに気づくはずです．それはロルの定理が平均値の定理の**特別の場合**，つまり $f(a)=f(b)$ であって $f(b)-f(a)=0$ となる場合だということです．この理由から，平均値の定理の証明は，それをロルの定理に還元する賢いトリックを使って行われるのが普通です．以下，標準的な証明とともに，平均値の定理を再び示します．3.5 節で述べた自己説明の訓練を行いながら，これを読んでみてください(必要であれば自己説明の訓練の復習を先にしておきましょう——これを適切に行えば理解を深められるからです)．

平均値の定理▪ $f:[a,b]\to\mathbb{R}$ が $[a,b]$ において連続であり，(a,b) において微分可能であるとする．

このとき $\exists c\in(a,b)$ s.t. $f'(c)=\dfrac{f(b)-f(a)}{b-a}$.

証明▸ f が $[a,b]$ において連続であり，(a,b) において微分可能であると仮定する．

$d:[a,b]\to\mathbb{R}$ を以下のように定義する．

$$d(x)=f(x)-\left[f(a)+\left(\frac{f(b)-f(a)}{b-a}\right)(x-a)\right].$$

すると $f(a)+\left(\dfrac{f(b)-f(a)}{b-a}\right)(x-a)$ は x の多項式となる．

よって，連続関数と微分可能関数の和の法則および定数倍の法則から，d は $[a, b]$ において連続であり，(a, b) において微分可能である．

$d'(x) = f'(x) - \dfrac{f(b)-f(a)}{b-a}$ であることに注意せよ．また

$$d(a) = f(a) - \left[f(a) + \left(\frac{f(b)-f(a)}{b-a}\right)(a-a)\right] = 0 \text{ であり}$$

$$d(b) = f(b) - \left[f(a) + \left(\frac{f(b)-f(a)}{b-a}\right)(b-a)\right] = 0 \text{ である．}$$

したがって，$[a, b]$ において d にロルの定理を適用できる．

よって $\exists c \in (a, b)$ s.t. $d'(c) = 0$ すなわち $f'(c) - \dfrac{f(b)-f(a)}{b-a} = 0$.

したがって $\exists c \in (a, b)$ s.t. $f'(c) = \dfrac{f(b)-f(a)}{b-a}$ であり，定理が示された．

この証明を注意深く読むと，代数の部分はかなりシンプルなことがわかるでしょう．a も b も $f(a)$ も $f(b)$ も単なる数なので，多くのものが定数となり，関数 d の微分は単純明快となります．しかし，なぜ d をこのように定義したのか，少し不思議に思うかもしれません．多くの学生もそのように感じます．d は複雑で，どこからともなく現れたように見えるからです．しかしこの証明についてもっと大局的に考えれば，d が賢いトリック[*5]を行うために使われていることがわかるはずです．関数を d に変換することによって，ロルの定理が適用できるようになり，逆に変換することで f に関する所望の結果を得ることができます．ロルの定理を適用するためには，そのすべての前提が満足されている必要がありますが，この証明ではそのことを明確に示し，それによって 2 つの定理の結びつきを立証しているのです．もちろん，ロルの定理は別途証明する必要がありますが，それはあなたの授業でやることになるでしょう．

ロジックと代数についてこのように考えることは，証明を理解するための 1 つの方法です．しかし私は，図を使ってなぜそうなるのかを理解することも大

*5　このようなトリックを自分自身で考え出せなかったとしても，気にしないでください．解析を勉強する学生としてのあなたの仕事は，標準的な証明に現れる賢いアイディアを理解し，適用することだからです．

事だと思っています．MVT についてそれをやってみましょう．まず，定理中に現れる式 $(f(b)-f(a))/(b-a)$ が，点 $(a,\ f(a))$ と点 $(b,\ f(b))$ を結ぶ直線の傾きであることに注意してください．つまりこの定理は，前提が満たされている場合，f の傾きがこの直線の傾きと等しくなるような点 c が a と b の間に存在することを言っています．

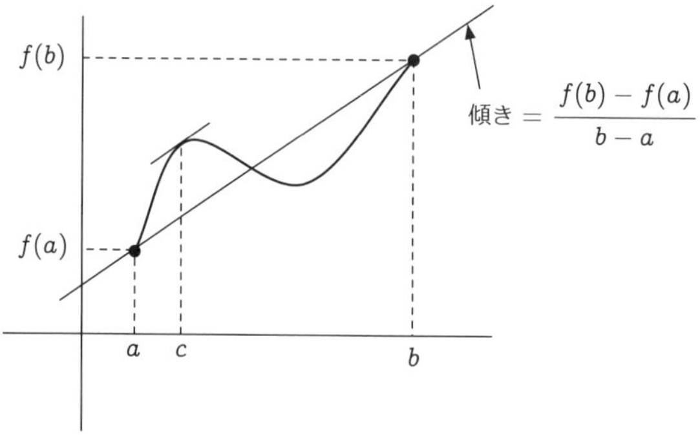

また，以下の等式

$$y = f(a) + \left(\frac{f(b)-f(a)}{b-a} \right)(x-a)$$

は，$(a,\ f(a))$ と $(b,\ f(b))$ を通る直線の方程式です（ここで数分間かけて，その理由を理解しておくのが良いでしょう）．したがって $d(x)$ は $f(x)$ とこの直線との間の垂直距離となりますから，与えられた関数 f について d がどんな形になるかを図に描いてみることができます．そうすると，f のグラフがこの直線を横切る点で，d の値がゼロになることが明らかになります．特に，端点 a および b で，それが成り立ちます．

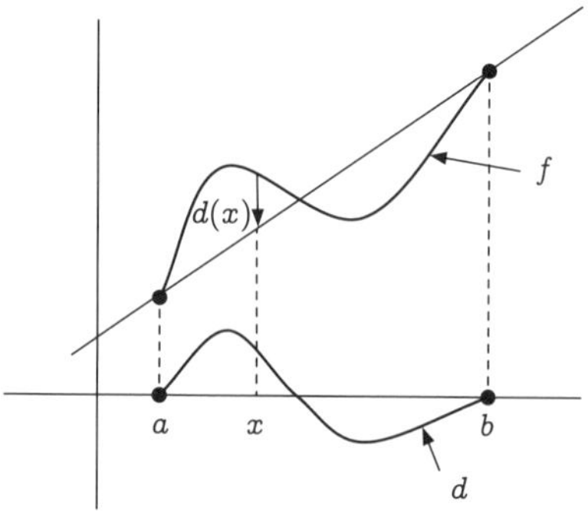

ここで図を参照して自己説明を補強しながら，もう一度証明を読んでみることをお勧めします．

読者のみなさんはすでにおわかりのように，私は理解を深めるために論理的な議論を図と結びつけることが好きです．私は特にこれらの図が好きですが，それは定理が真であることを教えてくれるだけでなく，証明がどのように行われているかも示してくれているからです．定理や証明の中には，このような推論に向いていないものもあります．例えば，背理法による証明の場合，必然的に間違った仮定を置くことになるわけですから，図を描くのは難しいのが普通です．また，あなたは私ほど図が好きではないかもしれません．しかし，図を描いてみることは役立つことが多いと私は感じています．

この節を終えるにあたって，MVT のすてきな応用をいくつか示しておきましょう．この定理を使って，例えば次のようなことが証明できるのです．

定理 ■ $f:\mathbb{R}\to\mathbb{R}$ が微分可能であり，$\forall x\in\mathbb{R},\ f'(x)=0$ とする．このとき f は定数関数である．

ここでしばらく時間を置いて考えてみてください．関数が定数であれば傾きが常にゼロになる，と言っているのでは**ありません**．それは定義から直接，簡単に証明できることです(どう証明すればよいか考えてみてください)．この定理は，その主張の逆[*6]であり，傾きがゼロであればその関数は定数であると言っています．これが事実であることは，あなたにとっては自明かもしれません．しかし大部分の人にとって，それを証明する方法は自明ではありません．その理由の 1 つは，定数であることは大域的な性質であって，傾きから関数の値を論じるのは簡単ではないからです．MVT は，中間の点における導関数を仲立ちとして関数の値を互いに関連づけることによって，この議論への手がかりを与えてくれます．

$f(a)$ と $f(b)$ との違いに注目するために，MVT を以下のように書き直してみるとわかりやすいでしょう(その理由はおわかりでしょう)．

*6 2.10 節で，条件文とその逆，それに関連する論理の問題について考察しています．

平均値の定理 ■ $f:[a,b]\to\mathbb{R}$ が $[a,b]$ において連続であり，(a,b) において微分可能であるとする．このとき $\exists c\in(a,b)$ s.t. $f(b)-f(a)=(b-a)f'(c)$.

ここで定数関数に関する定理を，証明とともに再度示します．自分自身へ説明を行って，別の学生へこの全体的な戦略をどのように説明すればよいか，考えてみてください．

定理 ■ $f:\mathbb{R}\to\mathbb{R}$ が微分可能であり，$\forall x\in\mathbb{R}$, $f'(x)=0$ とする．このとき f は定数関数である．

証明 ▶ $a\in\mathbb{R}$ を考え，$x\in\mathbb{R}$ を $x>a$ となるように取る．
すると f は (a,x) において微分可能である．
また，f は $\forall y\in\mathbb{R}$ において微分可能であるから，f は $[a,x]$ において連続である(ある点において微分可能な関数は，その点において連続であるため)．
したがって，MVT により，$\exists c\in(a,x)$ s.t. $f(x)-f(a)=(x-a)f'(c)$.
しかし定理の前提により $f'(c)=0$.
よって $\forall x>a$, $f(x)=f(a)$.
同様の議論により，$\forall x<a$, $f(x)=f(a)$ が証明される．
したがって $\forall x\in\mathbb{R}$, $f(x)=f(a)$, すなわち f は定数関数である．

この証明では $x<a$ の場合について「同様の議論」を援用していますが，詳細な説明はしていません．同様の議論の援用はよくあることで，省略したステップを読者が補えると著者が確信している場合に行われるのが普通です．学生の場合には，自分で議論を補ってみると良いでしょう．そうすることは，別の方向から証明の理解を確実にするためにも役立ちます．

この例では，類似の証明を構築することによって，関数の傾きが常に正であればその関数が単調増加であることも示せます．考えてみてください．

8.7 テイラーの定理

最後に，学生たちに難しいと思われている定理の 1 つ，テイラーの定理について考えてみましょう．たくさんの記号と長い等式が出てくるので恐ろしく感じられ，避けて通ろうとする人も多いようです．しかし，正しい方向へ考えていけばそれほど複雑ではありませんし，この定理の述べていることは実に素晴らしいものです．この節ではあなたの理解を確実にし，講義で取り上げられた際にその価値がわかるようになってほしいと思います．

テイラーの定理を理解するためには，テイラー多項式の概念を理解しておくことが大切です．$f:\mathbb{R}\to\mathbb{R}$ と，注目する固定点 a を考えましょう．このとき，a における f の n 次のテイラー多項式は，次のようになります．

$$\begin{aligned}T_n[f, a](x) = f(a)+f'(a)(x-a)+\frac{f''(a)}{2!}(x-a)^2 \\ +\frac{f^{(3)}(a)}{3!}(x-a)^3+\cdots+\frac{f^{(n)}(a)}{n!}(x-a)^n.\end{aligned}$$

さっき，記号の見た目が複雑だと言った意味が，わかってもらえるのではないでしょうか．しかし，複雑ではありません．実際には，この多項式中の各項は同じ形をしています．$f^{(n)}(a)$ は，a における f の n 次の導関数*7という意味だからです．パターンが理解できるでしょうか．

注意深く見ると，この式は x の多項式となっていて，この多項式の次数は n であることもわかります．そのわけは，多くのものが定数だからです．a は定数であり，そのため $f(a)$ も定数，$f'(a)$ も $f''(a)$ も定数となります．ですから全体としてこれはさまざまな定数に x のべき乗が掛け合わされたものになり，x の最も高い次数は n です．つまり，$T_n[f, a]$ は x の関数なのです．すなわち，あらゆる $x\in\mathbb{R}$ の値について，すべての項の値を計算して足し合わせることができますし，$T_n[f, a](x)$ の値は x の値によって変化するでしょう．

テイラー多項式がかなりシンプルな構造をしていることはわかりましたが，なぜこれが興味深いのでしょうか？ それは，関数 f を多項式で近似できるからです．$f(x)=\cos x$ によって与えられる関数 $f:\mathbb{R}\to\mathbb{R}$ と固定点 $a=2\pi/3$ を

*7 これを書くとき，不注意にカッコを省略して $f^3(a)$ のように書いてしまう人がときどきいます．しかし $f^3(a)$ は $f(a)$ の 3 乗(あるいは $f(f(f(a)))$)という意味であり，$f^{(3)}(a)$ は a における f の 3 次の導関数です．いつも言っているように，厳密さが大事です．

使って，その意味を説明しましょう．まず，小さな n についてテイラー多項式を調べてみます．

1 次のテイラー多項式は次のようになります．

$$T_1[f,\, a](x) = f(a) + f'(a)(x-a).$$

$f(x) = \cos x$ と $a = 2\pi/3$ を代入すると，こうなります．

$$\begin{aligned} T_1\left[\cos,\, \frac{2\pi}{3}\right](x) &= \cos\left(\frac{2\pi}{3}\right) - \sin\left(\frac{2\pi}{3}\right)\left(x - \frac{2\pi}{3}\right) \\ &= -\frac{1}{2} - \frac{\sqrt{3}}{2}\left(x - \frac{2\pi}{3}\right). \end{aligned}$$

最後の項を展開してしまう学生は多いのですが，そうしないことをお勧めします．テイラー多項式を取り扱う際には構造が見えるようにしておきたいのが普通ですし，こうしておいたほうが公式との関係が読む人にわかりやすいはずです．

テイラー多項式を求めるのは，微分と代入だけで済むので，たいていは簡単です．しかしその意味は何でしょうか？　ここでもグラフが役に立ちます．f と $T_1[\cos,\, 2\pi/3]$ のグラフをプロットしてみると，点 $a = 2\pi/3$ における 1 次のテイラー多項式が $a = 2\pi/3$ における f の接線になっていることがわかります．

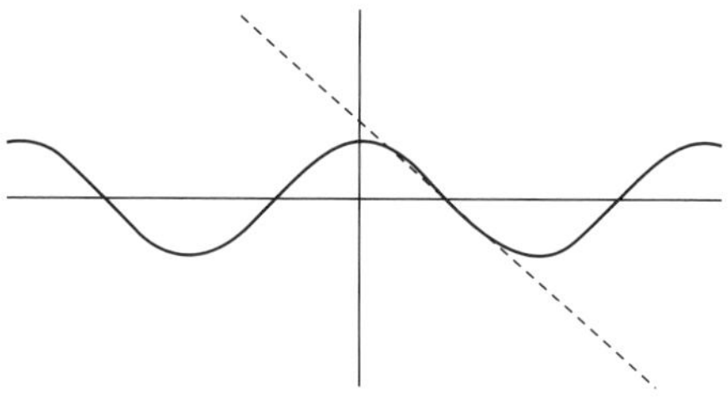

実は，1 次のテイラー多項式は常に点 a における接線となります．一般の場合について，このことを理解するために，次のように式を変形してみましょう．

$$T_1[f,\, a](x) = f(a) + f'(a)(x-a), \quad \text{よって} \quad f'(a) = \frac{T_1[f,\, a](x) - f(a)}{x-a}.$$

x における $T_1[f, a]$ の値と a における f の傾きとの関係が一目瞭然です.

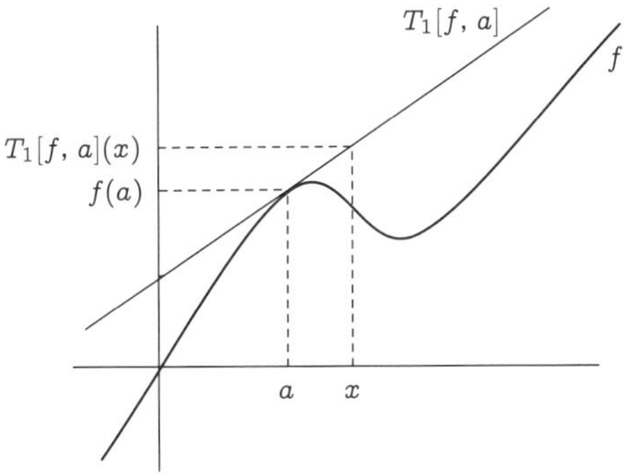

またこのグラフは, $T_1[f, a]$ が f のグラフと(a における値と a における導関数が同じであるという意味で)「一致」することを,(インフォーマルな形で)理解するためにも役立つでしょう.

2 次のテイラー多項式はどうなると思いますか? それは, a における値と a における導関数と a における 2 次導関数がすべて同じであるという意味で, f のグラフと「一致」するのです. 2 次のテイラー多項式は一般に

$$T_2[f, a](x) = f(a) + f'(a)(x-a) + \frac{f''(a)}{2!}(x-a)^2$$

と書けるので, $f(x) = \cos x$ と $a = 2\pi/3$ を代入すると(ここでも構造が見えるようにするため展開せずに), 次のようになります.

$$\begin{aligned} T_2\left[\cos, \frac{2\pi}{3}\right](x) &= \cos\left(\frac{2\pi}{3}\right) - \sin\left(\frac{2\pi}{3}\right)\left(x - \frac{2\pi}{3}\right) \\ &\qquad - \cos\left(\frac{2\pi}{3}\right)\left(x - \frac{2\pi}{3}\right)^2 \\ &= -\frac{1}{2} - \frac{\sqrt{3}}{2}\left(x - \frac{2\pi}{3}\right) + \frac{1}{2}\left(x - \frac{2\pi}{3}\right)^2. \end{aligned}$$

このグラフをプロットすると, 今度はこうなります.

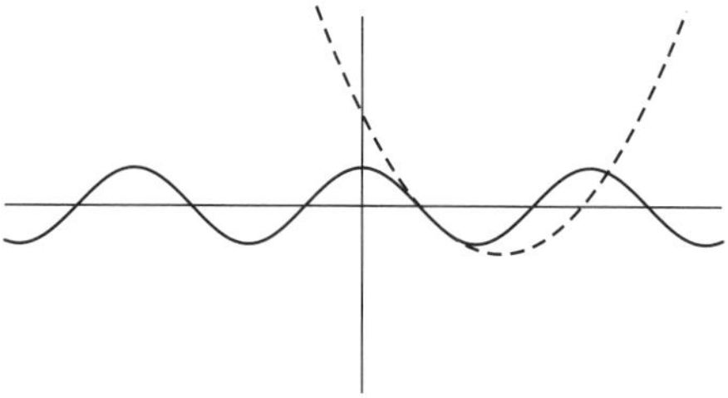

この先どうなるかは，たぶんもう想像できるでしょう．3 次のテイラー多項式のグラフはこうなります．

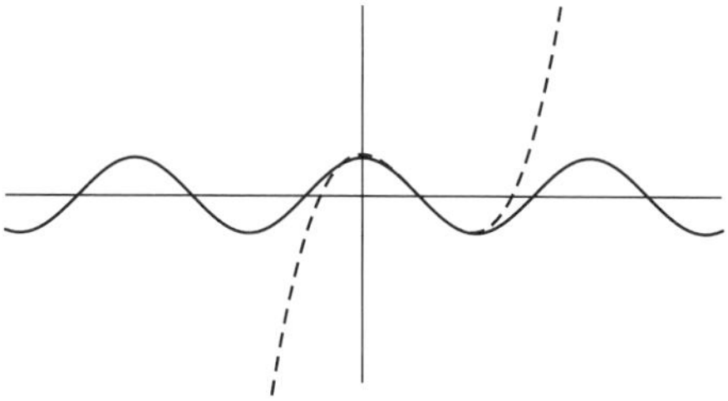

そして次が，30 次のテイラー多項式のグラフです．

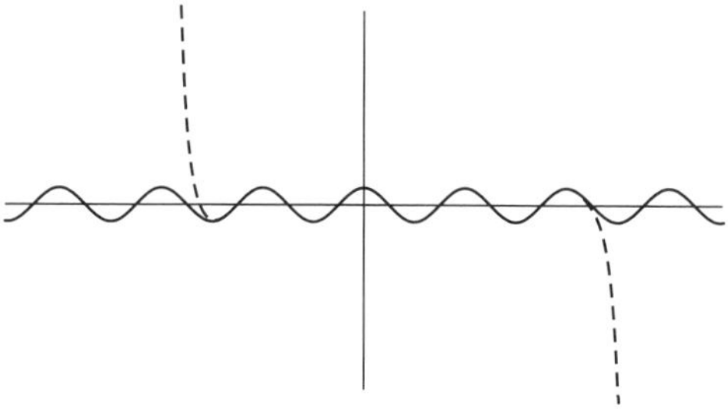

項をどんどん増やすことによって，好きなだけ a から離れたところまで，好きなだけよい近似が得られます．無限に多くの項を取ることができたとすれば，グラフは完全に一致することでしょう．これはなかなかすごいぞと，あなたも納得してくれるのではないでしょうか．またそれがわかれば，テイラーの定理を理解するための準備もできたことになります．

テイラーの定理 ■ I を，a と x を含む開区間とする．f が I において $n+1$ 回微分可能とする．このとき a と x の間に c が存在して

$$f(x) = T_n[\,f,\,a](x) + \frac{f^{(n+1)}(c)}{n!}(x-c)^n(x-a).$$

これもまた恐ろしく複雑に見えますが，今まで見てきたことを踏まえれば，この定理に出てくる記号はこういう構造をしていることがわかります．

テイラーの定理 ■ 一連の条件[*8]が成り立つとする．このとき

$$f(x) = \text{テイラー多項式} + \text{その他の部分}.$$

その他の部分は普通，**剰余項**と呼ばれます．つまりこの定理は，関数の値が n 次のテイラー多項式とその残り物を加えたものに等しいと言っているわけです．もっと注意深く剰余項を見てみると，n が大きいとき，そして $x-a$ が小さいとき(このとき $x-c$ は必然的に小さくなります――なぜでしょうか？)に剰余項が小さくなることがわかります[*9]．別の言い方をすれば，より良い近似を得るには x を a に近く，そして n の値を大きくすればよいのです．ですからこの定理は，この節で読んだ内容に照らして，理にかなっているように見えます．

実はテイラーの定理は，剰余項の表現がわずかに異なるような，さまざまな方法で定式化することができます．しかし先ほど述べた性質は，すべての表現に共通しています．つまりこの定理は，剰余項を小さくすることによって関数を多項式で近似できる，と言っていると考えられます．このことを心に留めておけば，テイラーの定理を取り扱うことの直観的な意味がわかってくるはずです．

---

*8 これらの条件には意味があります．例えば，式の中に出てくる導関数が存在するためには，関数が $n+1$ 回微分可能である必要があります．

*9 訳注：一般には，必ずしも剰余項が小さくなるとは限りません．

8.8　今後のために

通常の解析の授業では，微分可能性に関してはこの章の内容に加えて，より多くの例とすべての定理の証明が取り扱われます．微分可能性を勉強すると，(3.2 節で説明した)理論の積み上げ方が，とても良く見えてきます．極値定理(7.11 節を参照してください)がロルの定理の証明に利用され，ロルの定理は平均値の定理の証明に利用され，そして平均値の定理はテイラーの定理の証明に利用される，といった具合です．実際，この本ではトップダウン方式を取り，定理を述べてからそれをどう理解するか説明していますが，あなたが教わる講師は関連する推論を先に行ってからその自然な結果として定理を示すというボトムアップ方式を取るかもしれません．

どちらにしても，連続関数と微分可能関数の和の法則や積の法則がいたるところに出てくることにも気がつくでしょう．またこれらのアイディアの一部あるいはすべてを使って，連鎖法則(これはすでに知っているはずです)やロピタルの定理(微積分の授業で習ったかもしれません)を学んだり，2 次導関数から情報が得られない場合に極大値や極小値を求めたりすることになるかもしれません．さらに，特定の点における特定の関数のテイラー級数について調べたり，もしかするとテイラー多項式がよい近似とならない関数を考察したりするかもしれません．

多変数の微積分の授業では，微分可能性や導関数の概念を一般化し，2 変数以上の関数へ適用します．曲線ではなく，曲面を定義する関数の微分可能性が何を意味することになるのか，今ここで考えてみてください．そしてベクトル解析では，異なる座標系や偏微分方程式の解法に，これらのアイディアを応用することを学びます．

解析に戻ると，あなたは微分可能性と積分可能性との関係についても学ぶことになるでしょう．微分可能な関数については，この関係は自然なものに聞こえます．微分と積分は逆演算の関係にあるからです．しかし，実際にそれは何を意味しているのでしょうか？　そして，微分可能でない関数についてはどうなるのでしょうか？　これらの質問に答えるには積分可能性の意味の正しい考察が必要ですが，それについては次章で扱います．

9 積分可能性

この章では，概念としての積分可能性について考えます．これは操作としての積分とは異なるものです．まず不定積分[*1]とグラフの下の面積との関係について調べてから，面積の近似を通して積分可能性の定義を作り上げます．積分可能ではない関数の例を挙げ，積分可能性の判定法の１つであるリーマン条件を証明に利用する方法を示します．最後に，微積分学の基本定理について説明します．

9.1 積分可能性とは何か？

この章では積分ではなく，**積分可能性**について考えていきます．なぜかというと，3.3 節で述べたように，解析はこれまでの数学の基盤となっている理論について考えるものだからです．積分可能性は，意味が少しわかりにくいところがあります．あなたは，積分が逆微分，つまり微分の「反対」であると教わったかもしれません．これは間違いではありません(しかし，微分と積分は互いに**逆操作**の関係にある，と言うほうがより適切でしょう)．また積分は，グラフの下の面積を求めることだと教わったかもしれません．これもまた，間違いではありません．しかしここから，いろいろな疑問が生じてくるのです．

まず，なぜ微分と積分が逆操作となるのでしょうか？ なぜ傾きを求めることが，グラフの下の面積を求めることの「反対」となるのでしょうか？ 教師に言われたことをそのまま信じているのなら，それでも結構です．しかしあなたがこの関係性について真剣に考えたことがないのでしたら，いま考えてみてください．多くの人は，そうしてみたとき，これはすごいことだと感じます．

---

*1 訳注：大学では，導関数が関数 f であるような関数を f の原始関数と呼ぶこともよくありますが，本書では高校での用語法に従って，antiderivative を「不定積分」と訳しています．

一体全体，なぜ傾きと面積が関係しているのでしょうか？　この2つは，まったく異なる概念を表しているように思えます．しかし数学は，気まぐれなものではありません．この関係性が存在するのは，だれか偉い人が思いつきでそうあるべきだと言ったからではなく，何か理由があるはずです．そしてその理由が自明ではないということは，そこに学ぶべき深い数学があるはずなのです．

さらに別の問題点もあります．微分と積分の初期の議論は，1つの数式で定義されるシンプルな関数について行われるのが普通です．しかし7章と8章で紹介したような，もっと複雑に規定された関数では，微分と積分が問題なく逆操作の関係にあるとは言えない場合があります．例えば，次に示す関数を考えてみてください(変数として x ではなく t を使った[*2]理由は，この後すぐ説明します)．

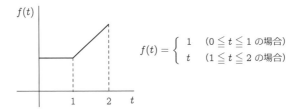

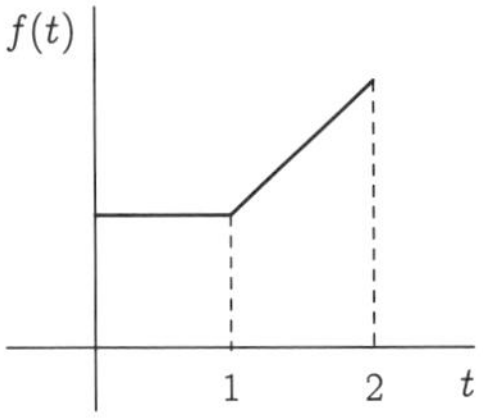

$$f(t) = \begin{cases} 1 & (0 \leqq t \leqq 1 \text{ の場合}) \\ t & (1 \leqq t \leqq 2 \text{ の場合}) \end{cases}$$

この関数は，$t=1$ において微分可能ではありません．したがって，この場合には積分は微分の「反対」であると，簡単には言えないのです．それでもなお，0と2の間，あるいは0と一般の点 $x \in [0, 2]$ との間のグラフの下の面積について述べることは意味があるように思えます．その面積は，次ページの図と式を利用して計算できます(なぜ私は x の代わりに t を使ったのでしょう？)．x がこの軸に沿って移動することを想像し，シンプルな幾何学的知識を利用すれば，この式が正しいことをチェックできるでしょう．

この結果は，関数 f の公式による単純な積分と，どのような関係にあるのでしょうか？　考えてみてください．多くの学生は，区分的に定義された関数の積分は両方の部分を積分すればよいと思いがちですが，それは正しくありません．8.5節を読めば，そのような関数が「交点」で微分可能でないことがあるとわかるはずです．この関数の場合，区分的な性質によって積分可能性が破

*2　$f(t)=3t$ として与えられる関数は，$f(x)=3x$ あるいは $f(j)=3j$ として与えられる関数と同一なので，このようにしても問題はありません．誰もが新しい概念を素早く把握できるように標準的なものには標準的な文字を使うことが多いのですが，違う記法を使う十分な理由があるときには，特定の記法にこだわる必要はありません．

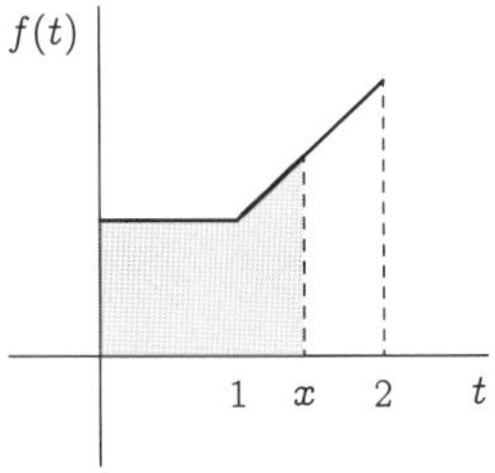

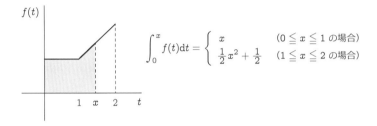

$$\int_0^x f(t)\mathrm{d}t = \begin{cases} x & (0 \leqq x \leqq 1 \text{ の場合}) \\ \frac{1}{2}x^2 + \frac{1}{2} & (1 \leqq x \leqq 2 \text{ の場合}) \end{cases}$$

綻をきたすことはないのですが，積分定数には注意する必要があります．

しかし，例えば次の関数のように，積分可能性が難題となる場合もあります．

$$f(x) = \begin{cases} 1 & (x \in \mathbb{Q} \text{ の場合}) \\ 0 & (x \notin \mathbb{Q} \text{ の場合}) \end{cases} \quad \text{によって与えられる } f : \mathbb{R} \to \mathbb{R}.$$

この関数の「グラフの下の面積」を考えることに意味がないという意見に賛成する人は多いでしょう．したがって，この関数を積分不可能と分類するような積分可能性の定義が期待されます[*3]．このことは，9.5 節でチェックすることになるでしょう．

9.2 面積と不定積分

積分可能性を定義する前に，不定積分とグラフの下の面積との関係を解明しておきましょう．私たちは，例えば「x^2 の不定積分は $x^3/3+c$」のように，ある関数が「1 つの」不定積分を持つと言いがちです．しかしこれは 1 つの関数ではなく，c の値に応じて無限に存在する関数の族なのです．たぶんこのことは，ある特定のグラフの下の面積も 1 つには決まらないことを考えてみれば，納得できるでしょう．a から x までのグラフの下の面積は，別の数 b から x までのグラフの下の面積と，一般的には同じではないからです．〔次ページの上の図〕

それでは，不定積分と面積とは，正確にはどのような関係にあるのでしょうか？ あなたはこのことについて前に考えたことがあるかもしれませんが，解析を学び始める学生は概念の理解よりも計算に時間を費やしてきた人が多く，うまく答えることができないのです．ここで少し時間をかけて，答えられるか

*3 訳注：9.9 節で説明するように，この関数を積分可能とし，積分値を 0 とするような積分可能性の定義も考えられます．

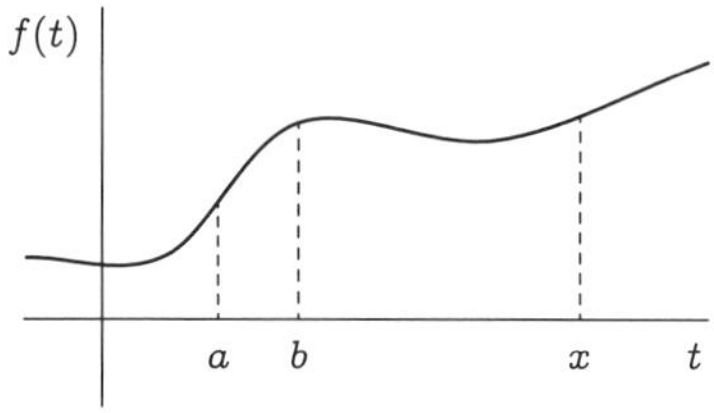

考えてみてから，読み進めてください．

この関係性を解き明かすため，まず面積を求めてみます．例えば，$f(t)=3t$ で与えられるシンプルな関数 $f:\mathbb{R}\to\mathbb{R}$ を考えましょう．この関数の 0 から一般の点 x までの積分値は，三角形の面積になります．

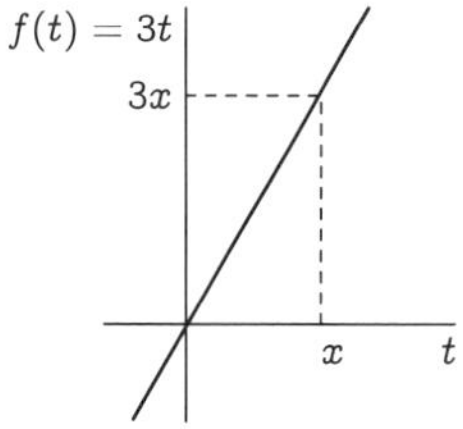

$$\int_0^x 3t\,\mathrm{d}t = \frac{1}{2}x\cdot 3x = \frac{3x^2}{2}$$

このように，積分値は不定積分を使って求めたものと一致します．しかしこの面積に対応しているのは，定数が 0 と等しいような 1 つの不定積分です．ゼロではなく，別の固定された数 a から変数 x まで f を積分するとどうなるでしょうか？　単純のため，すべてを正の数とし，$x>a$ とするとこうなります．

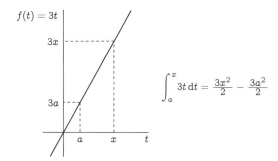

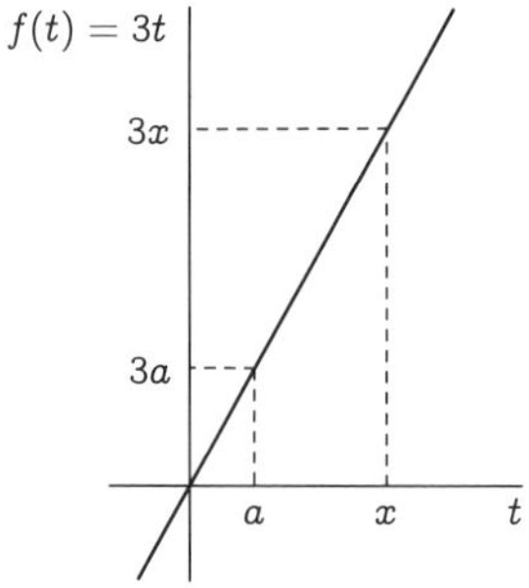

$$\int_a^x 3t\,\mathrm{d}t = \frac{3x^2}{2} - \frac{3a^2}{2}$$

0 ではなく a から始めると，面積の一部が切り取られます．しかしこの部分の面積は常に同じですから，結果として積分値は定数分だけ変化することになります(a が負の場合にはどうなるでしょう？)．このことは，不定積分が定数のみ異なる関数の族である理由を説明しています．

もう1つの方法として，x が変化するとどうなるかを動的に考えてみることもできます．決まった点 x_1 から決まった点 x_2 に移動すると，面積が決まった量だけ増えます．積分の基点がどこであっても，これらの点の間の面積だけ増えるので，増加量は決まった量なのです．つまりどの特定の点においても，面積の増加する**変化率**は一定なのです．この変化率は，どこでも同じわけではありません．下の図では，x_3 から x_4 までの間で増える面積は，x_1 から x_2 までの間で増える面積よりも大きくなります．しかし x_1 における変化率自体は，x_3 における変化率と同じく意味のある量であり，後者は前者より大きな量です．

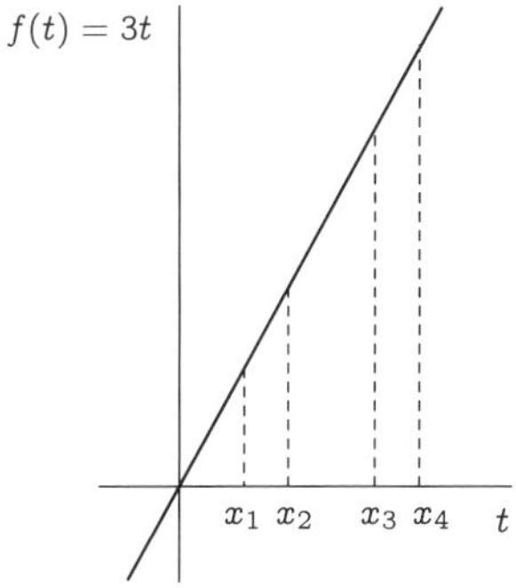

このことは，グラフの下の面積だけでなく，x に関する面積の**変化率**も考えることができる，ということを意味しています．もちろん，変化率は導関数を使ってモデル化されます．そうすると面積と導関数が密接に関係していることが，妥当に思えてくるでしょう．具体的にどのように関係しているのかは，適切な定義を構築した後に 9.8 節で示します．

9.3 面積を近似する

9.2 節のグラフの下の面積はシンプルな形をしていましたが，グラフが曲線になる関数など，もっと複雑な関数を取り扱えるようにしてみましょう．ちょっと考えて積分を使えばいい，と思った人は要注意です．それでは循環論法に陥ってしまいます．積分値を求めるために面積を計算し，面積を求めるために積分値を計算する，と言っているわけですから．つまり哲学的に大事なのは，次の２点です．第１に面積の測定という問題を解決すること，そして第２に，グラフの下の面積とはどういう意味かが直観的にわかっていても，その面積を数値として測定することは自明な作業ではなく，単純な掛け算では無理だと認識することです．

数学者はこの問題を，近似を行うことによって解決します．$\int_a^b f(x)\mathrm{d}x$ について，下の図に示すような見積もりを考えるのです．ここでは長方形の面積の総和が，下から押さえた見積もり（左側）と上から押さえた見積もり（右側）になっています．

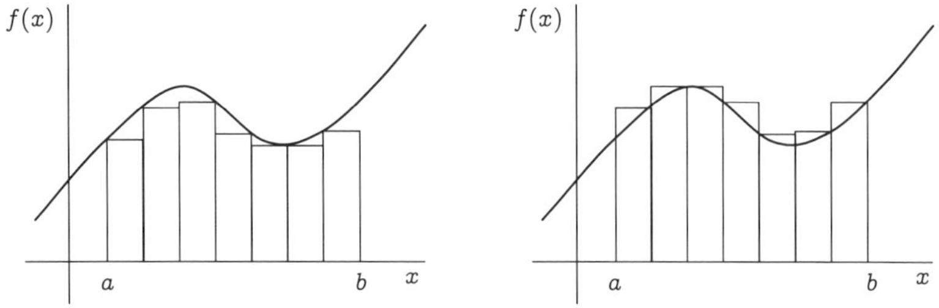

長方形の幅を狭くすると，（一般的には）より良い近似が得られます．

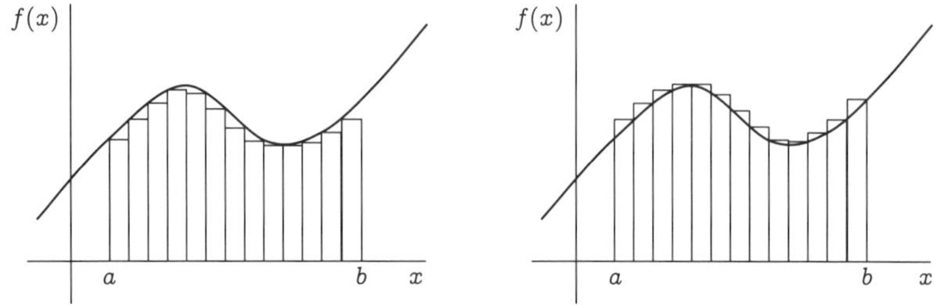

近似で正確な面積を求めることはできませんが，考え方としては下から押さえた見積もりと上から押さえた見積もりが特定の数 A に好きなだけ近くできるとしたら，A がグラフの下の面積である，ということです．解析では，いたるところで同様の推論が利用されます．極限値に好きなだけ近くすることを考えるのです．ここでは，それによって哲学的な問題をはらんだ循環論法から抜け出すことができました．数学者は，意味のある面積，つまり長方形の面積を出発点として，それを使って曲線で囲まれた図形の**面積の意味を定義**するの

です[*4].

ほとんどの学生が，この長方形と近似の手法を直観的に納得してくれます．したがって，あと必要なのはそれを定式化することです．残念ながら，それには大量の記法を導入する必要があります．そのため，積分可能性が難しいものだと考えてしまう学生が多いのです．しかし，難しくはありません．実際，積分可能性の基本的な議論は，(例えば)連続性の基本的な議論よりも，論理的にシンプルなのです．ですから，その記法が上に述べた直観的なアイディアをとらえただけのものだということを，これから納得してもらえるように説明していきたいと思います．

定式化の最初の段階は，制限された範囲上での積分可能性について考えることです．すでに7章と8章を読み終わった読者なら，うなずいてもらえるでしょう．連続性も微分可能性も，最初は1点において定義されていました．1点における積分可能性について述べることには意味がありませんが，大まかには同じアイディアが適用されます．数直線上の一部で積分可能であって，他の部分で積分不可能な関数が存在するからです．ですから数学者は普通，区間 $[a, b]$ 上で関数が積分可能かどうかを述べます．その後の戦略としては，次のようなものを組み立てていきます．

- 区間 $[a, b]$ の分割方法を示す式
- 1個の長方形の面積を示す式
- 1つの上から押さえた見積もり(正式には**過剰和**という名前がついています)を表す式(下から押さえた見積もりには，どんな名前がついていると思いますか？)
- 過剰和と関係づけることによって面積 A を規定する式
- その区間上の積分可能性の定義

上記の各ステップで記法が導入されるので，特定のステップを理解しそこなったり2つのステップを混同したりすると，混乱してしまう学生もいます．定式化が終わった後，組み立ての全体像を振り返ることができるように，このリストを再び示しましょう．

*4　台形公式やシンプソンの公式などを利用して積分値を近似する，より洗練された方法を知っている人もいるかもしれません．しかし長方形を使う手法のほうが代数的にシンプルですし十分に役立つので，解析ではまずこちらを見かけることになるでしょう．

9.4　積分可能性の定義

区間 $[a, b]$ の分割を行う場合，通常は最も左側の点を x_0 とし，順次添え字を増やして最後の点を x_n と名づけます．定義は以下のとおりです．付随する図は $n=5$ の場合を示したものであり，長方形の面積の合計が，分割 $\{x_0, \ldots, x_5\}$ に対応する上から押さえた見積もりとなっています．

定義● 集合 $[a, b]$ の分割とは，$a=x_0<x_1<\cdots<x_{n-1}<x_n=b$ であるような点 $\{x_0, \ldots, x_n\}$ の有限集合[*5]である．

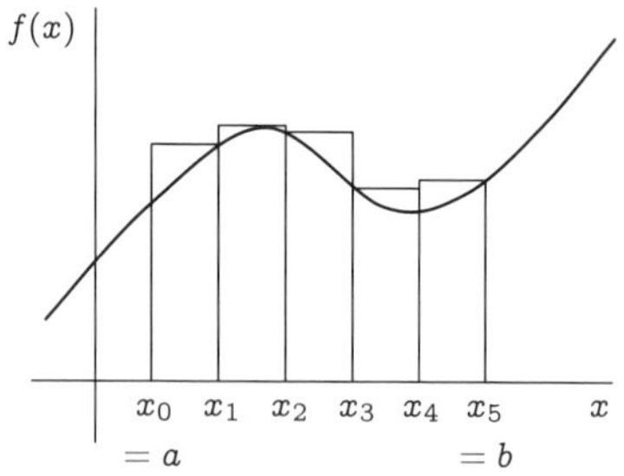

この分割の定義では，すべての部分区間が等しい幅であると規定されているでしょうか？　いいえ，そうではありません．これらを等しい幅とした数学的議論はよく見かけますが，計算の便宜上そのようにしているにすぎないのです．

これらの長方形の面積を求めるのは簡単です．最初の長方形の幅は，常に x_1-x_0 となります．上の図では，その高さは $f(x_1)$ となっていますが，いつでもそうとは限りません．他の長方形を見て，その理由を考えてみてください．一般の部分区間 $[x_{j-1}, x_j]$ について，高さはその部分区間上の $f(x)$ の最

*5　試験で「点の有限集合」ではなく「有限な点の集合」と書いたために点数を取りそこなった人がどれほど多いかを知ったら，きっとあなたも驚くでしょう．もともと点は有限なものですから，「有限な点の集合」と書くことには何の意味もありません(訳注：日本語で「有限な点の集合」と書くと，「有限な」が「集合」を形容する可能性もないわけではないので，誤りというよりはあいまいだという方が適切でしょう．英語では，「a set of finite points」と「a finite set of points」なので，どちらの場合も finite が何を形容しているかが明確で，「a set of finite points」は明確に誤りとなります)．何度も言っていますが，細かいところに注意を払うようにしてください．

大値となります*6．この高さに，以下のように名前をつけることもよくあります．

▶ $M_j = \sup\{ f(x) \,|\, x_{j-1} \leqq x \leqq x_j\}$ とする．

ここで「sup」は上限を意味する supremum の省略です．ですからこれは「M_j を，x_{j-1} から x_j までの x に対する $f(x)$ の値の上限とする」と声に出して読むことができます．上限の定義は 10.5 節にありますが，定義と比較して多少厳密さは失われる(理由については 10.5 節を読んでください)ものの，ここでは M_j を部分区間 $[x_{j-1}, x_j]$ 上の f の最大値であるとインフォーマルに考えてもらってかまいません．いずれにせよ，最初の長方形の面積は $M_1(x_1 - x_0)$ となります．この図の縦軸上にM_1, M_2, M_3, M_4, M_5を書き入れるとしたら，どこになるでしょうか？ それぞれの長方形の面積はどうなりますか？ また，M_j の定義に「$<$」ではなく「$\leqq$」という記号が使われていることが重要な理由がわかるでしょうか？

長方形の面積が求められたら，それを合計すれば対応する $\int_a^b f(x)\mathrm{d}x$ の上から押さえた見積もりが得られます．これは「$U(f;P)$」と表記され，「分割 P に関する f の過剰和」と声に出して読みます．これは以下の式で求められます*7．

$$U(f;P) = \sum_{j=1}^{n} M_j(x_j - x_{j-1}), \quad \text{ここで } M_j = \sup\{ f(x) \mid x_{j-1} \leqq x \leqq x_j\}.$$

シグマ記法を見かけたときには展開した式を書いてみましょう，というアドバイスを覚えていますか？ 前のページの図では，次のように期待どおりの和が得られます．

$$\begin{aligned} U(f;P) &= \sum_{j=1}^{5} M_j(x_j - x_{j-1}) \\ &= M_1(x_1 - x_0) + M_2(x_2 - x_1) + M_3(x_3 - x_2) + M_4(x_4 - x_3) \\ &\quad + M_5(x_5 - x_4). \end{aligned}$$

*6 ここではその部分区間上で関数が実際に最大値を持つこと，つまり関数が有界であることが仮定されています．有界であることという必要条件が，積分可能性と関係する定義に含まれることもあります．

*7 $\sum$ はギリシャ文字「シグマ」の大文字です．シグマ記法を見慣れていないか復習が必要な読者は 6.2 節を参照してください．

同様に下から押さえた見積もり(**不足和**と呼ばれます)の一般式は，次のようになります．

$$L(f;P)=\sum_{j=1}^{n} m_j(x_j-x_{j-1}),\ \text{ここで}\ m_j=\inf\{f(x)\mid x_{j-1}\leqq x\leqq x_j\}.$$

「inf」は**下限**を意味する infimum の省略です(これについても 10.5 節を参照してください)．

この種の記法には，多少の揺らぎがあります．あなたの講師や教科書は，例えば $U(f;P)$ について異なる記法を使うかもしれません．また違った方法で長方形を規定することもあり得ます．しかし基本はどの場合でも同じなので，ここで(あるいはこの章の別の場所で)説明したアイディアを，授業での説明と対応づけることはできるはずです．

いずれにせよ，これらの定義は 1 つの過剰和か 1 つの不足和を規定するものであり，1 つの過剰和は単なる数値です．この式にはたくさんの計算が含まれますが，最終的に得られるのは面積の合計という 1 つの数値になります．このことは重要なので覚えておいてください．分割はさまざまな方法で行うことが可能ですし，それらの過剰和はそれぞれ異なったものになるでしょう．ある過剰和は 17 であっても，別のものは 18 だったり 18.5 だったりするかもしれません．これらの過剰和は，すべてグラフの下の面積の近似ですが，その面積はこれらの過剰和とどう関係するのでしょうか？　まず言えるのは，積分値 A はどの過剰和と比べてもそれ以下となることです．次に言えるのは，積分値はそのような性質を持つ数の中で最大のものだということです．別の言い方をすれば，積分値はあり得るすべての過剰和の集合の**最大下界**となります．これは過剰和の**下限**と呼ばれることもあります(これについても 10.5 節を参照してください)．

$$A=\inf\{U(f;P)\mid P\ \text{は}\ [a,\,b]\ \text{の分割}\}.$$

A とすべての不足和との関係はどうなっているでしょうか，そしてどのように書き表せばよいでしょうか？

最後に，これまでのすべての推論は，面積 A に意味があることが前提となっています．しかし面積に意味があるのは，不足和を使おうと過剰和を使おうと A について同じ値が得られる場合だけです．したがって，積分可能性の定義は次のようになります．

定義• 区間 $[a, b]$ 上で f が**積分可能**であるための必要十分条件は

$$\inf\{U(f;P) \mid P \text{ は } [a,b] \text{ の分割}\} = \sup\{L(f;P) \mid P \text{ は } [a,b] \text{ の分割}\}$$

である.

この節を終えるにあたって，前に約束した組み立てリストを再掲しておきます．これまでの説明を読み返さずに，図を描いてすべての式を示すことができるでしょうか？

- 区間 $[a, b]$ の分割方法を示す式
- 1 個の長方形の面積を示す式
- 1 つの上から押さえた見積もり(正式には**過剰和**という名前がついています)を表す式
- 過剰和と関係づけることによって面積 A を規定する式
- その区間上の積分可能性の定義

9.5 積分可能でない関数

9.1 節では，次に示す関数のグラフの下の面積について話すことは意味がなさそうに思えると述べました(このグラフは正確に描くことはできませんが，7.3 節で議論したように，点線によってだいたいの感じがつかめます).

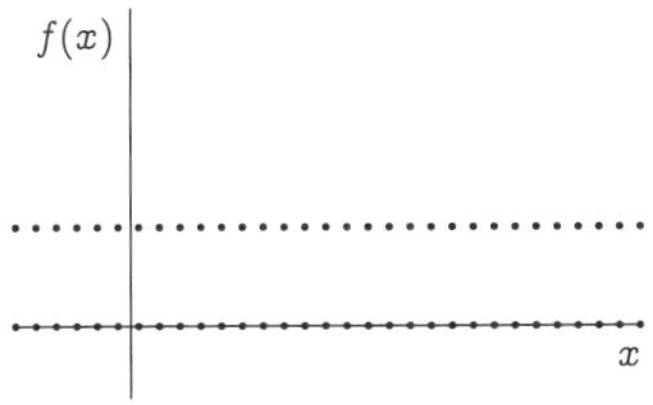

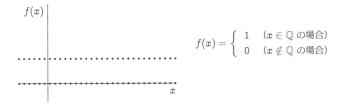

$$f(x) = \begin{cases} 1 & (x \in \mathbb{Q} \text{ の場合}) \\ 0 & (x \notin \mathbb{Q} \text{ の場合}) \end{cases}$$

この節では，この主張と定式的な定義との関係を説明していきます．読み進める前に，積分可能性がどのように定義されていたか考えて，どんな議論になるか予想してみてください．どのステップで問題が起こりそうでしょうか？

積分可能性を考えるためには，区間 $[a, b]$ が必要です（また $a \neq b$ と仮定します——そうしないと何も話すことがなくなってしまいます）．分割 $a = x_0 < x_1 < \cdots < x_{n-1} < x_n = b$ を用いて，この区間を分割したと考えてください．これに対応する不足和と過剰和はどうなるでしょう？　過剰和は

$$U(f; P) = \sum_{j=1}^{n} M_j(x_j - x_{j-1}),\ \text{ここで } M_j = \sup\{ f(x) \mid x_{j-1} \leqq x \leqq x_j\}$$

のように定義され，すべての部分区間には有理数が含まれるので，すべての M_j が 1 と等しくなるはずです．つまり，$U(f; P)$ を展開すると多くの項が打ち消し合って

$$\begin{aligned} U(f; P) &= 1(x_1 - x_0) + 1(x_2 - x_1) + \cdots + 1(x_{n-1} - x_{n-2}) + 1(x_n - x_{n-1}) \\ &= x_n - x_0 \\ &= b - a \end{aligned}$$

となります．この分割には特別なところは何もなかったので，分割のやり方をどう変えても過剰和 $b-a$ が得られます．つまり，過剰和の最大下界は $b-a$ です．記号を使って書けば，

$$\inf\{U(f; P) \mid P \text{ は } [a, b] \text{ の分割}\} = b - a.$$

P に関する f の不足和は

$$L(f; P) = \sum_{j=1}^{n} m_j(x_j - x_{j-1}),\ \text{ここで } m_j = \inf\{ f(x) \mid x_{j-1} \leqq x \leqq x_j\}$$

と定義されます．そして，すべての m_j が 0 に等しくなるはずです．なぜでしょうか？　そして，このことから次が従う理由がわかりますか？

$$\sup\{L(f; P) \mid P \text{ は } [a, b] \text{ の分割}\} = 0.$$

最後に，これらすべてのことは積分可能性の定義に照らして，何を意味しているのでしょうか？　過剰和の下限は $b-a$ であり，不足和の上限はゼロです．したがって，

$$\inf\{U(f; P) \mid P \text{ は } [a, b] \text{ の分割}\} \neq \sup\{L(f; P) \mid P \text{ は } [a, b] \text{ の分割}\},$$

つまり，$[a, b]$ において f は積分可能ではありません．

同様の議論を用いて，すべての不連続な関数が積分可能でないことを示せる

と思いますか？　ある関数が，1点のみにおいて不連続である場合はどうなるでしょうか？　このような場合について，次節で見ていきましょう．

9.6　リーマンの条件

あなたの受ける授業では，上のように積分可能性を定義したとき，その定義に「f は積分可能」ではなく「f はリーマン積分可能」と書かれているかもしれません．これは，積分可能性と積分値の定義にはほかのアプローチも存在するためです．そのような別のアプローチについては，さらに専門的な授業で取り扱われることになるでしょうからここでは述べませんが，もう1つリーマンの名前がついたものを紹介しておきましょう．

定理（リーマンの条件）■ f が $[a, b]$ において（リーマン）積分可能であるための必要十分条件は，すべての $\varepsilon>0$ について $[a, b]$ の分割 P が存在して $U(f;P)-L(f;P)<\varepsilon$ となることである．

「$U(f;P)-L(f;P)<\varepsilon$」という式の左辺は，過剰和とそれに対応する不足和との差であり，次の図では灰色の部分の面積の総和として表現されています．

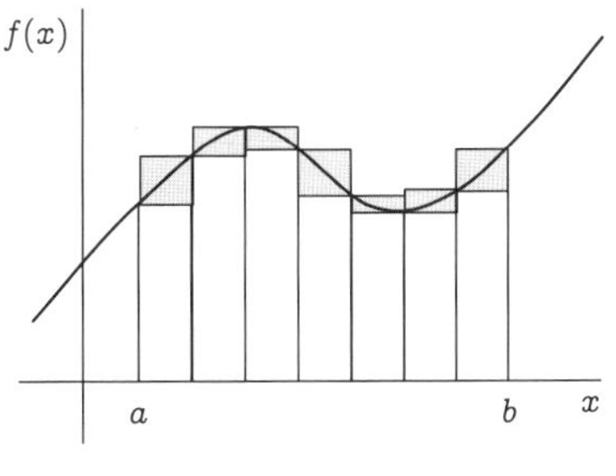

リーマンの条件が言っていることをインフォーマルに表現すれば，関数が積分可能であるための必要十分条件は，さまざまな分割を考慮することによってこの差を好きなだけ小さくできることである，ということです．ここではリーマンの条件が正しいことの証明は行いません（でもそれが定義とどう関係しているのかは考えてみてください）が，これからそれがどのように応用で

きるか説明しながら，過剰和と不足和について見落としがちな点を指摘していきましょう．以下のように規定される関数 $f:[0,2]\to\mathbb{R}$ を考えます．分割 $\left\{0, \frac{1}{3}, \frac{2}{3}, 1, \frac{4}{3}, \frac{5}{3}, 2\right\}$ に関する過剰和と不足和はどうなるでしょうか？ また，その2つの差は？

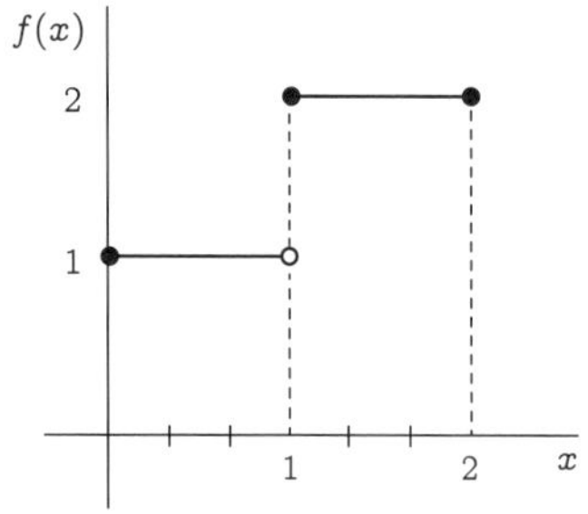

$$f(x)=\begin{cases} 1 & (0\leqq x<1\text{ の場合}) \\ 2 & (1\leqq x\leqq 2\text{ の場合}) \end{cases}$$

差がゼロだと答えた人はいますか？　それは間違いです．ここは間違えやすいところなので，そう答えた人も考え方がおかしかったわけではなく，グラフの全体的な見かけに惑わされてしまったのでしょう．先へ進む前に，もう一度考えてみてください．

下の図は，過剰和を視覚的に示したものです．ゼロと答えた人は，それが正しくない理由を理解できましたか？　カギは部分区間 $\left[\frac{2}{3}, 1\right]$ です．点1はこの部分区間に含まれ，$f(1)=2$ ですから，$\sup\left\{f(x)\,\middle|\,\frac{2}{3}\leqq x\leqq 1\right\}=2$ であり，$U(f;P)-L(f;P)=\frac{1}{3}$ となります．

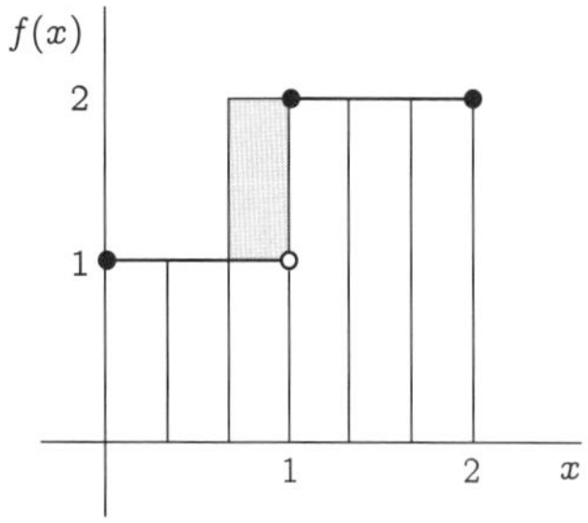

$$f(x)=\begin{cases} 1 & (0\leqq x<1\text{ の場合}) \\ 2 & (1\leqq x\leqq 2\text{ の場合}) \end{cases}$$

さまざまな分割を使うことによって，$U(f;P)-L(f;P)$ を好きなだけ小さくできるでしょうか？　その答えはイエスです．どうすればこれを完全に納得のいくように証明できるか，考えてみると良いでしょう(完全な証明が長いものになるとは限りません）．よってリーマンの条件が満たされるため，この関数は区間 $[0, 2]$ 上で積分可能となります．つまり，関数は連続でなくても積分可能なことがあるのです．

より高いレベルで考えてみると，数学理論の構造について注目すべきことに気づきます．私はリーマンの条件を定理として述べましたし，たぶんあなたもその証明を見かけることになるでしょう．しかし，この定理は「～の必要十分条件は…」という構造をしています．つまり，この条件は積分可能性の定義と論理的に同値なのです．したがって技術的には，リーマンの条件を定義として用い，もとの定義を定理として証明することもできるわけです．こういうことがあると，数学者は何を基本とし，何を導き出せる結果とするのか，決めなくてはなりません．普通は全員が合意する決め方がありますが，いくつかの概念については，例えば教科書によって多少の変異が見られることもあります．それは，そのような教科書が間違っているとか古いためではなく，この種の論理的同値関係を反映しているだけなのです．

9.7　積分可能な関数に関する定理

積分可能性について初めのうち学ぶ定理は，3.2 節で述べたようなものが大部分です．その中には，例えば $[a, b]$ 上で f と g の両方が積分可能であれば $f+g$ も積分可能である，といったものがあります．そのような定理の証明には見かけはとても長いものが多いのですが，たいていは不足和と過剰和の定義に適切な情報を突っ込んで計算しているだけです．そのような主張と証明の一例を，声に出して読む練習のために示しておきます．

主張■ f が $[a, b]$ 上で積分可能ならば，$3f$ も $[a, b]$ 上で積分可能である．

証明▸ f が $[a, b]$ 上で積分可能であるとして，$\varepsilon>0$ を任意に取る．
リーマンの条件により，$U(f;P)-L(f;P)<\dfrac{\varepsilon}{3}$ を満たす $[a, b]$ の分割 P が存在する．
このとき，定義により

$$U(3f;P)=\sum_{j=1}^{n} M_j(x_j-x_{j-1}),$$

ただし $M_j=\sup\{3f(x)\mid x_{j-1}\leqq x\leqq x_j\}$，かつ

$$L(3f;P)=\sum_{j=1}^{n} m_j(x_j-x_{j-1}),$$

ただし $m_j=\inf\{3f(x)\mid x_{j-1}\leqq x\leqq x_j\}$.

また，上限および下限の一般的な性質により，$\forall j\in\{1,\ldots,n\}$ について

$$\sup\{3f(x)\mid x_{j-1}\leqq x\leqq x_j\}=3\sup\{f(x)\mid x_{j-1}\leqq x\leqq x_j\}$$

かつ

$$\inf\{3f(x)\mid x_{j-1}\leqq x\leqq x_j\}=3\inf\{f(x)\mid x_{j-1}\leqq x\leqq x_j\}.$$

したがって $U(3f;P)=3U(f;P)$ かつ $L(3f;P)=3L(f;P)$.

したがって

$$U(3f;P)-L(3f;P)=3(U(f;P)-L(f;P))<3\frac{\varepsilon}{3}=\varepsilon.$$

したがって $3f$ は $[a,b]$ 上でリーマンの条件を満たす.

ゆえに $3f$ は $[a,b]$ 上でリーマン積分可能である.

いつものように，この主張や証明が一般化できるかどうか考えてみてください．3 を 6 や -3 にしたら，あるいは一般の定数 c と入れ替えたらどうなるでしょうか？　上限と下限の一般的な性質に関する結果が成り立つのはどうしてでしょうか？　また，$[a,b]$ 上で f と g の両方が積分可能であれば $f+g$ も積分可能であることを証明するには，どうすればよいでしょうか(インスピレーションを得るには，5.10 節の収束数列に関する和の法則の証明を参照してください)？

次に示すのは，より多くの概念が関係している定理です.

定理■ f が有界であって $[a, b]$ 上で単調増加とする[*8].
このとき f は $[a, b]$ 上でリーマン積分可能である.

この定理は私のお気に入りなのですが，それは下に示すように，リーマンの条件に基づいた標準的な証明が非常にエレガントに図式的にとらえられるからです．要点は，過剰和と不足和との差，つまり灰色の長方形の面積の総和が，右側の長方形の面積と等しくなることです[*9]．この長方形の面積は幅の $f(b)-f(a)$ 倍ですから，幅を十分に狭くすることによって，どのような特定の ε よりも小さくできます．したがってリーマンの条件が満たされるため，この定理は真となります．

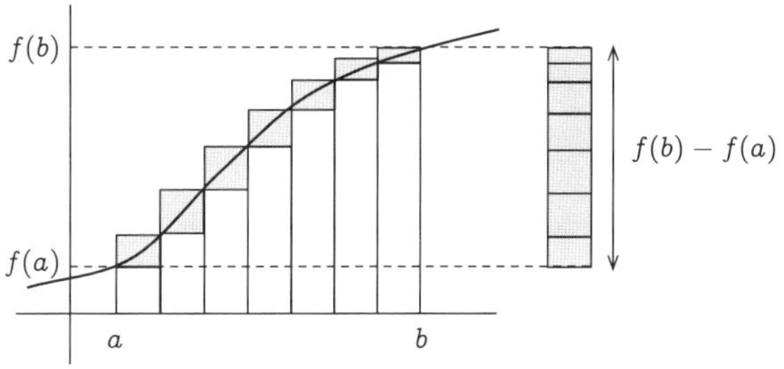

上の図と関係させながら，以下の証明を読んでみてください．

定理■ f が有界であって $[a, b]$ 上で単調増加とする．
このとき f は $[a, b]$ 上でリーマン積分可能である．

証明▸ $\varepsilon > 0$ を任意に取る．
f が $[a, b]$ 上で単調増加であることから，$f(b)-f(a) \geqq 0$ であることに注意．

*8 訳注：f が単調増加ならば，任意の $x \in [a, b]$ に対して $f(a) \leqq f(x) \leqq f(b)$ なので f は有界となります．したがって，仮定は「f が $[a, b]$ 上で単調増加であるとする」だけで構いません．

*9 訳注：証明からわかるように，$[a, b]$ を等分するような分割を考えているので，灰色の部分の横の長さはすべて等しくなります．

$\dfrac{b-a}{N}(f(b)-f(a))<\varepsilon$ となるように $N\in\mathbb{N}$ を選ぶ．

P_N を分割 $\{x_0, x_1, \ldots, x_N\}$ とし，

$$x_j - x_{j-1} = \frac{b-a}{N} \quad \forall j \in \{1, \ldots, N\} \text{ とする．}$$

f は単調増加であるから，$\forall j\in\{1, \ldots, N\}$ について

$\sup\{f(x) \mid x_{j-1} \leqq x \leqq x_j\} = f(x_j)$ かつ

$\inf\{f(x) \mid x_{j-1} \leqq x \leqq x_j\} = f(x_{j-1})$．

したがって $U(f;P_N) = \sum_{j=1}^{N} f(x_j)(x_j - x_{j-1}) = \dfrac{b-a}{N} \sum_{j=1}^{N} f(x_j)$

かつ $L(f;P_N) = \sum_{j=1}^{N} f(x_{j-1})(x_j - x_{j-1}) = \dfrac{b-a}{N} \sum_{j=1}^{N} f(x_{j-1})$．

よって

$$\begin{aligned} U(f;P_N) - L(f;P_N) &= \frac{b-a}{N}\left(\sum_{j=1}^{N} f(x_j) - \sum_{j=1}^{N} f(x_{j-1})\right) \\ &= \frac{b-a}{N}(f(x_N) - f(x_0)) \\ &= \frac{b-a}{N}(f(b) - f(a)) \\ &< \varepsilon. \end{aligned}$$

したがってリーマンの条件が満たされる．

ゆえに f は $[a, b]$ 上でリーマン積分可能である．

この定理の結論は，f が $[a, b]$ 上で単調減少であっても成り立つでしょうか？　もし成り立つなら，証明をどのように変更する必要があるでしょうか？　またこの定理の関数が連続であることは必要でしょうか？　たくさん不連続な関数を見てきた後でも，あなたの脳は慣れ親しんだ連続関数という枠組みからなかなか抜け出せないはずです．ですから，さまざまな機会をとらえて自明な場合を超えて考えるように心がけてください．

9.8　微積分学の基本定理

この章の最初に，積分と微分との関係についてインフォーマルな議論を示しました．この関係は，微積分学の基本定理(英語では fundamental theorem of calculus というので，FTC という略号もよく使われます）として定式化されます．たくさん微積分の勉強をしてきた人なら，FTC の証明をすでに見たことがあるかもしれません．しかし微積分の授業での証明は，さまざまな仮定が行われているのが普通です．もちろん解析の授業では，定義と証明済みの定理に基づいて，すべてが厳密に証明されることになります．

しかし解析の授業の進み方はかなり速いのが普通なので，多くの学生は FTC を本当に理解する前に駆け足で証明を終わらせることになってしまいます．ここでは 2 つのこと，つまり FTC が述べていることと，その証明には何が必要かということを，確実に理解してほしいのです．

定理（微積分学の基本定理） f が $[a, b]$ 上で積分可能であって $F(x)=\int_a^x f(t)\mathrm{d}t$ とする．このとき以下が成り立つ．

1. F は $[a, b]$ 上で連続である．
2. f が (a, b) 上で連続ならば，F は (a, b) 上で微分可能であって $F'(x)=f(x)$.

この定理の前提に使われている記号は，f と F との関係を示す次の図を見れば理解できるでしょう．

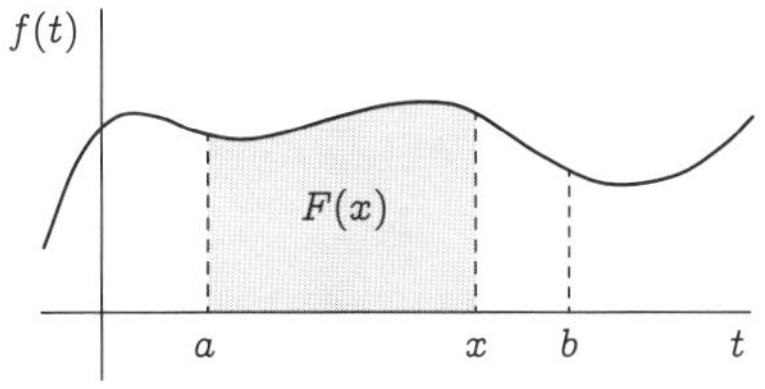

同じ記法を用いて，積分と微分が逆操作となっている理由を理解するために，一般の関数 f とそれに対応する F の近似について考えてみましょう．8.3 節を振り返ると，x における F の導関数は以下のように定義されます．

定義 $F'(x)=\lim_{h\to 0}\dfrac{F(x+h)-F(x)}{h}$，ただしこの極限が存在する場合に限る．

次に，下の図と議論を見てください．$h \to 0$ に伴ってより良い近似が得られ，極限において $F'(x) = f(x)$ と言えるようになります．

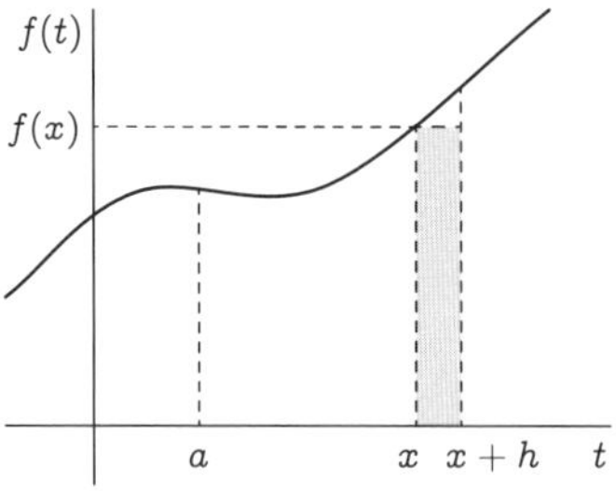

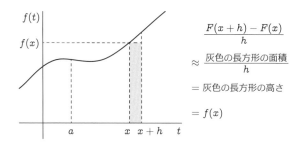

$$\frac{F(x+h)-F(x)}{h}$$
$$\approx \frac{\text{灰色の長方形の面積}}{h}$$
$$= \text{灰色の長方形の高さ}$$
$$= f(x)$$

つまり FTC は，積分と微分とが逆操作の関係にあるという主張と表裏一体なのです．しかしこの定理は明確に，それよりも厳密で複雑なことを述べています．関数 f とその積分値 F との関係に関する結論が f の性質に左右されるということは，たぶんこれまで思ってもみなかったことではないでしょうか．

FTC が何を述べているかを正確に理解するためには，例えば

$$f(t) = \begin{cases} 1 & (0 \leqq t < 1 \text{ の場合}) \\ 2 & (1 \leqq t \leqq 2 \text{ の場合}) \end{cases}$$

によって与えられる関数 $f: [0, 2] \to \mathbb{R}$ など，具体的な例を考えてみるのが役に立ちます(次ページの左図)．9.6 節では，この関数が 1 において連続ではないけれども $[0, 2]$ 上で積分可能であることを示しました．つまり FTC が適用できます．対応する積分値 F のグラフ(右図)を考えてみれば，FTC の両方の項目の意味が明確になるでしょう．

まず，F が正しく表現されていることを確かめてください．区間 $[0, 1]$ 上では，f のグラフの下の面積が一定の割合で増加していること，そして $x = 1$ において積分値 F が 1 に達すべきことに注意すると良いでしょう．区間 $[1, 2]$ 上では，f のグラフの下の面積がやはり一定の，しかし先ほどの 2 倍の割合で増加し，$x = 2$ において積分値 F が 3 に達するはずです．

次に，FTC の項目 1 を考えてみましょう．これは単純に，f が積分可能であれば F は連続であると言っています．f のグラフは $x = 1$ において「ジャンプ」していますが，対応する F の値はジャンプしません．x の値が 1 を超えたところで面積が瞬間的に新しい値にジャンプするわけではないからです．し

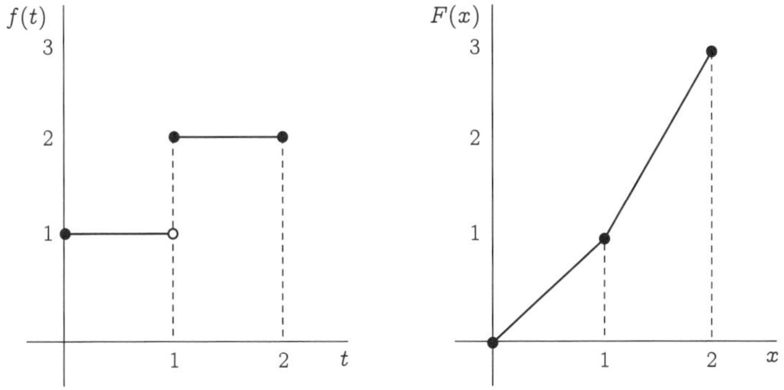

たがって，f が不連続であっても，F は連続になります．このように考えれば，FTC の項目 1 が正しい理由の理解に役立つでしょう．

FTC の項目 2 は，f が連続ならば F は微分可能だと言っています．この例では f は 1 において連続でなく，F は微分可能ではありません．F のグラフは $x=1$ のところに「角」があります．このことから，FTC の項目 2 において連続性の条件が必要とされる理由が明確になるはずです．f が連続でなければ，F の傾き(勾配)が急激に変化してしまうかもしれません．つまり全体として，これは微分と積分が素直な逆操作ではない例となっています．これまでの微分と積分に出てきた関数はいたるところ連続なものがほとんどですから，このような考え方は大部分の解析の学生にとって新鮮なものです．

FTC の証明は，極限，連続性，微分可能性，積分可能性といった概念を結びつける良い機会でもあります．項目 1，つまり F が連続であることを証明するためには，F が連続の定義(7.4 節と 7.5 節を参照してください)を満たすことを証明する必要があります．これは，あらゆる $c\in[a, b]$ について以下が真であると証明することを意味します．

$$\forall\varepsilon > 0\ \exists\delta > 0 \text{ s.t. } |x-c| < \delta \text{ ならば } |F(x)-F(c)| < \varepsilon.$$

項目 2，つまりあらゆる $c\in(a, b)$ について F が微分可能であって $F'(c)=f(c)$ となることを証明するためには，これらのものが微分可能性の定義(8.3 節を参照してください)に適切に当てはまることを証明する必要があります．これは，あらゆる $c\in(a, b)$ について以下が真であると証明することを意味します．

$$\lim_{x \to c} \frac{F(x) - F(c)}{x - c} = f(c).$$

極限の定義(7.10 節を参照してください)を用いてさらに翻訳すると，あらゆる $c \in (a, b)$ について以下が真であると証明する必要があることになります．

$$\forall \varepsilon > 0 \ \exists \delta > 0 \ \text{s.t.} \ 0 < |x - c| < \delta \ \text{ならば} \left| \frac{F(x) - F(c)}{x - c} - f(c) \right| < \varepsilon.$$

この最後の主張を証明するのは，見かけほど大変ではありません．最後の式は，$F(x) - F(c)$ の意味を考えて多少の賢い計算を行えば，簡略化できるからです．そうして残った詳細を片づければよいことになりますが，たぶん授業ではそれらについて考察した上で証明を見ていくことになるでしょう．しかし，ここで行ったように何が必要なのかを整理しておけば，どんな証明も理解しやすくなるはずです．

9.9　今後のために

これまでの章と同様に，解析の授業ではこの章の内容を詳細に取り扱い，多くの隙間を埋めていくことになるでしょう．9.4 節で注意したように，授業では違った定義が使われるかもしれませんが，同じように近似が使われることはほぼ確実です．しかし定義の導入は，異なっているかもしれません．ここでは関数とグラフを抽象的に取り扱いましたが，あなたの講師はもしかすると時間に伴って変化する速度の情報に基づいて移動する距離を近似したり，バネが引き伸ばされるのに従って働く力がどのように変化するかに関する情報に基づいてバネを引き伸ばすために必要なエネルギーを近似するなど，応用を意識した文脈で考えるように指導するかもしれません．こういった概念がこの章で提示した抽象的なアイディアとどう関係しているのか，ここで考えてみるのも良いでしょう．

その後の授業では，積分可能性のアイディアが拡張されていくことになります．例えば，別の定義域への拡張です．この章では，定義域はすべて閉区間で表される実数の部分集合でした．多変量解析の授業では，より多くの変数を含む関数の積分について考えることになります．例えば関数 $f: \mathbb{R}^2 \to \mathbb{R}$ は，入力として (x, y) の形をした点を取り，出力として実数を返すので，そのグラフは 3 次元空間の中の曲面と考えることが可能です．この文脈では積分の定義域は平面の部分集合となり，積分値は曲面の下の体積と考えることができます．過剰和と不足和は，どのように計算されることになると思いますか？

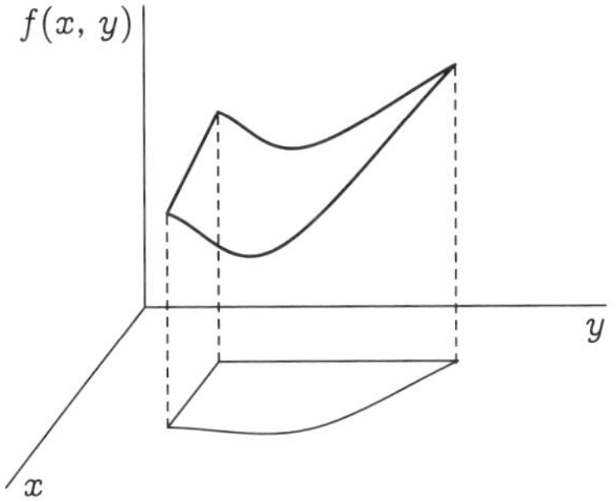

別方向への拡張として，関数 $f:\mathbb{C}\to\mathbb{C}$ を定義することもでき，これによって積分の可能性がさらに広がります．複素解析の授業では，複素平面内の曲線に沿った積分を学ぶことになるでしょう．この場合，任意の2点を結ぶ数多くの異なる曲線が存在するため，必然的により多くのバリエーションが導入されます．複素解析は非常にエレガントで，重要なクラスの関数(例えば単連結な領域で定義された正則関数)については取る経路に関係なく積分値が同一となることが示されます．つまり，始点と終点が同一の曲線に沿った積分値は，必ずゼロになるのです．また一部の関数については，特定の点における関数の値を計算するだけで，積分の値を求めることができます．これらの結果は，実数値関数にも応用が可能です．複素平面において弦が実軸の一部となるような半円に沿った積分を行って，それから弦が実軸全体と一致するような極限を取り，複素積分から実軸に沿う積分を導くことによって，通常の方法では計算が難しい実積分の値を求めることもできます．

最後に，9.6 節でも触れたように，異なる種類の積分可能性を学ぶことになるかもしれません．例えば測度論の授業では，ルベーグ積分可能性について学ぶことになるでしょう．リーマン積分可能でなくてもルベーグ積分可能な関数は存在し，9.5 節に出てきたこの関数がその一例です．

$$f(x)=\begin{cases} 1 & (x\in\mathbb{Q}\text{ の場合}) \\ 0 & (x\notin\mathbb{Q}\text{ の場合}) \end{cases}\quad \text{によって与えられる } f:\mathbb{R}\to\mathbb{R}.$$

この関数がどんな区間 $[a, b]$ 上でもリーマン積分可能でないことは，すでに示しました．しかしこの関数はルベーグ積分可能であり，そのルベーグ積分の値はゼロとなりますが，その理由は数直線上の有理数の分布と関係しています．この話題はより高度なものですが，10 章で有理数に関する初歩的な考察をしていきましょう．

10 実　数

この章では有理数と無理数，およびそれらと十進展開との関係を紹介します．実数の公理について議論し，完備性の公理が実数を有理数と区別するため，そして数列と関数に関する直観的に説得力のある結果を証明するために必要であることを説明します．

10.1 数に関するあなたの知らない話

あなたは数について，かなりの知識を持っているはずです．またあなたは，高等数学で取り扱うのは数ではなく，一般的な数式や抽象的な関係だと思っているかもしれません．ある意味では，そのとおりです．しかし，数学の学士号を取るには，数の理論を幅広く勉強することが必要です．中には数論という名前の授業を受ける人もいるでしょう．数論では普通，(少なくとも最初のうちは)整数どうしが割り切れるかどうかという性質を調べます．例えばあなたは，整数が 3 で割り切れるための必要十分条件は，その各桁の数字の和が 3 で割り切れることだ，ということを知っていたでしょうか？ 知っていたという人は，それがなぜ真となるか知っていますか？ このような知識は面白いものですが，無益で珍奇なものというわけではありません．こうなるのは，十進数の基本的な性質によるものです．そのような現象について学ぶことは，あなたの(3.3 節で論じた意味で)「上向き」の知識を増やしてくれるでしょう．そして繰り返しになりますが，解析は「下向き」の，つまり実数の数学の基礎となる理論に関する学問です．

例えば，次の数は 2 通りの方法で表記されています．

▶ $1/7 = 0.142857142857142857...$

この十進表記が，**繰り返しを含んでいる**(あるいは**循環している**)ことに注意してください．これは偶然でしょうか？ ほかにはどんな数が，この性質を持っているでしょうか？

十進表記は数を表す自然な方法だとだれもが思っていますが，その大きな理由は電卓の画面にそう表示されるからです．電卓の使い方を知っているのは良いことです(これは軽い気持ちで言っているのではありません——そうでないとたくさん間違いが起こります)が，解析に電卓は必要ありません．実は，私は授業中に学生が使おうとすると電卓を没収することで知られています．その理由は，賢い暗算のほうがたいていは速い，ということが1つ．また，数学的に成熟した数の見方をしてほしい，という理由もあります．例えば最近のことですが，試験に出したある問題の答えが $\frac{1}{6}(e-1)$ でした．多くの学生はこの答えを見つけましたが，それから電卓を取り出して 0.28638030 のような答えを書き込んだのです．もう少し知恵のある学生は，答えを $\frac{1}{6}(e-1)$ のまま提出しました．数学者ならそうするでしょう．$\frac{1}{6}(e-1)$ は完全に妥当な数だからです．さらに言えば，この十進表記は，どこまで桁数を多くしても正確になることはありません．

しかし私が電卓を没収する一番大きな理由は，解析では答えとしての数を重視しないからです．大事なのは，数の背後にある構造です．電卓は，この構造を見えづらくしてしまいます．答えは得られても，それが正しい理由は理解できないのです．電卓のキーを「1÷7=」と叩けば最初の8桁か10桁が表示されるでしょうが，そこから繰り返しのパターンを見て取るには十分ではないでしょう．数式処理システムを使えばもっとたくさんの桁が表示されてパターンが浮かび上がるかもしれませんが，そのパターンが生じる理由は説明してくれません．高等数学で興味があるのは，まさにその**理由**であり，そしてこの例ではかなり簡単に説明することができます．

10.2　十進展開と有理数

1/7という数の十進展開に繰り返しが含まれるのは，偶然ではありません．こうなるのは，1/7が**有理数**だからです．有理数全体の集合は $\mathbb{Q}$ と表記され，以下のように定義されます.

> **定義** • $x \in \mathbb{Q}$ であるための必要十分条件は, $\exists p, q \in \mathbb{Z}\ (q \neq 0)$ s.t. $x = p/q$ である.

インフォーマルに言えば, x が有理数であるための必要十分条件は,「分数」として表記できることです. このように考えることに問題はないのですが, 分数は「小さい」ものと考えられがちな一方で, この定義にそのような規定はないことに注意してください. 例えば, 32800/7 も完全に妥当な有理数です. 以下のように, この展開にも繰り返しが生じます.

$$32800/7 = 4685.714285714285714285\ldots$$

実はこの展開は繰り返しを含むだけでなく, 1/7 と同じ**周期**, つまり 6 桁ごとの繰り返しになっているのです. さらに, 同じ数字が同じ順番で繰り返されています. もしこれが偶然だったとしたら, それはかなり奇妙なことです. では, なぜこうなるのでしょうか?

筆算をしてみると, その答えがわかります. 学校で最近どのように筆算を教えているかどうか私にはよくわかりませんが, 私はこのエレガントではないけれども簡潔な言い回しを教わりました.

1 のところに商は立ちません.	$\begin{array}{l} \ \ 0.\\ 7\overline{)1.0\ 0\ 0\ 0\ 0\ 0\ 0} \end{array}$
10 割る 7 は 1 余り 3.	$\begin{array}{l} \ \ 0.1\\ 7\overline{)1.0\ {}^{3}0\ 0\ 0\ 0\ 0\ 0} \end{array}$
30 割る 7 は 4 余り 2.	$\begin{array}{l} \ \ 0.1\ 4\\ 7\overline{)1.0\ {}^{3}0\ {}^{2}0\ 0\ 0\ 0\ 0} \end{array}$
20 割る 7 は 2 余り 6.	$\begin{array}{l} \ \ 0.1\ 4\ 2\\ 7\overline{)1.0\ {}^{3}0\ {}^{2}0\ {}^{6}0\ 0\ 0\ 0} \end{array}$
60 割る 7 は 8 余り 4.	$\begin{array}{l} \ \ 0.1\ 4\ 2\ 8\\ 7\overline{)1.0\ {}^{3}0\ {}^{2}0\ {}^{6}0\ {}^{4}0\ 0\ 0} \end{array}$
40 割る 7 は 5 余り 5.	$\begin{array}{l} \ \ 0.1\ 4\ 2\ 8\ 5\\ 7\overline{)1.0\ {}^{3}0\ {}^{2}0\ {}^{6}0\ {}^{4}0\ {}^{5}0\ 0} \end{array}$

50 割る 7 は 7 余り 1.

$$\begin{array}{r|l} & 0\,.\,1\ \ 4\ \ 2\ \ 8\ \ 5\ \ 7 \\ \hline 7 & 1\,.\,0\,{}^{3}0\,{}^{2}0\,{}^{6}0\,{}^{4}0\,{}^{5}0\,{}^{1}0 \end{array}$$

パターンはここで繰り返しに入ります．割り算のプロセスが，最初の状態に戻って同じ余りを出し続けるからです．実際には，このようなことは必ず起こります．7 で割るときには，ゼロ以外にあり得る余りは 6 通りしかないからです．ですから，数字が繰り返すまでに出現しうる余りはたかだか 6 通りです．そしてこの観察は，簡単に一般化できます．$q \in \mathbb{N}$ で割るときには，ゼロ以外にあり得る余りはたかだか $q-1$ 通りなので，繰り返しはたかだか $q-1$ の周期で起こるはずです．

周期はちょうど $q-1$ になるとは限りません．例えば，

$$8/11 = 0.72727272\ldots,\ \text{そして}\quad 2/3 = 0.66666666\ldots.$$

また，ある点を境にゼロの余りが続く有理数もあります．例えば，

$$7/8 = 0.8750000\ldots\ \text{ですが，これは}\ 7/8 = 0.875\ \text{と書きます．}$$

しかしこのことは，すべての有理数の十進展開が繰り返しとなるか，有限小数となることを意味しています．私はこれがわかるのは重要なことだと思いますし，説明がとても簡単なことを気に入っています．しかしもう一歩進んで，この本で繰り返し出てくる質問を問いかけてみましょう．その逆は真でしょうか？　すべての繰り返しとなる十進展開は，有理数を表現しているのでしょうか？

この質問への答えも，「イエス」です．その理由を理解するためのたぶん最も簡単な方法として，6.4 節で等比級数に用いたものと同様の議論を，具体的な数に対して適用してみましょう．

$$\begin{array}{lrl} & x = & 57.257257257257\ldots \\ \text{とおくと} & 1000x = & 57257.257257257257\ldots. \\ \text{よって} & 1000x - x = & 57200, \\ \text{すなわち} & 999x = & 57200. \\ \text{したがって} & x = & \dfrac{57200}{999}. \end{array}$$

この議論は，どんな[*1]循環十進展開にも応用できます(どうやって？)．これはさらに重要なことであり，数の性質と数の表現との間に存在する関係について，何か根本的なことを述べているのです．今までこれを教えてこなかったのは残念なことだと思います．それを理解するために必要とされる数学は，かなり簡単なものだからです．しかし，まだまだ学ぶべきことがたくさん残っているということは，理解してもらえるでしょう．

十進表記の話題に戻って，すべての数学専攻の学部生が知らなくてはならないことを説明しておきましょう．

$$0.99999999\ldots = 1.$$

これを見て，びっくりする人は多いようです．そんな人は直観的に，$0.99999999\ldots$ がほんの少し 1 よりも小さいと考えています．数を書き連ねることを想像し，9 を書き加える作業に「終わりはない」のだから，書かれた数が「決して 1 にはならない」と思うからです．もちろん，その考え方はちゃんと筋が通っています．0.99999999 のような数が，1 よりもわずかに小さいのは事実です．しかしそこには，いくら多くても有限個の数字しか存在しません．数学者が「$0.99999999\ldots$」とか「$0.\dot{9}$」と書くときには，9 を書き加えていく作業を想像したりはしません．これらの記号は 9 が，無限に多くの個数，すでに存在しているという意味です．それでは $0.99999999\ldots$ と 1 の差は何でしょうか？ それはゼロなはずです．つまりこの 2 つの数は等しいのです．

しかし第一印象がなかなか変わらないというのも確かです．ですから，いくつかそれを打ち破る方法を紹介しておきましょう．代数が好きな人は，これが気に入るかもしれません．

$$x = 0.99999999\ldots$$

とおくと $$10x = 9.99999999\ldots.$$

よって $$(10-1)x = 9,$$

すなわち $$9x = 9.$$

*1 6.1 節で論じた潜在的な問題が，この場合にトラブルを引き起こすことはありません．その理由を理解したければ，6.3 節を参照して $x = \frac{572}{10}\left(1 + \frac{1}{10^3} + \frac{1}{10^6} + \cdots\right)$ であることに注意してみてください．

$$\text{したがって}\quad x = \frac{9}{9} = 1.$$

あるいは，もっと簡単な算術はいかがでしょう？

$$1/3 = 0.33333333\ldots$$

であることには，だれもが納得します．では両辺に3を掛けてみてください．

ごまかしているわけではありません．ただ，直観は有限の対象物についての経験に基づいていることが多く，そのため無限のもの(この例では無限十進展開)について考え始めると話がおかしくなってくるのです．実際，ここに示したアイディアは無限数列の極限と関係づけることができます．十進展開は，各項で1つずつ桁の増える数列の極限として考えることができるからです．例えば0.9, 0.99, 0.999, 0.9999, ... という数列は，極限1を持ちます．数列と実数との関係をどこまで探求するかは解析の授業によってさまざまですが，このようなアイディアを発展させていくこともあるかもしれません．

10.3　有理数と無理数

ここでは，有理数と無理数との違いについて見ていくことにしましょう．有理数はたくさんありますから，すべての数を p/q という形で書き表すことができるか？　という疑問が生じます．結局のところ，p と q との組み合わせは膨大に存在するのです．

しかしもう一度，十進展開について考えてください．状況は違って見えてきます．すべての有理数は循環小数として表現することができますし，循環しない十進展開もたくさん存在することは明らかです．ある特定の循環十進展開を，さまざまな形で「いじくり回す」ことによって循環しない十進展開が得られることは，簡単に想像できます(簡単ですが自明なことではありません——十分にいじくり回す必要があるからです)．このようにして十進展開のアイディアから洞察が得られますが，このために無理数はきわめて取り扱いづらいものとなっています．無理数を完全に表現するためには無限に多くの桁数を書き下す必要がありますが，だれもそんなことはできないからです*2.

しかし，いくつかのなじみ深い数が無理数であるということを，間接的な手法を使って示すことはそれほど難しくありません．大ざっぱに言って，何か

が真であることを(直接)証明する代わりに何かが真以外ではあり得ないことを(直接ではなく)証明する場合に，「間接的」という言葉が使われます．このような手法は野暮ったく思えるかもしれませんが，実際にはかなり美しい証明が得られることもあるのです．古典的な例として，$\sqrt{2}$ が無理数であるという背理法による証明があり，その1バージョンを以下に示します．この証明を理解するには，$2|p$ という記法は「2は p を割り切る」と声に出して読み，2が p の約数であることを意味する，ということを知っておく必要があります．また，この種の証明では「$|$」という記号と「$/$」という記号をきちんと区別することが大事であることに注意してください．

主張 ■ $\sqrt{2}$ は無理数である．

…………………………………………………………

証明 ▶ $\sqrt{2}\in\mathbb{Q}$ と仮定し，これによって矛盾が生じることを示す．
仮定により $\exists p, q\in\mathbb{Z}\ (q\neq 0)$ s.t. $\sqrt{2}=p/q$ であって p と q は共通の約数を持たない．
これは $2=p^2/q^2$ すなわち $2q^2=p^2$ を意味する．
ゆえに $2|p^2$．
しかし，2は素数であるから $2|p$ となる．
$p=2k\ (k\in\mathbb{Z})$ とおく．
すると $2q^2=4k^2$ であるから，$q^2=2k^2$．
したがって $2|q^2$．
しかし，2は素数であるから $2|q$ となる．
したがって p と q は共通の約数2を持つ．
しかしこれは矛盾である．
ゆえに $\sqrt{2}\notin\mathbb{Q}$．

ほかにどんな数について，この手の証明が使えるでしょうか？ $\sqrt{2}$ を $\sqrt{3}$

*2 訳注：著者の意図が少しよくわかりません．例えば $\sqrt{2}$ は完全に明確に表現された無理数ですし，小数表示を用いる場合でも，例えば「整数部分は0で，小数第 n 位は n が平方数のときは1でそれ以外のときは0であるような実数」は無理数 0.100100001000000 1... を完全に明確に表現しています．

で置き換えても，この議論は有効でしょうか？ $\sqrt{4}$ で置き換えるわけにいかないことは明らかです．$\sqrt{4}$ は無理数ではないからです．しかし，どの段階でこの証明は破綻をきたすでしょうか？ $\sqrt{4}$ ではうまくいかないステップは複数存在するでしょうか，それとも 1 つの重要なステップが無効となるのでしょうか？ また，$\sqrt{2}$ を $\sqrt{6}$ で置き換えることはできるでしょうか？ もしできるならば，ほかにどこを変える必要があるでしょうか？ 何度も言っていますが，このような質問を自分自身に投げかける習慣をつけるようにしましょう．また，すべての無理数が平方根として表現されるわけではないことにも注意してください．実際，ある重要な意味において，無理数は有理数よりも「多く」存在するのです．この証明を考えてみてください．

いつもと同じように，解析の授業では普通，有理数と無理数を導入し，次にそれらの組み合わせについて考えます．例えば，2 つの有理数を掛け合わせると必ず有理数となります．これは正確にはどういう理由からでしょうか？ また，2 つの無理数を掛け合わせると必ず無理数となるでしょうか？ 気をつけてください——答えは「ノー」であり，講師は学生に注意深く考えさせるためにこのような質問をすることが多いのです．有理数と無理数を掛け合わせた場合はどうなるでしょうか？ この問題にも引っかかる人はいるでしょう．ゼロは有理数であり，どんな数もゼロを掛けるとゼロになるからです．しかし，ゼロでない有理数の場合には，無理数が得られます．これもまた，以下のように背理法によって証明できます．

定理 ■ $x \in \mathbb{Q}$，$x \neq 0$，$y \notin \mathbb{Q}$ ならば，$xy \notin \mathbb{Q}$.

証明 ▸ $x \in \mathbb{Q}$ かつ $x \neq 0$ とする.
すると $\exists p, q \in \mathbb{Z}\ (q \neq 0)$ s.t. $x = p/q$ であり，$x \neq 0$ なので $p \neq 0$.
$y \notin \mathbb{Q}$ とし，$xy \in \mathbb{Q}$ と仮定すると矛盾が生じることを示す.
この仮定は $\exists r, s \in \mathbb{Z}\ (s \neq 0)$ s.t. $xy = r/s$ を意味する.
しかし，このとき $y = \dfrac{q}{p} \times \dfrac{r}{s} = \dfrac{qr}{ps}$.
ここで $p, q, r, s \in \mathbb{Z}$ であるから $qr \in \mathbb{Z}$ かつ $ps \in \mathbb{Z}$.
また，$p \neq 0$ かつ $s \neq 0$ なので $ps \neq 0$.
したがって $y \in \mathbb{Q}$.

しかしこれは定理の前提と矛盾する.

ゆえに $xy \notin \mathbb{Q}$.

背理法による証明は無理数を取り扱う際によく出てきますが，それはまさに，無理数を直接取り扱うことが難しいためです[*3]．つまりこのように考えるわけです．「この数は無理数になるはずだけど，有理数のほうが取り扱いやすいから最初は有理数だと仮定して，それではうまくいかないことを示そう.」これがまさに背理法による証明方法なのです.

10.4 実数の公理

ここまで，実数のうちあるものは有理数であり，またあるものは無理数であることを見てきました．しかし，すべての実数について成り立つ性質もたくさんあります．このような**公理**が，この節の主題です.

2.2 節で，以下のような公理を挙げたことを思い出してください.

$$\forall a, b \in \mathbb{R}, \quad a+b=b+a \qquad \text{[加法の交換法則]}$$

$$\exists 0 \in \mathbb{R} \text{ s.t. } \forall a \in \mathbb{R}, \quad a+0=a=0+a \qquad \text{[加法の単位元の存在]}$$

これらの公理が真であることを，あなたは確信しているはずです．だれもがそう確信しています．しかし，なぜそうであることがわかるのでしょうか？ 哲学的に興味深いことに，**わからない**というのがその答えです．だれかが実数 a と b のあらゆる組み合わせをチェックして，$a+b=b+a$ が必ず成り立つことを確認したわけではないのです．哲学の立場から言うと，プラトン主義者たちは実数というものが存在すること，そしてこのような公理は実数の性質をとらえようとする人間の試みであると信じています．形式主義者たちは，このような公理は，われわれが実数と呼ぶことにした集合の性質を規定する定義であると信じています．形式主義者にとって，$2+3=3+2$ が成り立つのは**公理にそう書いてあるから**なのです．こう考えても問題はないですし，カリキュラムによっては授業の中で自然数や整数や有理数や実数に期待される公理を満たす集合を構築することになるかもしれません．その詳細はこの本の範囲を超えてし

*3 訳注：無理数が「有理数でない実数」と否定を用いた定義であることに起因するとも考えられます.

まいますが，シンプルな数学の背後にさえ，このような哲学的な前提が存在すると考え始めるのは良いことです．

哲学的な立場がどうあれ，実数が満たす公理はこの2つだけではありません．以下にそのリストを示します．これらの公理の一部には名前がついているので，名前のリストも示しました．どの名前がどの公理に対応すると思いますか？（これは無茶な質問ではありません．あなたがすでに持っている知識を活用すれば，大部分正解できるはずです．）

◆公理◆

1. $\forall a, b \in \mathbb{R},\ a+b \in \mathbb{R}$.
2. $\forall a, b \in \mathbb{R},\ ab \in \mathbb{R}$.
3. $\forall a, b, c \in \mathbb{R},\ (a+b)+c = a+(b+c)$.
4. $\forall a, b \in \mathbb{R},\ a+b = b+a$.
5. $\exists 0 \in \mathbb{R}$ s.t. $\forall a \in \mathbb{R},\ a+0 = a = 0+a$.
6. $\forall a \in \mathbb{R}\ \exists (-a) \in \mathbb{R}$ s.t. $a+(-a) = 0 = (-a)+a$.
7. $\forall a, b, c \in \mathbb{R},\ (ab)c = a(bc)$.
8. $\forall a, b \in \mathbb{R},\ ab = ba$.
9. $\exists 1 \in \mathbb{R}$ s.t. $\forall a \in \mathbb{R},\ a \cdot 1 = a = 1 \cdot a$.
10. $\forall a \in \mathbb{R} \setminus \{0\}\ \exists a^{-1} \in \mathbb{R}$ s.t. $aa^{-1} = 1 = a^{-1}a$.
11. $\forall a, b, c \in \mathbb{R},\ a(b+c) = ab+ac$.
12. $\forall a, b \in \mathbb{R}$，$a<b$ と $a=b$ と $a>b$ のうち，ちょうど1つが成り立つ．
13. $\forall a, b, c \in \mathbb{R}$，$a<b$ かつ $b<c$ ならば $a<c$.
14. $\forall a, b, c \in \mathbb{R}$，$a<b$ ならば $a+c<b+c$.
15. $\forall a, b, c \in \mathbb{R}$，$a<b$ かつ $c>0$ ならば $ca<cb$.

◆公理の名前◆

乗法について閉じている	乗法の結合法則
乗法単位元の存在	三分則
加法の結合法則	加法の交換法則
乗法逆元の存在	加法について閉じている
乗法の交換法則	加法逆元の存在
推移法則	乗法の加法に対する分配法則
加法単位元の存在	

公理の名前には長いものが多いですし，名前を教わらない学生も多いでしょう．ある意味では名前はどうでもいいのです．名前を知らなくても公理を使うことはできます．しかし名前は，複数の数学分野にまたがる結びつきを認識するためにも，効果的な意思疎通のためにも便利です．例えば，加法も乗法も交換法則を満たします．両方に共通するこの性質を指し示す言葉があるのは便利なことです．また数学者は複素数，関数，行列，対称性，ベクトルなども取り扱います．それらの多くは足し合わせたり掛け合わせたりすることができますし，これらの加法や乗法が交換法則を満たすかどうかを問うことができるのです．また，公理を制限すると**ベクトル空間**，**群**，**環**，**体**などの構造を定義でき，これらは線形代数や抽象代数の研究対象となります．公理に名前をつけることによって，これらの構造について話をしたり，比較したりすることが簡単にできるようになります．

しかし実数に話を戻すと，次のような問題があります．これらの公理のうち，$\mathbb{R}$ を $\mathbb{Q}$ で置き換えても成り立つものはどれでしょうか？ 前のページを読み返して，答えを決めてください．

10.5 完備性

先ほどの問題への答えは，「全部」です．これら 15 個の公理すべてが，$\mathbb{R}$ を $\mathbb{Q}$ に置き替えても成り立つのです．自分で納得のいくまで確かめてみてください．つまり，この長い公理のリストは，有理数から実数を区別するためには不十分ということになります．それには何か別のものが必要です．そしてそれは，**完備性**と呼ばれます．

完備性は複雑な概念ではありませんが，理解するためには集合 $X \subseteq \mathbb{R}$ の上限(sup)の概念を理解することが必要です．

定義 • U が $X \subseteq \mathbb{R}$ の**上限**であるための必要十分条件は

1. $\forall x \in X,\ x \leqq U$;
2. u が X の任意の上界ならば，$U \leqq u$.

上限は，**最小上界**と呼ばれることもあります．その理由がわかりますか？

定義の項目1は U が X の上界であること(2.6節を参照してください)，そして項目2は U があり得るすべての上界のうち最小のものであることを意味しています．よく学生たちはインフォーマルな方向に考えを進めて，ある集合の上限はその最大元つまり最大の要素のことだと思い込んでしまいます．残念ながらそれは正しくありません．あらゆる集合が最大の要素を持つわけではないからです．そのような要素を持つ集合もあります．集合 $[1, 5]=\{x\in\mathbb{R} \mid 1\leqq x\leqq 5\}$ は最大元5を持ち，また5はこの集合の上限でもあります(もう一度定義をチェックしてみてください)．しかし集合 $(1, 5)=\{x\in\mathbb{R} \mid 1<x<5\}$ には最大元がありません．どんな $x\in(1, 5)$ を選んでも，それよりも大きな要素が存在するからです．しかし，それでも $(1, 5)$ は上限を持ち，その上限はやはり5になります(もう一度チェックしてみてください)．たまたま，5は $(1, 5)$ に属していないというだけです．ですから定義に注意を払い，関連するインフォーマルなアイディアに惑わされないようにしてください．そういうことに気をつけていない学生は，上限に関連する証明の構築を苦手にしていることが多いようです．それは定義が論理的に複雑だからではなく，概念を理解していると思い込んで定義を使おうとしていないからです．

同様のコメントが，集合の**下限**(inf)にも当てはまります．これもまた，**最大下界**と呼ばれることがあります．**下限**の定義を作り上げることができますか？ また，ある集合の下限がその最小元であると決めつけてはいけないのはなぜでしょうか？

この上限の定義を踏まえて，完備性が導入できます．

> **完備性の公理**■ 空でなく上に有界な $\mathbb{R}$ のあらゆる部分集合は，$\mathbb{R}$ の中で上限を持つ．

完備性の公理は，実数と有理数との違いをとらえています．この公理の $\mathbb{R}$ を $\mathbb{Q}$ で置き換えたものは，真でない主張となります．例えば，集合 $\{x\in\mathbb{Q} \mid x^2<2\}$ は $\mathbb{Q}$ の中で上限を持ちません．この上限は $\sqrt{2}$ であり，この数は $\mathbb{R}$ には属しますが $\mathbb{Q}$ には属さないからです．もし私たちが有理数だけでできている世界に住んでいて，数直線上をズームインすることができたなら，$\sqrt{2}$ が存在すべきところにギャップが見つかることでしょう．このため，完備

性の公理をインフォーマルに以下のように表現することもあります.

- 数直線上に穴は存在しない.

こう言われて驚く人はいないでしょう. だれもがこれまでずっと, 数直線上に穴が存在しないことを前提としてきたからです. しかしここでも, 私たち全員が考えることなく置いていた哲学的な前提が, 解析によって明らかにされています. 数直線上に穴がないことを前提としたいので, 数体系を適切に公理化するためにそのことを明示的に述べる必要があるのです.

完備性に注目することによって, それ以外の解析の分野の成果をより深く理解することもできます. 例えば, 5.4 節に出てきた, この定理の候補を覚えていますか?

- すべての有界単調数列は収束する.

この主張は真であり, そのことは大部分の人が直観的に認めることでしょう. 数列 (a_n) が, 例えば単調増加であって u という上界を持つならば, 無限に多くの項が a_1 と u の間に「収まる」ことが必要だからです. 実際, その極限は数列のすべての項からなる集合 $\{a_n \mid n \in \mathbb{N}\}$ の上限 U となります. この数列はその極限と等しい項を持つかもしれないし持たないかもしれないということ, またそれに対応して U は $\{a_n \mid n \in \mathbb{N}\}$ に属するかもしれないし属さないかもしれないということに注意してください.

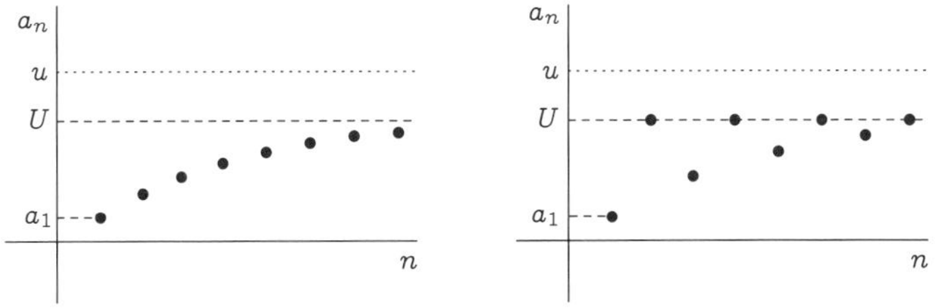

いずれにせよ, この定理が真となるのは $\mathbb{R}$ が完備であるためです. もしそうでなかったら, 収束するように見える数列の中にも極限を持たないものが出てきます. 例えば, 第 n 項が $\sqrt{3}$ の小数点以下 n 桁までの近似であるような数列 1.7, 1.73, 1.732, ... を考えてみてください. 有理数だけの世界に生きていたとすれば, この数列は存在します(すべての項は有理数です——例えば

1.732＝1732/1000)が，その極限は存在しないことになるでしょう．

同様に，7.9 節に出てきたこの定理を考えてみましょう．

中間値の定理 ■ f が $[a, b]$ において連続であり，y が $f(a)$ と $f(b)$ の間に存在するとする．
このとき $\exists c \in (a, b)$ s.t. $f(c)=y$.

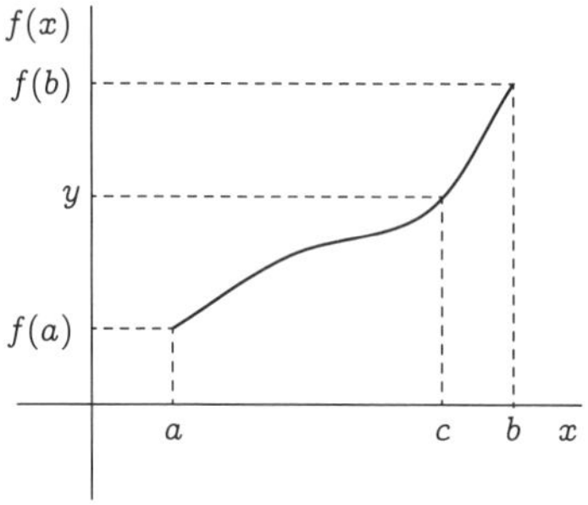

これもまた真であって，証明には完備性が必要とされます．実数が完備でなかったとすれば，関数のグラフには「穴」があることになり，適切な c が存在しないような値 y が存在するかもしれません．典型的な証明は，まず $X=\{x \in [a, b] \mid f(x)<y\}$ を考えます．これは $\mathbb{R}$ の有界な部分集合なので，完備性の公理より $\mathbb{R}$ に属する上限 c を持つはずであり，また $f(c)=y$ が成り立つはずです．細部の肉づけは必要ですが，下の図を見ながら考えれば証明の理解に役立つでしょう．それぞれの場合について，$c=\sup X$ はどこになるでしょうか？

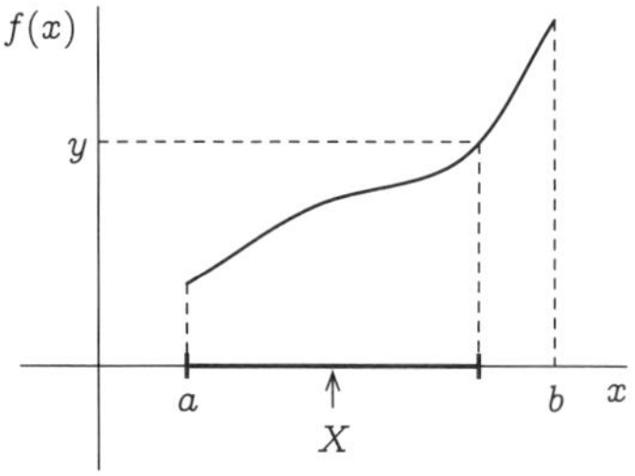

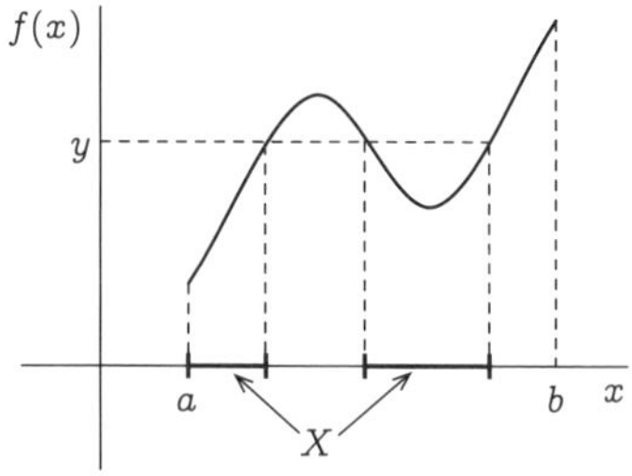

10.6 今後のために

この章では，あなたが解析の授業で出会う可能性のある実数に関する概念を紹介しました．カリキュラムによっては，これより先のことはあまりやらないかもしれません．主に応用数学をやっていく場合には，学習は数の性質に基づいたものになり，公理や定義は表舞台には出てこないでしょう．しかし，より純粋な数学を目指す場合には，ここで説明したアイディアがさまざまな方向へ拡張されていくことになります．

あなたがこれから研究するかもしれないことの1つに，さまざまな種類の方程式の解となるかどうかによる数の分類があります．例えば有理数は，$3x-4=0$ といった1次方程式の解となるという意味で，「たちの良い」数です．無理数は，そのような性質がないという意味であまりたちは良くないのですが，一部は $x^2-2=0$ といった2次方程式の解となります．一般に，ある数が $a_nx^n+\cdots+a_2x^2+a_1x+a_0=0$ という形(ただし $a_n\neq0$)の整係数方程式の解となる場合，その数は**代数的**であると言います．しかし無理数の中には，さらにたちのよくないものもあります．例えば，e や π は**超越数**であり，これまで挙げたようなどんな方程式の解にもなりません．その証明も見ることになるかもしれません．また代数方程式の解の集合の性質についても学ぶかもしれません．この分野はガロア理論と呼ばれ，そのような解によって形成される抽象群構造について研究します．ガロア理論は，幾何学や抽象代数といった広範囲の分野に影響を与えています．

もう1つ，さらに学ぶ可能性のある分野が公理系です．先ほども触れたように，ベクトル空間や群，環，体などの構造は，すべて10.4節に列挙した公理の部分集合によって定義されます．大部分の数学科の学生は，これらの構造の実例と，その性質に関する一般的な定理の両方を学びます．今のところは，なじみ深い数学的集合，つまり $\mathbb{N}$ や $\mathbb{Z}$ や $\mathbb{Q}$ や $\mathbb{C}$(すべての複素数の集合)，すべての3次元ベクトルの集合，すべての 2×2 行列の集合などが，どの公理を満たすか考えてみると良いでしょう．一部の公理は，特定の構造では成り立たないことに注意してください．例えば $\mathbb{Z}$ は加法に関して逆元を持ちますが，乗法に関しては持ちません．また，まったく当てはまらない公理もあるかもしれません．順序の公理(不等式に関するもの)は，複素数や行列についてはまったく意味をなしません．ある行列が他の行列よりも「小さい」とは，何を意味するのでしょうか？ つまり，これらの体系の中で行える数学の種類，そしてそれらに適用される定理や理論には，根本的な違いが存在するのです．

最後に，数学の基礎をさらに掘り下げる授業を受けることになるかもしれません．例えば有理数を同値関係に基づいて特徴づけ，$\frac{1}{2}=\frac{2}{4}=\frac{3}{6}=\cdots$ ということの意味を明確にし，有理数のすべての代数的性質においてこれらの関係が守られていることを証明するかもしれません．あるいはさらに前に戻って，集合論を使って自然数や整数，有理数，実数を構築することになるかもしれません．そういった授業を受ける学生は，すでに持っている基本的な数学的知識さえも当然のこととみなすことはできなくなります．ですからそのような授業は大変ですが，数学の本質に迫るものともなるのです．

おわりに

この短い結びの章では，この本で紹介した概念と，解析を勉強する際に心がけてほしいことを振り返ります．

この本では，数列，級数，連続性，微分可能性，積分可能性，実数という解析における主要な話題について触れ，主要な定義を詳細に解説しました．しかし，解析の講義や教科書に出てきそうなすべての定理や証明について，同じ取り扱いをしたわけではありません．むしろこの本のねらいは，そういった記述から学ぶための実用的なスキルを獲得することにあったのです．そのことを心に留めながら，この本を閉じる前にもう一度第I部を読み直してみるのも良いでしょう．より多くの概念を理解した今では，一般的なヒントを前よりも現実的に受け止めることができるかもしれません．

この本の趣旨に沿うため，私はエレガントな議論や有用なトリック，そして直観的な洞察を与えてくれるグラフなど，自分が特に面白いと思ったものをせっせと選び出しては取り上げました．その中には，(私にとって)直観に反するがゆえに魅力的だったものもあります．特に級数に関する考察は概念的な驚きを投げかけるものであり，それによって多くの学生は，数学についてよく知っていても，まだまだ理解すべき深遠なアイディアが残っていると実感することになります．

実は多くの人にとって解析を理解することは，既存の知識を深めるだけでなく，その根底にある前提を調べることによって新たな視野を獲得することでもあるのです．私はときどき，このことに学生がもどかしさを感じるのではないか，つまり基礎を掘り下げるのではなく，もっと高度なことを学びたいと感じているのではないか，と心配になることがあります．しかし実際には学生たちは,「これまで当たり前だと思っていた数学の背後にあるアイディアを学ぶことは本当に面白い」と私に言ってくれることが多いのです．結果的に解析があなたの好みではない(例えば，現実世界のモデル化の問題のほうに取り組みたい)ことがわかったとしても，私はこの本で解析から何が得られるか，そしてなぜ学ぶべき重要な科目だと考えられているのか，理解してもらえることを願っています．

いずれにせよ，この本はこれで終わりですが，あなたの解析の勉強は始まったばかりです．読者のうち，この本で取り上げたアイディアのより高度なバージョンに生涯にわたって取り組んでいく人は少ないかもしれませんが，多くの人はさまざまな授業の中で，そのようなアイディアを複素解析，微分幾何学，距離空間，トポロジーといった分野に広げていくことになるでしょう．また，この本で説明した内容を含むとともに隙間を埋めてくれるような，少なくとも1つか2つの授業をすべての人が受けるはずです．そのことを意識しながら，読者のみなさんに覚えておいてもらいたい大事なことを，最後にいくつか振り返ってみたいと思います．

まず，解析を学ぶすべての学生は定義に注意を払うべきです．高等数学は定義に強く依存していますから，あらゆる場面で定義に注意するようにしてください(特に，新しい話題については)．そうしなければ，その後の理解は望めません．さらに，定義が頭に浮かぶようにする必要があります．だいたい1週間に1回の割合で，私は指導している学生と次のような会話をしています．

学生：概念Xについて，ちょっとよくわからないことがあるのですが．

私　：そうですか．概念Xはどんな意味でしょう？

学生：それがよくわからないのです．あれと関係あることはわかっていますが…えーと…そのー…うまく説明できません．

私　：わかりました，大丈夫ですよ．高等数学で何かの意味がわからないときには，どうしますか？

学生：(私が毎週言っていることなのできまり悪そうにしながら，そしてノートをめくって該当するページを見つけ)定義をよく読みます…

これは，私の指導している学生の出来が悪いからではありません．反対に，彼らはかなり頭が切れますし，よく勉強もしています．しかし彼らは高等数学を学び始めたばかりで，概念や論理的な議論について考えるよりも，手順を学ぶことに慣れているのです．時には定義を手掛かりに意味を解き明かすことを思いつかないばかりに，その話題全体にわけのわからなさを感じてしまうこともあります．重要な概念が導入された場所まで戻れば解決するということがわかっていないのです．そうするように気をつければ，人生はもっと楽になることでしょう．

2つ目は，講義資料や教科書を読むときには，正しく読むようにすることです．代数の部分だけではなく，すべての数学の文を読むようにしてください．できれば，声に出して読んでみましょう(特に，行き詰まってしまったときには)．私が数学学習サポートセンターで学生とよくする会話を，もう1つ紹介しておきます．

学生：(少し緊張しながら)この証明がわからないんです．

私　：そうですか，大丈夫ですよ．どこでつまずいているかわかるように，声に出して読んでみてもらえますか？

学生：はい，わかりました．「f を微分可能な $\mathbb{R}$ から $\mathbb{R}$ への関数とし…」[証明の半分くらいまで読み進めて]…，ああ！　わかりました．

私　：それは良かった．ほかに何か私にできることはありますか？

学生：いいえ大丈夫です．ありがとうございました．

実際には何もしていないのに，「ありがとう」と言われるのはすばらしいことです．もちろん，いつもこううまくいくわけではありません．時には実際に問題にぶつかって，学生がそれを解決できるよう手伝ってあげることもあります．しかし多くの学生たちが，自分の読み上げる声を聴くだけで問題を解決するのを見ているのは，楽しいことです．たいてい，彼らがまったく私を必要としていなかったことを私が指摘すると，彼らは自信と理解の両方を深めて帰っていくのです．

これと関連することですが，数学について話す機会があれば，ぜひそうしてください．最初はうまくいかないでしょう．頭の中ではかなり明確に思えたアイディアも，口に出してみると要領を得ない支離滅裂で，論理的にも文法的にも怪しげなものになってしまったりします．しかし，それでもよいのです．あなたがこれから試験や研究レポートなどですらすらと数学を書けるようになるためには，数学を自分のものにする必要があります．そして練習をしなくては，そこに行き着くことはできないのです．そのため私は講義中，学生たちに数学について話してもらう時間をたくさん取るようにしていますが，そのような教師ばかりではないでしょうから，自分で勉強会を立ち上げてそのような機会を作るのが良いかもしれません．いずれにせよ，そのことを受け入れてさえいれば，うまくいかない段階をより素早く通り抜けることができるでしょう．

3つ目は，図などのインフォーマルな表現と，フォーマルな数学との結びつきを見つけることです．私がこういうことを言うのは，解析の学生はよく「わかった」と言うのに講義資料をあまり理解していないことが多いからです．たいていこういう人たちは，真実を述べています．理解していることを説明してくださいと言われれば，ジェスチャーをするとか図を描くとかして説明できますし，彼らの考えていることがかなり正確なことは明らかです．彼らにできていないのは，その理解を関連する定義や定理，あるいは証明に現れる表現と詳細に結びつけることです．たいていこのような状況は，適当なノートを探し出して，ゆっくりとそれをたどり，各フレーズを紙に描いた図と明示的に関連づけ，可能であればラベルを付けるようにすると正すことができます．このようなことをしていると，少し不安になる人がときどきいます．もっと早く読めるはずだと考えているのです．それは間違っているとしか言いようがありません．ゆっくりと読み進め，そのような結びつきを理解すれば，記号文の意味と図の細部の両方について理解が確実となり，あらゆるものが記憶しやすくなり，柔軟にこれらを翻訳できるようになります．そのようなことを何度か繰り返せば，再び速く読み進めるようになるでしょうが，特にそうしたいとも思わなくなるでしょう．

4つ目は，数学について書くつもりになったら，とにかく何かを紙に書きつけることです．ときどき学生たちは，空白のページを前にして固まってしまいます．彼らが何も書けないのは，完全無欠な計算や議論を作り出そうとしているのにそれができないからです．こんなときにはどうすれば良いか，答えを知っているのが講師です．私たち講師は講義をし，簡潔なプレゼンテーションを行い，完全に正しい証明をためらいもなく書き下します．このため少なくとも一部の学生は，自分でもそれができるはずだという印象を抱くようです．しかし，私が洗練されたプレゼンテーションを行えるのは，準備をしているからです．教壇に立って 50 分の講義をしろと言われれば，あなたもきっと準備をするでしょう．私だって 200 人の前で醜態をさらしたくはありませんから，事前に何を話すか，そしてどう話すかをよく考えておくのです．もしあなたが，私が真剣に数学に取り組んでいるところを見れば(自分の解析の授業の問題にわかりやすい模範解答を作っているときでも)，私がメモを取り，図を描き，多少の計算をし，説明の順番を変えたほうがよさそうだと思った部分を書き換えたりしていることがわかるでしょう．あなたよりも私のほうが少し速くできるかもしれませんが，私の考えるプロセスもだいたい同じなのです．

アイディアを書き留めることを説明した突飛なフレーズに，「環境へあなたの認識をアウトソーシングする」というものがあります．要は，じっくり考えたり新たな結びつきを見つけたりできるような形で自分のアイディアを記録することによって，紙とインクに自分の仕事の一部を肩代わりしてもらっているのです．このアドバイスは，特に証明に取り掛かる際に当てはまります．関連する定義に照らしてあなたが知っていること(前提)を書き留め，それから関連する定義に照らして証明したいこと(結論)を書き留め，そしてその 2 つを見て考えるのです．それでも筆が進まなければ，役に立ちそうな定理を書きつけてみるとか，図を描いてみるとか，具体例を使って何かを試すとかしてみてください．関連のありそうな事柄をすべて同時に頭にしまっておくことはできませんから，そのようなことを試みて時間を無駄にせず，紙に書きつけるようにしましょう．そしてアイディアを「数学的に」書くことにあまりこだわらないでください．学生たちは，すべてを記号で書かなければならないと考えることが多いようですが，たいてい私は自分なりのやり方でアイディアを表現してから，何か書き留めたものを変換するようにとアドバイスしています．しかし本当は，これも目くらましであることが多いのです．数学者は，あるアイディアの言葉による正しい表現と，記号による正しい表現とを，あまり区別しません．もちろん試験の採点をするときには，適切な理解を明確に伝えていればどのようなものでも高く評価しようと力を尽くします．

5 つ目は，勉強について一般的に言えることですが，集中と適切な息抜きのバランスを取ることです．ちょっと難しくなったらすぐあきらめていては何事も成し遂げられませんが，机の前に一番長く座っていたからといって賞がもらえるわけでもありません．疲れているのに勉強を続けていると，どんどん効率が悪くなってくるでしょう．それを何回も繰り返すと，燃え尽きてしまうかもしれません．つい最近も，このことを思い出させてくれる経験がありました．学期の 10 週目で，私の指導している学生たちを見ると疲れ切っているようでした．それから講義をしにいってみると，そのクラスも全員疲れ切っているようでした．正直に言うと，私もかなりぐったりしていました．どうも私たちは，だいたい同じときに壁にぶつかるようなのです．毎日新しい，難しい数学を学ぼうと 10 週間努力し続けた後では，疲れ切って当然です．そのためにだれを責めるわけにもいきません．ですから，必要なときには息抜きをして，その時間を何か実用的なことをするのに使ってみてください．ジムへ行ったり，買い物へ行ったり，洋服ダンスを整理したり，友達のために豪華なディナーを作ったりしましょう．体を動かすことは，頭をすっきりさせてくれることが多いのです．

6 つ目は，間違えることを恐れるな，ということです．解析の授業では，そのような機会がたくさんあります．真である定理の逆がもっともらしいが真でないことが多いという点で，解析は講師にとって教えやすい科目です．このため試験でも講義の中でも，真か偽を問う質問，あるいは複数の選択肢のある質問がさまざまな機会になされます．私は幸運にも今年，そういう質問に手を上げて答えてくれるクラスの講義を受け持ちました．全員が間違っていることがすぐに明らかになることがたくさんあっても，手を上げてくれるのです．私はいつも学生たちに，答えが正しいか間違っているかは問題ではないと言っています．私が学生たちにしてほしいのは，質問について考えられること，そして正当な理由があれば進んで意見を変えることです．しかしどんな場合でも，私は学生たちのやる気に感心させられました．また私は，このときのクラスの雰囲気もうれしく感じました．みな十分に時間をかけて答えを考えるのですが，それが間違いでも快活さを失ったりはしないのです．

実際，快活さは学部生にとって良い学びの経験をするために重要なことだと私は思います．それがいま私の指導している学生たちについて私が好きな点であり，そのため彼らは勉強だけでなく人生においてもうまくやっていけるだろうと思うのです．彼らはよく間違いをしでかします．しかしたいてい，誰かが間違いに気づくと，彼らは笑い始めるのです．そしてほかの全員も笑い始めます．それから私たちはその間違いを解決し，先へ進んでいくのです．私がそうするように指導したことはないので，これは主に性格によるのでしょうが，本当にすばらしいと思います．人は，新しい挑戦に乗り出すときには多少なりとも不安に感じるものですし，不安を感じたときには間違いをしてはいけないと考えがちです．しかし実際には，そうではありません．解析のような科目を学んでいるときには，だれもがたくさん間違い，たくさん混乱します．もしあなたが，自分の失敗を笑い飛ばすと同時に理解を深めようとする雰囲気を作り出していくことができれば，友達にも，クラスにも，講師にも，そしてあなた自身にも大きな恩恵があることでしょう．

参考文献

* 原著では多数の文献が紹介されていましたが，この翻訳では本書内で引用されている文献の記載にとどめました．省略された文献のリストは岩波書店ウェブページ https://www.iwanami.co.jp/book/b509936.html で閲覧できます．（訳者）

[1] Hodds, M., Alcock, L., & Inglis, M.（2014）. Self-explanation training improves proof comprehension. *Journal for Research in Mathematics Education, 45*, 62–101.

[2] Ainsworth, S., & Burcham, S.（2007）. The impact of text coherence on learning by self-explanation. *Learning and Instruction, 17*, 286–303.

[3] Bielaczyc, K., Pirolli, P. L., & Brown, A. L.（1995）. Training in self-explanation and self-regulation strategies: Investigating the effects of knowledge acquisition activities on problem solving. *Cognition and Instruction, 13*, 221–52.

[4] Chi, M. T. H., de Leeuw, N., Chiu, M.-H., & LaVancher, C.（1994）. Eliciting self-explanations improves understanding. *Cognitive Science, 18*, 439–77.

[5] Burn, R. P.（1992）. *Numbers and functions: Steps into analysis.* Cambridge: Cambridge University Press.

[6] Alcock, L.（2013）. *How to study for a mathematics degree.*（米国版：*How to study as a mathematics major*）. Oxford: Oxford University Press.

訳者あとがき

本書の主な対象は，いわゆるイプシロン・デルタ論法を中心とする解析学の基礎を学習しつつある方です．典型的には，数学専攻の大学 1 年生ということになるでしょう．本書では主に解析学を題材として議論が進んでいますが，本格的に数学を学び始める方には，数学全般を学習する上で参考となることも多く書かれています．

『声に出して学ぶ解析学』というタイトルは，数式を含んだ数学の文章を読み解く際に，声に出すことを著者の Alcock 氏が重視していることを反映しています．

数式を声に出すことのメリットの 1 つは，数式が文章であることを明確に意識できることだと私は考えています．特に，$\forall$ や $\exists$ を含む数式は，慣れないうちは意味を捉えることが難しく，意味不明な文字列に見えてしまうことがあるかもしれませんが，声に出すと意味を持った文章であることを意識しやすくなるのではないかと思います．さらに，証明全体を声に出すことは，例えば $a+b=c$ という数式が現れたときに，この数式が「$a+b=c$ であることが証明された」，「$a+b$ を c とおく」，「$a+b=c$ と仮定する」などのうちどの文脈で使われているのかを意識するのに役立つことが期待されます．これは自分で証明を書く際にも，数式を単に羅列するのではなく，論理的な関係を明確に記述することにつながるでしょう．

また，口頭でほかの人と数学の議論をしようと思うと，数式を声に出すことは欠かせません．本格的に数学を学習する際には誰かと議論をすること，あるいは自分が学習したことを人に伝えることは非常に大切ですので，そういう意味でも数式を声に出すことは重要であると考えられます．

数式を声に出すことをもう少し推し進めたのが，3.5 節にある「自己説明」です．教員による授業を聞いてみると，多くの場合は板書をそのまま読み上げるのではなく，口頭で様々な情報が付加されているのがわかるでしょう．この付加情報が「自己説明」にあたると私は捉えています．1人で数学を学習するときも，自分で自分に授業をしているような感覚で自己説明を加えていくと，より理解が進み，また理解が不十分な箇所がより明確になるでしょう．

本書で推奨されている学習法が，本格的な数学の学習を始めたばかりの人が数学を理解していく上で少しでも参考になれば，訳者としては望外の喜びです．

最後になりましたが，本書の作成にあたりご尽力くださった岩波書店の加美山亮さんと大橋耕さん，そして共訳者の水原文さんに感謝申し上げるとともに，私の作業の遅れにより出版が大幅に遅れてしまったことを心よりお詫び致します．

2020年6月

斎藤新悟

索　引

英 字

well defined でない　98

あ 行

一様連続　157
上に有界
　関数　11–14, 128
　集合　18, 35, 65
　数列　65

か 行

概念マップ　50
下界　226
下限　200, 206, 226
過剰和　197, 199–201, 203, 213
割線　167, 176
ガロア理論　229
環　225
関数　13–15, 25
　終域　129
　上界　18
　像　129
　値域　129
　定義域　128, 129
　不動点　130
間接的な手法　220
完備性　225–228
帰納法　146, 147, 173
逆　29–31, 91, 183, 218
　偽　30, 84, 92, 105, 177
級数
　極限比較判定法　109
　交代級数　113–115
　収束　102, 103, 105, 108, 113, 117
　収束半径　120
　条件収束　114–116
　積分判定法　123
　絶対収束　114
　ゼロ列判定法　105, 115
　調和級数　105–108
　テイラー級数　121, 122, 190
　比較判定法　109, 110
　比による判定法　109–111, 119
　部分和　101–103, 118
　べき級数　116–120, 122
　マクローリン級数　117
　無限和　95, 101
狭義単調増加／減少　64
極限　92, 211, 227
　関数　152, 175
　数列　70, 72, 73, 76–78, 85, 220, 227
　定義　152
　連続　126, 141, 175
極値定理　156, 190

距離空間　157
偶数　12
区間　15, 20
　開区間　20
　閉区間　20, 156
区分的　24, 126, 130, 192, 204
群　225
結合法則　224
交換法則　10, 223, 224
交代級数　113-115
公比　95, 97
公理　9, 10, 34, 223, 225, 226
コーシー列　94
コッホ雪片　104
コンパクト集合　156

さ 行

最小上界　225
最大下界　200, 202, 226
差分商　171, 178
三角不等式　85, 87
シグマ記法　98-100, 199
自己説明　40-45, 51
実数　215, 220, 223, 225, 226
シフト法則　108, 110
終域　129
周期　217, 218
収束　3, 6, 76
　級数　102, 103, 105, 108, 113, 117
　収束半径　120
　条件収束　114-116
　数列(非定式的)　66
　絶対収束　114
　判定法　108
　べき級数　118
十進　215, 216, 219, 220
上界　225
　関数　17
上限　225
条件文　29-31, 105, 177
証明　6, 7, 9, 33, 35
　帰納法　146, 147, 173
　定理　39, 40
　不連続　155
　矛盾　42, 221-223
剰余項　189
推移法則　224
数列　3, 6, 35, 72, 220
　極限　70, 73, 74, 76
　項　59
　収束　76, 227
　収束(定義)　72, 73, 76
　収束(非定式的)　66, 67, 70, 76
　初項　58, 82
　単調　112, 113
　定数列　63
　有界　226
　和の法則　85
スパイダー・ダイアグラム　50
すべての　30, 63, 74, 86, 153, 170
整数　12, 42, 215
積の法則　4, 87, 146, 179
積分　191, 195, 208, 209
積分可能　202, 205, 211
　積分可能でない　193, 201, 202
　定義　201
　リーマン積分可能　203, 213
　リーマンの条件　203
　ルベーグ積分可能　213
積分定数　193
積分判定法　123
接線　25, 161-163, 165, 186
ゼロ列判定法　105, 115
線形代数　225
全射　130
全称的主張　63, 68, 69

前提 7, 19, 22, 130, 148, 181
像 129
双条件文 29, 30
添え字 65

た 行

体 225
対偶 105, 177
多項式 28, 117, 156, 171
　多項式の割り算 171, 172
　テイラー多項式 185–189
単位元 10, 223, 224
単調 64, 112, 113, 227
　単調増加／減少 61–64, 113
値域 129
近づく 77
　上から近づく 174
　無限大に近づく 29, 88, 89
中間値の定理 149, 150, 228
調和級数 105–108
定義 6, 9, 11, 15, 17, 33, 223
定義域 14, 24, 128, 129, 140
定数関数 15, 29, 30, 164, 183, 184
定数倍の法則 148, 178, 181
テイラー級数 121, 122, 190
テイラー多項式 185–189
テイラーの定理 185, 189
定理 6, 7, 9, 19, 34, 205
天井関数 79
導関数 20, 25, 161, 168
　x^n 173
　n 次 185
　定数関数 164
同値 30
等比級数 95–98, 103, 105, 111, 218
トポロジー 156

な 行

ならば 29
任意 79, 86, 143

は 行

はさみうちの原理 93
発散 103, 107, 114
反例 31, 68, 69, 105, 177
比較判定法 109, 110
微積分 38, 209
微積分学の基本定理 208–211
必要十分条件 29, 205
比による判定法 91, 109–111, 119, 120
微分 24, 38, 159, 164, 191, 192, 208, 209, 211
微分可能 22, 24, 159, 169, 211
　$|x|$ 174, 177
　意味 161
　積の法則 179
　定義 169, 176
　定数倍の法則 178
　導関数 168
　微分可能でない 25, 174, 176, 177, 192
　和の法則 178
複素解析 213
不足和 200, 202, 203, 213
不定積分 191, 193
不動点 130, 150
部分列 68
部分和 101–103, 118
フーリエ解析 123
不連続 131, 151, 153–155, 165, 176, 202, 211
分割 198, 200, 202
分配法則 224

平均値の定理　179–184, 190
べき級数　116–120, 122
ベクトル解析　190
ベクトル空間　225
変化率　195

ま 行

マインドマップ　50
無限大　77, 88, 107, 129
無限和　95
矛盾　42, 221–223
無理数　131, 221–223
命題　39

や 行

約数　221
有界　65, 83, 112, 113, 156, 199, 226
　上に有界(関数)　11–14, 128
　上に有界(集合)　18, 35, 65
　上に有界(数列)　65
　下に有界　15
有理数　131, 202, 214, 216–218, 220, 222, 225, 226, 229

ら 行

リーマン積分可能　203
リーマンの条件　203, 205, 207
量化子　74
連鎖法則　190
連続　22, 23, 25, 135, 136, 139–141, 152, 211
　積の法則　146
　積分可能　202, 205, 208, 211
　定義(バリエーション)　136, 139–141, 152
　点において　126, 132, 137
　微分可能　165, 176, 177
　不連続　155, 211
　和の法則　149
ロピタルの定理　190
ロルの定理　20, 23, 179, 180, 190

わ 行

和集合　35
和の法則　85, 149, 178, 181
割り切る　221

ララ・オールコック (Lara Alcock)
ラフバラ大学準教授，数学教育センター長．2001年ウォーリック大学にて数学教育の研究でPhDを取得．ラトガース大学助教授，エセックス大学ティーチングフェローなどを経て，現職．

斎藤新悟
九州大学基幹教育院准教授．2008年ユニバーシティ・カレッジ・ロンドン数学科博士課程修了(PhD)．九州大学学術研究員を経て，2013年より現職．多重ゼータ値，損害保険数理，古典的実解析学を研究．

水原 文
翻訳者．1988年東京工業大学大学院理工学研究科修士課程修了．訳書に『ビジュアル数学全史』(クリフォード・ピックオーバー著，共訳)，『おいしい数学』(ジム・ヘンリー著)(以上，岩波書店)，『国家興亡の方程式』(ピーター・ターチン著，ディスカヴァー・トゥエンティワン)などがある．

声に出して学ぶ解析学　ララ・オールコック

2020年6月12日　第1刷発行

訳 者　斎藤新悟(さいとうしんご)　水原 文(みずはら ぶん)

発行者　岡本 厚

発行所　株式会社 岩波書店
〒101-8002 東京都千代田区一ツ橋2-5-5
電話案内 03-5210-4000
https://www.iwanami.co.jp/

印刷製本・法令印刷

ISBN 978-4-00-006319-7　Printed in Japan